打造核心影響力，在職場上
步步為營，贏得長遠利益

老狐狸的職場智慧

WORKPLACE WISDOM

在複雜局勢中
掌控話語權

精明應對，從容掌控
從一言一語中展現實力，用智慧贏得人心
看懂人情世故的價值，讓你的話語更有分量
化敵為友，借力使力
拓展人際關係網，在商業賽局中取得優勢

李元秀 著

目 錄

前言 　　　　　　　　　　　　　　　　　　　　　　　005

第一章　巧言妙語，踏上青雲之路　　　　　　　　　007

第二章　職場進退有道，內外應對如行雲　　　　　　117

第三章　做人守則，輕鬆自在無憂　　　　　　　　　165

第四章　逆耳忠言須懂得，不爭毀譽自坦然　　　　　189

第五章　用心做事，謀略深遠立於不敗之地　　　　　213

第六章　本領精練，時局掌控以智慧闖天下　　　　　299

目錄

前言

　　以前，我們是那麼的貧窮，那麼的一無所有。我們沒有舞臺，更沒有成功勝利的而獲得的掌聲……

　　但今天，我們這一代又是如此幸運，儘管我們還在發展的道路上行走或奔跑，我們必竟有了人生創業和為之奮鬥的事業舞臺。人們常說，心有多大，天地就多大；做為一個創業者來講，更重要的是有一個天地大舞臺。

　　如今，一個充滿機遇和挑戰的時代就在我們身邊，社會為我們提供了一條光明坦蕩的大道，那就在人生的天地大舞臺上創業：

　　創業成功，你可以實現你夢寐以求的生存價值；

　　創業成功，可以讓你按照自己的自由意志生活；

　　創業是人一生中在天地大舞臺上最亮麗的時刻。在創業面前，身世卑微或高貴已沒什麼不平等，學問高低也無多大差別，只要你有這顆改變自己命的心，只要你有眼光，有謀略，勇於冒險，精明能幹，總之，只要你以積極的心態，立刻去行動就行！

　　當然，要創業賺錢並非一件很容易的事情，創一家公司或一個實體也有許多東西需要我們去學習，即使你只是開一家規模很小的企業，也必須要熟悉精通其中的許多技巧和門道，這也是我們編撰本套書籍的真實意圖所在。

　　天地舞臺的大幕已經徐徐地拉開，每個人對於成功都存著一種渴望，沒有人會願意一輩子甘於平庸、碌碌無為。快速變革的社會給每個

前言

　　人提供了無數的機遇去改變自己的人生角色，而內心對成功的渴望也會隨時提醒那些關注自我發展的人士：要努力讓自己更優秀！

　　無庸諱言，這就要求每一個創業者或老闆，即使對於看似渺小的工作也要盡最大的努力，每一次的征服都會使你變得強大。如果你用心將渺小的工作做好，偉大的工作往往會水到渠成。如果不能成就偉大的事業，那麼就以偉大的方式去做渺小的事情。抓住身邊每一個機會去提升自己，讓自己每天都能夠有所進步。

　　對於一個人來說，成功就是從平凡到優秀，從優秀到卓越的蛻變過程，並不僅僅是一個從被管理者蛻變成管理者那麼簡單，即使是那些已經成功的管理者也要隨著社會環境、時代使命的變化而及時轉變。

　　每個人都有屬於自己的舞臺，然而，一個人要想獲得似錦的前程，全部有賴於自身不斷地學習與自我提升。古訓也好，實戰經驗也罷，只要你有計畫地進行總結工作和學習，相信每個有志之人都可以在這個天地大舞臺上實現自己的人生目標和人生價值！

第一章
巧言妙語，踏上青雲之路

　　老狐狸經說：說話是一柄雙刃劍。說話的最佳之處體現在一個「妙」字上，即能因不同人說出不同的話，而不是因人不同說出同樣的話。做到這兩點。即可減少不必要的麻煩。再者，這個「妙」字還表現在能把話說到不同人的心坎裡去。此可謂「巧說話」！

第一章　巧言妙語，踏上青雲之路

做一個善辨話語的人

雖然從對方的行為態度中可以辨別出他的心意，但是看透對方的方法，最主要的還是讓對方多說話，凡是善解人意的能手，都是藉著相互間的交談來透視對方。

有這樣一位經理，他的做法就和我們所說的原則背道而馳。他心存好意，請劉某到小吃店去喝酒，想要勸服劉某留下來，可是卻沒有收到效果。因為在會談時，喝酒的目的是要使對方的心情放鬆，然後再引出他心中的話。可是經理一開始就在說教，自己這麼嚴肅，叫對方如何能輕鬆得起來呢？而且在這種情況下，最忌諱的就是嚴肅的說教。

現代心理學，對於這個道理早已做了徹底的、系統的分析。不過追本溯源，最先持有這個見解的人，當推 2300 年前的韓非子。對此，韓非子認為：

如果要聽取對方的意見，應該以輕鬆的態度來交談，我們可從旁引導，讓對方有多開口說話的機會，對方肯說出他的意見，我們就能根據他的意見，去分析透視他的心意。

無論是怎樣的話題，都應該讓對方盡量去發揮，無論內容是否真實，我們都可引來作為判斷的資料了，資料愈多，我們的判斷就愈正確。但是，這樣做並不是叫你一句話也不說，只默默地去聽對方說話，因為過分的沉默，會使對方不好意思繼續說下去。我們的目的，在於要讓對方痛痛快快地把話說出來，了解對方的心意，因此必要時，我們應想法把對方誘導到知無不言、言無不盡的境地。

韓非子還說：不要使對方因為你的話而不能接著說下去。因此，我們開口發言時應多加斟酌。

每一個人都喜歡敘述有關自己的事，都想美化自己，也都想讓對方相信自己的敘述；另一方面，每一個人又想探知別人的祕密，並且都想

及早轉告別人。這種現象，也許可以說是人的本性。「一吐為快」的心理，有時候會受到某種因素的限制，不敢大膽地說。遇到這種情況，我們應該想辦法解除限制，這樣，對方就會自動地說出心意了，這就是所謂的「善解人意」。

偶爾聽到部屬結巴地向上司彙報事情的時候，如果上司很不耐煩地說：「好了好了！不要結巴，有什麼話趕快說。」那這位上司，真可以說是比封建時代的君主還要專制！

假如對方因為某種因素而說不出話時，你應該想辦法去幫助他，使他很自然地說清楚才對。

表示贊同對方的行為，也是「善解人意」的一種方法。像別人對我們表示贊同一樣，有時我們也應該適當地向人表示贊同。但這種表示贊同的行動，不宜太快或太慢，因為過與不及都會使對方認為你是虛偽的。

真正巧妙地表示贊同的方法，就是要了解對方說話的內容和趨向，然後從多方面協助他（就像嚮導一般地為他開路），使他的談話能夠流暢，最好在他做結論時，你就可以向他表示贊同。

「對」、「有道理」……這類口頭語，不宜多用。有時故意質問或做輕微的反駁，也可激起對方的興趣，使他滔滔不絕地說下去。

但是，真正會說話的人，在交談中，不僅僅要求對方能暢所欲言，同時他自己在暗中還要把持著領導者的地位；這也就是說，他一方面表示贊同，一方面適當地加以詢問，然後把對方引導到預期的話題上來。他不會讓對方發覺整個交談過程都是由他操縱的。

有一位在新聞界很有名的記者，他的文章雖然不怎樣，但是他的採訪能力非常強。不管遇到什麼難題，只要他去採訪，對方就不得不說出真話來。據這位記者表示：「這並沒有什麼祕訣，只要能夠充分了解對方的立場，掌握好提問的方法，並配合自己的精力和耐力，再難的對手，我也不怕。」有一次，他這樣說：

第一章　巧言妙語，踏上青雲之路

「老實說，我只是站在伴奏者的立場來演出，只要伴奏得法，不善於唱歌的人也能唱得很好。」

所謂「誘導詢問」，是指詢問者預先設好一個結論，然後再引導對方到這預期的結論上來。可是善於聽話的人並不這樣，他似乎只是在無意中把對方誘導到自己喜歡聽的話題上。這二者之間，好像沒有什麼區別，事實上，他們的目的和方法卻完全不同。

說話的效果由什麼決定

一般來說，碰到你喜歡的人向你提到：「有件事情想請你幫忙，但是……」你肯定會急著說：「我替你做！是什麼事情？」先表態，然後再了解事情的內容。但如果這個人你很討厭，你的回答肯定就不一樣了，你可能會答道：「究竟有什麼事？我馬上還要去辦點事。」一開始就擺出拒絕的態度。

意思很明白，即使是相同的一件事，由喜愛的人提出或是由討厭的人提出，接受的方式自然應該完全不同。如果是喜愛的人就欣然接受，反之，接受的程度就會大打折扣。

比如：有人多次在你面前提到胡先生總在背後說你壞話，但由於你對胡先生的印象很不錯，你在心裡喜歡他，就會回答說：「不會的，他那個人我了解，不會背後說人的壞話。」或者至多問一句：「真的是那樣嗎？」如果胡先生是一個你很討厭的人，你的反應就不一樣了。你肯定會答道：「哼，果然如此！」或者說：「我猜他一定會的，他就是這麼討厭的人。」

其實，不管多麼冷靜的人，要完全戰勝情緒來接受別人的話，都是一件困難的事情。

話的效果是人際關係的基礎，換句話說，話的效果代表各式各樣的人際關係。因為人與人之間的遠近親疏就是從「效果」中透現出來的。

你提出的事情如果能被欣然接受，實在是求之不得，但至少不遭到扭曲，或者一開始就被拒絕，弄成令人尷尬的局面。平常就要預先建立相互好感的人際關係，當然，萬一達不到，或是在講話途中有一點小誤會，除非你想惹人討厭，否則最好是別開口。

岔開話題的幾種情形

在社交活動中，不論是怎樣的初次會面，大都會因為工作關係而受到時間限制，一旦談話離開了主題，則對於該辦的事就會置之不顧了。

性急的人，每當對方離開話題時會很急躁，並努力想辦法將談話拉回主題。但是，如果想了解對方的內心，引出對自己更有利的結論的話，這種做法可不太聰明。

對方將話題岔開，大致上有三種情形。其一是因為完全不留神而岔開者，其二為突然產生的出乎意料的聯想而岔開，另一種則是故意將話題引到別處。這些情形，都是說話者目前的興趣和精力，已轉向岔開的話題。

因此，對於對方的談話不要打斷，讓他繼續一段時間。如果是第一種情形的話，不久之後對方對於究竟何者才是本題也感到非常詫異。第二種情形中，因為本人並沒有忘記本題，所以能自然地了解到其聯想與本題的關係，而如果在隔一段時間之後仍然不能回到本題的話，就可以判斷為第三種情形。

依此種方法可以了解到：乍看之下是很浪費時間精力的「離題談話」，也可以成為了解對方的一個絕好機會。

第一章　巧言妙語，踏上青雲之路

會說與不會說大不一樣

近代美國詩人佛洛斯特（Robert Frost）從說話的角度，把一般人巧妙地分成兩類：第一類是滿腹經綸，卻說不出來的人；第二類是胸無點墨，卻滔滔不絕的人。

佛洛斯特的觀察相當深入，我們經常看到一肚子學問而訥於言辭的人，也不時聽見不學無術的人廢話連篇。因而，交談最根本的條件是：既要有充實而有價值的內涵，又要善於表達，使人聽得痛快，而且回味無窮。所以「有話可說」實在不是容易的事，要達到「言之有物」的境界，更要不斷學習，力求充實自己。

平心而論，傳統文化並不鼓勵人研究交談方法，頂多不過提出若干基本原則，讓各人「運用之妙，存乎一心」而已。可是，大部分人卻沒有能力去體會並運用這些原則，甚至誤解「巧言令色，鮮仁矣」的道理，弄得簡直不敢開口。

然而在當今社會，社交場合交談藝術卻實在是處世的第一要訣，不可不細加研究。律師出身的美國參議員，也是美國最著名的演說家之一戴普曾經說過：「世界上再沒有什麼比令人心悅誠服的交談能力更能迅速獲得成功與別人的欽佩了，這種能力，任何人都可以培養出來。」

的確，能夠在交談中把意思有效地表達出來的人，走到哪裡都可以出人頭地。他們不但可藉口才引起旁人的重視，也比一般人擁有更多、更好的發展機會。一個人必須了解：如何探尋事物，如何說明事理，以及如何進行說服性的言談，才能獲得他人的支持。

閒談是交談的熱身準備

　　除了一些業務性質的交談，一開始就要進入正題之外，一般社交性質的談話，多半是從「閒談」開始的。

　　有些人就是不喜歡「閒談」，他們覺得「今天天氣」和「吃過早飯了嗎」這一類的話，都是無聊的廢話，他們不喜歡談，也不屑於談，他們不知道像這一類看來好像沒有意義的話，卻還是有一定作用的。什麼作用呢？就是交談的準備作用，就像在踢足球之前，蹦蹦跳跳，伸手伸腳，做一些柔軟體操或熱身運動一樣。

　　一般的交談總是由「閒談」開始的，說些看來好像沒有什麼意義的話，其實就是先使大家輕鬆一點，熟悉一點，造成一種有利交談的氣氛。

　　當交談開始的時候，我們不妨談談天氣，而天氣幾乎是最常用的普遍的話題。天氣對於人生活的影響太密切了，天氣很好，不妨同聲讚美；天氣太熱，也不妨交換一下彼此的苦惱；如果有什麼颱風、暴雨或是季節流行感冒的消息，更值得拿出來談談，因為那是人人都關心的。

　　開始交談，的確是需要相當的經驗，當你面對著各式各樣的場合，面對著各式各樣的人物，要能作得恰到好處，實在不是一件容易的事。倘若交談開始得不好，就不能繼續發展之間的交往，而且還會使得對方感到不快，給對方留下不好的印象。

　　自然，親切有禮、言詞得體是最重要的。然而做到這一點，也不能說就一定會收到良好的效果。

　　因此，平時除了你所最關心、最感興趣的問題之外，你要多儲備一些和別人「閒談」的話題。這些話題往往應輕鬆、有趣，容易引起別人的注意。

第一章　巧言妙語，踏上青雲之路

除了天氣之外，還有些常用的閒談話題，例如：

1. 自己鬧過的有些無傷大雅的笑話。例如，買東西上當啦，語言上的誤會啦，或是辦事搞了個烏龍啦等等，這一類的笑話，多數人都愛聽。如果把別人鬧的笑話拿來講，固然也可以得到同樣的效果，但對於那個鬧笑話的人，就未免有點不敬。講自己鬧過的笑話，開開自己的玩笑，除去能夠博人一笑之外，還會使人覺得自己很容易相處。

2. 驚險故事。特別是自己的或朋友的親身經歷的驚險故事，最能引起別人的注意。人們的生活常常不是一帆風順的，每天大家照常吃飯，照常睡覺，可是忽然大難臨頭了，或是被迫到一個很遠的地方，路上可能遭遇到很多危險……怎樣應付這些不平常的局面，怎樣機智地或是幸運地在間不容髮的時候死裡逃生，都是一個人永遠不會漠視的題材。

3. 健康與醫藥，也是人人都有興趣的話題。談談新發明的藥品，介紹著名的醫生，對傳染病的醫療護理，自己或親友養病的經驗，怎樣可以延年益壽，怎樣可以增加體重，怎樣可以減肥……這一類的話題，不但能吸引人的注意，而且實在對人有很大的好處。特別遇到自己或家人健康有問題的時候，假如你能向他提供有價值的意見，那他更是會對你非常感激的。事實上，有哪一個人、哪一個家庭沒有這方面的問題呢？

4. 家庭問題。關於每個家庭裡需要知道的各方面的知識，例如兒童教育、購物經驗、夫婦之間怎樣相處、親友之間的交際應酬、家庭布置……這一切，也會使多數人發生興趣，特別對於家庭主婦們。

5. 運動與娛樂。夏天談游泳，冬天談溜冰，其他如足球、羽毛球、籃球、乒乓球，都能引起人們普遍的興趣。娛樂方面像盆栽、集郵、釣魚、聽唱片、看戲，什麼地方可以吃到著名的食品，怎樣安排假

期的節目⋯⋯這些都是一般人饒有興趣的話題。特別是有世界著名的音樂家、足球隊前來表演的時候，或是有特別賣座的好戲、好影片上演的時候，這些更是熱鬧的話題。

6. **轟動一時**的社會新聞也是熱鬧的閒談話題。假使你有一些新聞或特殊的意見和看法，那足夠可以把一批聽眾吸引在你的周圍。

7. 政治和宗教。倘若你遇到的人，大家在政治上的見解頗為接近，或是具有共同的宗教信仰，那這方面的話題，就變成最生動、最熱烈、最引人入勝了。

8. 笑話。當然，人人都喜歡笑話，假如你構思了大量各式各樣的笑話，而又富有說笑話經驗的話，那你恐怕是最受人歡迎的人了。

獲得對方好感的說話技巧

(1) 多提一些善意的建議

當他人關心自己時，只要這份關心不會傷到自己，一般人往往不會拒絕。尤其是能滿足自尊心的關懷，往往立即轉化為對關懷者的好感。

滿足他人自尊心最佳的方法就是善意的建議。對方是女性時，僅說：「你的髮型很美」，只不過是句單純的讚美詞；若是說：「稍微剪短點，看起來會更可愛」，對方就能感受到對自己的關心。若是能不斷地表示出此種關心，對方對你必然更加親切信任。

(2) 偶爾暴露自己一兩個小缺點

每當百貨公司舉辦「瑕疵品特賣會」，必然造成洶湧的盛況，甚至連大拍賣也比不上它的吸引力。為什麼「瑕疵品」能如此地激起人們的購買

第一章　巧言妙語，踏上青雲之路

欲呢？這可說是百貨公司勇於表示商品具有瑕疵的緣故。

之所以如此說，是因為坦率地暴露缺點，反而使一般民眾對該公司正直、誠實的作風留下深刻的印象，而此種誠實、正直往往轉變成民眾對其商品的信賴，自然公司也就大受其益了。

只是暴露自己的缺點並不是毫不保留地將所有的缺點都暴露出來，如此做，反而使人認為你是個毫無可取之人，因而喪失了你的信用。

暴露的缺點只要一兩個就可以了，可使他人難以將這一兩個缺點和其他部分聯想在一起，因而產生其他部分毫無缺點的感覺。「這個人有點小缺點，但是其他方面挑不出毛病來，是個相當不錯的人！」類似上述的想法就能深深植入他人的心中。

(3) 要記住對方所說的話

某位心理學家應邀至地方上演講時，不料主辦者之一卻問他：「請問先生的專長是什麼？」他頗為不高興地回答：「你請我來演講，還問我的專長是什麼？」

招待他人或是主動邀約他人見面，事先多少都應先收集對方資料，此乃一種禮貌。換句話說，表現自己相當關心對方，必然能贏得對方的好感。

記住對方說過的話，事後再提出來做話題，也是表示關心的做法之一。尤其是興趣、嗜好、夢想等事，對對方來說，是最重要、最有趣的事情，一旦提出來作為話題，對方一定會覺得很愉快。在面試時，不妨引用主考官說過的話，定能使主考官對你另眼相看。

(4) 及時發覺對方微小變化

依我來說，一般做丈夫的都不擅長對妻子表現自己的關心。比方說，妻子上美容院改變髮型時，明明覺得「看起來年輕多了」，卻不說出

口。因而使妻子心裡不滿，覺得丈夫不關心自己。

　　不論是誰，都渴求擁有他人的關心。而對於關心自己的人，一般都有好感。因而，若想獲得對方的好感，首先必須先積極地表示出自己的關心。只要一發現對方的服裝或使用物品有些微小的改變，不要吝惜你的言詞，立即告訴對方。例如：同事打了條新領帶時，「新領帶吧！在哪兒買的？」像這樣表示自己的關心，絕沒有人會因此覺得不高興。

　　另外，指出對方與往日不同的變化時，愈是細微、不輕易發現的變化，使對方高興的效果愈大。不僅使對方感受到你的細心，也感受到你的關懷，轉瞬間，你們之間的關係就會遠比以前更親密可信。

(5) 呼叫對方名字

　　歐美人在說話時，常說：「來杯咖啡好嗎？史密斯先生。」「關於這一點，你的想法如何？史密斯先生。」頻頻將對方的名字掛在嘴邊。很令人不可思議的是，此種作風往往使對方湧起股親密感，宛如彼此早已相交多年。其中一個原因就是，他感受到對方已經認可自己了。

　　在東方的社會裡，晚輩直接呼叫長輩的名字，是種不禮貌的行為。但是，藉著頻頻呼叫對方的名字，來增進彼此的親密感，並不是百無一利的方法啊！

(6) 提供對方關心的「情報」

　　我有位朋友有個奇怪的習慣，總是在他人名片的背面寫上密密麻麻的記事。

　　與其說他是為了整理人際資料或是不忘記對方，倒不如說是為了下一次見面做準備。也就是說，將對方感興趣的事物記錄下來，再度見面時，自己就可提供對方關心的情報作為禮物。

即使只是見過一次面的人，若能記住對方的興趣，比方說是釣魚吧！在第二次、第三次見面時，不斷地提供這方面的知識或是趣聞，藉此顯示自己對於對方的興趣很關心，結果，必然使對方產生很大的好感。

或許有些人會認為此種做法太過於功利主義。事實決非如此。此種做法的確出於對對方的關心，而去收集種種的「情報」。經常保持此種姿態，結果必然能將一般通用的話題化為己身之物。換句話說，以長遠的目標來衡量，此種做法能成為表現自我的有力武器，延續對方對自己的好感和信任。

稱呼別人有學問

人們很少靜下心來認真去思索某個稱呼究竟意味著什麼，該叫什麼就叫什麼唄！其實，每一個稱呼都有一套權利和義務的範圍。被叫做「老師」的人有義務答疑解惑，也有權利對學生進行訓導。當你叫他「老師」的時候，你便規定了他的這些權利和義務，或者說你表達了這樣的期望，同時你也步入了這個範圍。

稱呼和人一樣感情細膩，它為交際雙方鋪架了一座抒發情感的橋。那些從理智上講不應在交際雙方間使用的稱呼，便是搭建這座橋梁的首選材料。

一群要好的朋友，指名道姓甚至叫暱稱綽號都是情理之中的。而在家庭聚會時，彼此大叫「李經理，請上座」，「王董事長，請喝酒」時，一種調侃幽默的意味就瀰漫在這些情理之外的稱呼中了。

任何交際雙方間都存在著理智上講應該如何稱呼的稱呼，比如學生應該叫教師「老師」，經理叫祕書張琴小姐應為「小張」。如果選用了比正

常關係更近的稱呼，就會產生親熱或受辱的反應。還是上面的例子，若學生叫老師姓名，又為老師樂於接受，則雙方都能體會亦師亦友的親熱感；而當這種叫法對方不接受時，問題就來了——若經理自作多情地叫祕書「琴」，可能就要禍從口出了。

曹禺先生的話劇《雷雨》裡有個繁漪，是個「母親不像母親，情婦不像情婦」的角色。在這齣戲裡，其繼子周萍開頭直呼其名，後來又改叫她「母親」。直呼其名，是情人的權利範圍；而當他另有新歡時，周萍便用「母親」這一後母與繼子的權責範圍的稱呼在他倆之間挖就了一道不可踰越的鴻溝。

有一則趣聞裡說：一位名叫「張三」的老師與一女生戀愛。開始，學生叫他「張老師」，後來叫「張三」。等叫到「三」時，已是婚禮大慶。所以，當您選擇稱呼時，一定要明確自己對這種劃定的肯定，萬不可脫口而出。

另外，入鄉隨俗，這一生活常識對稱呼至關重要。到什麼山上唱什麼歌，在不同的環境裡就要根據當地人們不同的文化觀念、好惡態度去決定選擇什麼樣的稱呼。

華人都認為老年人是經驗和睿智的象徵，因而用對自家長輩的稱呼去稱呼年長的人便是表示尊重的好辦法。孩子們叫 50 歲以上的女性為「外婆」會得到外婆們「乖孩子」的稱讚。可若對方是個美國人，結果可能就會不太美妙了，也許她會問：「難道我很老了嗎？」要知道，年輕人都十分珍愛自己的青春。

不管稱呼有哪些變化，「尊重他人」在眾多稱呼規則中位居榜首。尤其是當您希望從別人那兒得到某些東西時，選擇的稱呼要特別表現出尊敬。

行之有效的方法是：選擇一個比聽話人實際身分更有地位的稱呼，用這種方式抬高聽話人的身分。醫院裡病人小心翼翼地把護士們叫成

第一章　巧言妙語，踏上青雲之路

「醫生」，刺破了胎的騎車人長一聲短一聲地叫維修技師「老闆」……都是這一規則的生活例證。當然，並不是叫什麼就變成什麼了，這種稱呼方法所表達的實質內容是說話人的心意，表明願意以新的關係相處。這種方法能夠常常奏效的關鍵原因在於：希望受到他人的尊重是人之常情。

不過，轎子不可抬得太高，太高了坐轎人也會因為不自在而心生厭惡。最好不要故意把正在掃地的醫院清潔工叫做「醫生」，也不要對著皺紋明顯的婦女大叫「小姐」。

尊重要發自內心，更要適可而止。

在我們每個人的童年記憶裡，可能都不乏這樣的一幕：摔破了碗或玩得滿身是泥時，母親會一改叫慣的暱稱，清晰堅決地叫出我們的大名。而一旦聽到這種連名帶姓的叫法，懲罰的風雨也就隨之而來了。

一條稱呼的規則就隱含在這個場景中：日常交際時雙方都存在著某種常用的稱呼，彼此對之極其熟悉，以至於在新的稱呼行為還未發生前，人們的下意識中就早已出現了它。而一旦發現不是那個慣用的稱呼，就會發現稱呼所蘊藏著的特殊意味，即言外之意。

傳說伍子胥常在吳王夫差縱情聲色而忘殺父之仇時如先君一般大叫其名諱，如當頭棒喝令吳王警醒。這種言外之力之所以產生，就是由於君臣之稱是慣用的，而不慣用的稱呼則能引人注意並思考為什麼。

可見，若要表達與以往交際有所不同的特殊目的時，最好要出其不意地改變慣用的稱呼方法，透過新的稱呼表達您的言外之意。

說話要留有餘地

俗話說：「狗急跳牆。」外國有句意義相同的民諺：「走投無路的老鼠會咬貓。」老鼠無論如何也鬥不過貓，但是在情勢所逼，走投無路時，

也可能拚命決一死戰，給予貓意想不到的反擊。

人類的情形與此亦相差不遠。對於他人無盡無休的追問置若罔聞的人並不是沒有，但是人們為了保護自己，往往會絞盡腦汁地意欲辯駁、反擊，而無深思反省的餘地。再者，無論是什麼人都難免有些缺點，如果辦事說話喜歡窮追不捨，緊逼不放，對方在情急之下，極有可能不顧一切地反咬你一口，從而造成雙方僵持不下的尷尬局面。

希望以窮追不捨的方法來達到影響他人的目的是笨拙和不明智的行為。說話辦事必須適可而止，提出要點，指出問題的癥結之所在，在對方明白了自己的錯誤或失敗的原因之後，應該就此打住，多費口舌並無益處，說得越多反而越有可能對你不利，在別人遇到挫折、失誤和困難的時候，不需要口誅筆伐如痛打「落水狗」的精神，有的應是手下留情，讓人一條路的態度。

一般而言，說話的效果和時間成反比例。有人喜歡海闊天空，隨興所致地說話，殊不知如此的說話方式絲毫不能改變對方的態度，而且還會產生反效果。

別人如果已經無心聽你講話，則彼此之間的對話便無法進行下去，而你講的「大道理」就會成為無意義的空談。切勿忘記，一隻小小的昆蟲也有它的「靈魂」，一個小偷也自有他的「道理」。因此，在勸慰、開導別人時，一定要具有察覺對方心情的本事。首先是要誠懇地聽他辯解，讓他把要講的話講完，把要宣洩的積鬱發洩出來。然後再對他所說的問題，加以好言相勸，如果僅僅想咒罵對方一通，藉以洩心中之怨氣，亦未嘗不可，不過這種方法一點也不能影響對方，反而會招致相反的效果，其利害得失，各位是不能不衡量的。還有我們平時辦事請人幫忙時，一般剛開始請求的態度總是很謙恭的，當別人答應了，後因種種原因和困難，一時辦不了的，我們也應以寬容的態度處之。千萬不能以成

第一章　巧言妙語，踏上青雲之路

敗論英雄，辦成了就千好萬好，辦不成就冷言冷語相加，竭盡嘲諷之能事，這樣做不僅會使你失去一個朋友，而且很容易讓人看出你是一個無知且非常「近視」的人。

斥責別人，也是有許多講究的。吳先生是位熱心於教育的知名人士，眼下擔任某市局研究室主任，雖然年逾半百，但是每天的課間仍和其他同事一起跑步、做早操，其精力之充沛決不亞於年輕人。一天早晨，正下著毛毛細雨，研究室的同事們不知是否要照例做早操，於是去請示吳先生，吳先生說：「如此小雨，照做不誤。」此時，有一位年輕人輕聲地說一句：「要做你自己去做好了。」不料這話被老吳聽到了，於是喝斥道：「你說什麼？在大家面前再說一遍。」吳先生的怒斥使這位年輕人緊張萬分，但是吳先生對此並沒有深究。這位年輕人是個不滿現實、喜愛製造事端的人，平時即不受大家歡迎，吳先生的斥責使得其他的人覺得非常痛快，認為他是罪有應得，而且對這位主任的作風深感佩服，從此之後，所有的同事都更尊重吳先生了。

當斥責時，不用客氣留情，但是斥責必須有分寸，而且在斥責之後必須給予無限的信任和關懷。斥責之後，還應伸出救援之手，使他改正錯誤，而不是一味追究責罵，從此戴上「有色眼鏡」，一棍子把人家打死。迫使對方赤裸裸地坦白，使他受到最徹底的傷害，這是最愚蠢的人才會採取的笨拙方法。

一唱一和的藝術

許多人在表達自己的意見時，如果聽者十分熱心，便會非常起勁而更加投入。如果聽者聽到一半時，提出相反的意見，便會因不高興而喪失說話的興趣。

如果您的對手屬於這個類型，您應不持任何異議而贊成到底，使他心情愉快地講完。例如：對方與其上司或同事意見不合，而堅持固執己見時，須表示贊成：

「我覺得你的意見絕對正確，我如果站在你的立場，想法也會和你完全一樣。」

如果，時而聽到他極端的或反道德的想法時，也要以「你說得不無道理」之類的話附和，積極接受對方的意見。絕對不要提出「你的想法錯了」或「我還有另一個辦法」等反對的意見或忠告。

對任何意見都表示一致贊同，對方便會認定自己所說的全是對的，而一直心情愉快地敞開心扉說話，無意中必定會洩露出你想聽到的話。

掌握誘惑推測法

人都有各種欲望，而人生在世，大多以達成欲望為最大的目的。有人為達成目的，用盡所有的計策，想盡所有的辦法，甚至殺人越貨也在所不惜。換句話說，這種人是在追求欲望、濫用欲望，而為欲望所支配了。

對人而言，沒有比欲望更具誘惑的。掩飾人的雙重、三重性格或隱藏本性的假面具，便是為了滿足欲望的手段。因此，了解對方的欲望，便能推測出對方的心意，例如：在商業上的往來，可因而推測出對方是否會想收到回扣或賄賂，若對方沉迷於球賽或酒館而需要金錢時，這個方法便更有效。

任何人都多少有些欲望，從極大的野心，乃至極小的願望，都各自存在於人心中。有的人會若無其事地將心中的欲望說出來，有的人則會暗自藏在心底；但若根據對方的行動，以及對事物的想法，便不難刺探、推測出。

第一章　巧言妙語，踏上青雲之路

例如：藉機與商業對手交談。無論是喝酒、麻將、景氣、興趣⋯⋯所有的話題，都可逐漸引出對方的興趣。而且，又可反過來了解對方對自己的態度、容貌所持的評價。

當談到對方的工作時⋯⋯

「你大概就要升任科長了吧？」

試著刺探對方的心意。

「哦！不⋯⋯」搖搖頭。再看看對方的表情，好像有所暗示，由此可知，必有願望藏在他的心中。如果對方非常鄭重地表示：

「實在沒有道理！以我的能力，竟無我一席之地！」

聽到這類的回答，便知對方的欲望不在於此，在其他方面，而將工作的不滿發洩在興趣方面，但是，公事究竟是公事，對方即使想升任科長，也絕不會忽略他目前擔任的工作。

如果對方的興趣在下棋、打麻將等方面，那麼便能輕易地一拍即合。因為，從下棋、打麻將中，易於推斷出對方的性格，與人性的種種面貌。

下棋時容易爭吵的人；未考慮自己的局勢，便想輕取對方棋子的人；保全自己棋子，再吃對方棋子的人；絕不吵架的人；不管對方，而以自己的速度下棋的人；毀滅型、細心型、推託型、極度在意勝負型、見樹不見林（不顧全域性）型、固執型、乾脆型等等，均可由此意外地發現這個人的另外一面。

同樣，在打麻將時，各人的做法，也表現出他的性格：逞強型、敗弱型、膽小型、一著定江山型、慎重型、矛盾型、忍耐型緊追不捨型、混合型⋯⋯種種不同類型的性格，複雜而有趣。

在興趣方面表現出來的性格，大致上便可表現出其人平日的性格、態度。然而，了解了對方的性格或想法，不一定就能決定勝負。此外，

讀書的傾向、讀書的方法，也可當做推測的材料，或者也能利用對方所喜好的電視節目，來了解他的心理。另外，透過打高爾夫、打撞球等遊戲的方法，或喝酒的習慣動作，只要仔細觀察，都可從中推測出對方的性格。

別忘了「捧捧」別人

有句老話：休要長他人志氣，滅自己威風。所以普通人對於自己，總是拚命抬高身價，對於別人，總是吹毛求疵。

「捧」字好像有些不順眼，其實這倒是無所謂。「捧」就是宣傳，宣傳是政治家的「捧」。「捧」就是廣告，廣告是商人的「捧」；不過商人的廣告是自己「捧」自己，政治家的宣傳，是僱人來捧自己，與這裡的「捧」人家有些分別。「捧」人家是辦法，自古有之叫做互相標榜。但是所謂「捧」，並不是瞎吹，並不是胡說，也要根據對方的實際情形來看。每個人都有所短，也各有所長，普通人對於別人，只看見短處，看不見長處，把別人的短處看得很重大，把長處看得很平凡，所以往往有覺得欲「捧」而無可「捧」之處。其實只要你先存著「三代以下無完人」的思想，原諒他的短處，看看他的長處，可「捧」的地方多著呢！而且你「捧」某甲，並不欺騙大眾，只是使大家注意某甲的長處，也使某甲對於自己的長處，因大眾的注意，而格外愛惜，格外努力，養成比目前更為優越的長處。所以你「捧」人家是寶物，人家也來「捧」你，那麼寶物正所以成己，可見「捧」是使自己也成為寶物的工具，絕不是卑下的行為。俗語說：人捧人，越「捧」越高，你也高，他也高，這不是人己兩利的事嗎？

但有幾種捧法，最要不得的。當某甲一個人面前來捧他自己，有些人，也許不領你這一套。當著大眾來捧某甲，把他的長處，作一次義務

宣傳，他一定非常高興。只要「捧」得不過火，大眾也不會覺得你在有意的「捧」。或者在某甲的背後，宣揚他的長處，把幾件具體的事實，加幾分渲染，使聽到的人，對某甲發生良好印象，事後再傳到某甲，他的高興，比當面「捧」他更是有利。一有機會，他也會還敬你，把你大「捧」一場。俗語說：「有錢難買背後好。」足見重視背後「捧」，是人之常情，如你會寫文章，那麼寫文章也是「捧」人的一法，一有機會就把某甲的長處作為你文章的舉例，說出他的真實姓名，你的文章，有一百人讀，就是向一百個人「捧」他，有千人讀，就是向一千個人「捧」他。被你捧的某甲會是多麼高興，多麼得意，對你的感情，也一定會大有長進。連繫感情，原不是一件容易的事，用「捧」來連繫感情，是最簡單最有效的方法，而且就道德論，還正與古人揚善之旨相吻合。

從前也有人以不輕易讚許人為正直的表示，其實其人正直與否是另一問題，而眼界太高，胸襟太狹，卻是不可否認的事實。眼界高胸襟狹，他自己必不十分得意，因為不得意，對於一般人多少有些仇視的成分，所以越發不肯輕意讚許人了。年輕人的不肯「捧」人，第一是誤認為「捧」人就是諂媚，有損自己的人格；第二是自視清高，覺得一般人都比不上他；第三是怕別人勝過了自己，弄得相形見絀。如果能夠摒棄這種不健全的心理，而用心研究如何「捧」人的方法，必然能領略到其中的好處。

「間接恭維」的妙用

讚美詞是一把雙刃利劍，在社交中，它能增進人際關係，也能破壞人際關係。適當的讚美，就像社交中的潤滑劑；但過分的讚美，就會被對方認為你虛偽和別有用心而受對方卑視。

那初見面時該說些什麼讚美詞才恰當呢？我們無需在對方的人品或性格上下功夫，最要緊的是，對其過去的事蹟、行為或身上的裝飾品等，即成型的具體事物，作適當的讚美。當你說「你真是位好人」時，也許發於至誠，但在初見面的短時間內，你又怎麼知道呢？因此容易引起對方的懷疑和戒心。

如果誇讚對方的事蹟或行為，情況就不同了。因為對既成事實的讚美，與交情的深淺無關，對方也較易接受。我們不必直接去讚美對方。只要作「間接的恭維」，於初見面時就能收到效果。若對方是女性，那麼她身上的衣服首飾，便是我們予「間接恭維」的最好題材。

了解了這種「間接恭維」的效用後，與其毫無準備地去面對一位初識的人，倒不如事先準備「間接恭維」的材料。有了這種準備，對方往往會因你一句讚美辭而毫無保留地敞開心扉。

用「間接恭維」調動對方的情緒

初見面時，容易犯的毛病就是一股腦滔滔不絕地談論對方不明白的事物，尤其是只談論自己較熟悉的事物，當然自己所懂的事物，也就是自己所感興趣的事物。大家常常容易陷入一種錯覺，認為對方也和我們同樣有這方面的興趣。因此可知，能夠掌握住和對方教育相等程度的話題，就不會有對話上的失敗。剛開始和對方談的話題儘管很少，但也相當容易知道如何才能和對方融合成一片。

一般而言，在文章裡或會話中，人們對於自己不了解的事物頻頻出現時，常有拒絕談論或興趣闌珊的傾向，於是不會想去關注這些話題，這種拒絕和缺乏興趣的傾向，也很容易轉變成對人的拒絕，這道理大家應該很容易了解吧！

一些作者在撰寫以大眾為對象的文章時，使用到專門術語時，都會

第一章　巧言妙語，踏上青雲之路

事先宣告「大概你已經知道了吧！」事實上就是用來緩衝這種拒絕的傾向。那麼這能夠使用的範圍，雖然很難完全寫出來，但事先表明話題時，縱然是對方不明白的事物，即刻宣告「大概你已經知道了吧！」就可發揮出相當好的效果來了。

對於自己不知道的事物，被人稱說「大概你已經知道了吧！」而生氣的人而言，這也不是什麼不好的事情吧！因為自己如被人這樣評價，大概都會引以自豪才對，利用這種「間接式恭維」來提高對方的情緒，對於繼續談論自己不懂的話題，就較少有拒絕的傾向，甚至會試著聆聽並且關心起這個話題。當你與不明該事物的人談話時，一定要提醒自己必須考慮到這一點。

讚美要注意對策

有一位擔任編輯的朋友，長得很像一位電影明星。有一次他到酒吧，首次見到他的女服務生，也都說他長得很相像。可見他的容貌、氣質的確與某電影明星相似。通常，被認為與名演員相像，大都不會生氣才對。但這位原本不喜開口的朋友，卻因此而益發沉默了。

也許，女服務生在說這句半奉承、半開玩笑的話時，並無特別的含意，所以看到他不高興，一定感到非常奇怪。對以服務顧客為業的她們來說，不得不說這種讚美的方法，實在很不高明。這位編輯深知自己的缺點便是給人一種冷漠的感覺，而那位電影明星又專飾冷酷反派的人物，因此別人說他們相像，雖是讚美他，卻也等於指責了他的缺點。

讚美是門大學問，就像上述的例子，自認是缺點的事，反而受到誇讚，當然令他無法接受。所以，要引出對方更多的話題，必須很快看出對方希望怎麼被稱讚，然後再朝這一方面下手，一矢中的。也就是要滿足對方的自我。因此，在遠未確定對方的喜好前，千萬不要隨意讚美對

方,免得弄巧成拙。

其次,如果對方滿意你的讚美時,不要就此結束,應改變表達方式,再三地讚美同一點。因為僅僅一二次的讚美,會被認為是一種奉承,而重複的稱讚,可信度會提高。所以,讚美對方時,一定要三思,並隨時注意對方心情的變化。

「讚美」對方鮮為人知的東西

與其恭維別人生意興隆,不如讚美他推銷產品的努力,或讚美他的經商之道,請人「指教一切」是不行的,你應該擇其所長,集中某點來請他指教,如此他一定會高興得多。

凡說恭維讚美的話一定要切合實際,到別人家裡,與其亂捧一場,不如讚美房子布置得別出心裁,或欣賞壁上的一張好畫,或驚嘆一個盆栽的精巧,你要毫無成見地欣賞別人的愛好和情趣。

主人愛狗,你應該讚美他養的一隻狗;主人養了許多金魚,你應該欣賞那些魚的美麗。讚美別人最近的工作成績,最心愛的寵物,最費心血的設計,是比說上許多無謂而虛泛的客氣話要好得多。

特別關心別人的某一種事物,必使人在欣喜之外還覺感激。士為知己者死,女為悅己者容。鍾子期死後,伯牙終身不再鼓琴,其感恩知己至如此甚者,不外子期能懂得欣賞他的琴聲並給予其恰如其分的讚美而已。所以善於說話的人,每每因一句讚美的話說得適當,就在他的前途奠下了一個基礎,這並非奇事。

從內心裡發出的敬佩別人的話才有意思,如果對於對方不夠了解,就不可盲目地恭維。不切實際的恭維是很容易使人討厭的。

如果對一個有地位名望的人,則讚美所用的字眼應當另為研究。首先要想到,一個名人之所以能夠成為名人,一定是他在某一項工作上有

特殊的貢獻，而在他成名之後，讚美他工作的人一定很多，積久生厭，你依樣畫葫蘆地用別人所用過的話來恭維他，是不會使他覺得高興的，這些他聽得太多了。

大抵成了名的人，對於他的工作已成了習慣，你的恭維要是不能別出心裁，一定不能打動他的心。

對付那種人，最好選擇他工作以外的另一種事情去讚美他。譬如某銀行界鉅子，喜歡在閒時寫寫詩，那麼你讚美他金融方面的努力，不如說他的詩寫得好，因為已成名了的工作，無需你再來恭維，他的詩寫得很好，卻不為人所知，你要是特別提到，一定會給他意外的驚喜。

所以你要記住，讚美一個普通人你可以讚美他努力了許久而無人注意的工作，尤其是他足以自豪的工作或本領。

但對於一個名人，你卻要欣賞他那些不大為別人所知道的，卻是他自以為得意的事情。

學會給人戴「高帽」

恭維別人並不是輕而易舉的事，所謂的「拍馬屁」、「阿諛」、「諂媚」，都是技藝拙劣的高帽工廠加工的偽劣產品，因為它們不符合讚美和恭維的標準。

高帽儘管好，可尺寸也得合乎規格才行。濫做過重的高帽是不明智的。讚揚招致榮譽心，榮譽心產生滿足感，但人們發現你言過其實時，常常因此感到他們受到了愚弄。所以寧可不去恭維，也不宜誇大無邊。

過分粗淺的溢美之詞同時會毀壞了你的名聲和品味。不論用傳統交際的眼光看，還是用現代交際的眼光看，阿諛諂媚都是一種卑鄙的行為。正人君子鄙棄它，小人之輩也不便明火執杖運用它，即使被人稱

「馬屁精」，也會對這種行為嗤之以鼻。孔老夫子有話：「巧言令色鮮矣仁。」可見，阿諛諂媚者，無仁無義、俗不可耐。

在現實的交往中，大凡向別人敬獻諂媚之詞的人，總是抱著一定的投機心理，他們自信不足而自卑有餘，無法透過名正言順的方式博取對方的賞識，表現自己的能力，達到自己的目標，只好採取一種不花力氣又有效益的途徑——諂媚。

如何做好高帽呢？

(1) 恭維話要坦誠得體，必須說中對方的長處。

人總是喜歡奉承的。即使明知對方講的是奉承話，心中還是免不了會沾沾自喜，這是人性的弱點。換句話說，一個人受到別人的誇讚，絕不會覺得厭惡，除非對方說得太離譜了。

奉承別人首要的條件，是要有一份誠摯的心意及認真的態度。言詞會反應一個人的心理，因而輕率的說話態度，很容易被對方識破，而產生不快的感覺。

(2) 背後稱頌效果更好。

羅斯福的一個副官，名叫布德，他對頌揚和恭維，曾有過出色而有益的見解：背後頌揚別人的優點，比當面恭維更為有效。

這是一種至高的技巧，在人背後頌揚人，在各種恭維的方法中，要算是最使人高興，也最有效果的了。

如果有人告訴我們：某某人在我們背後說了許多關於我們的好話，我們會不高興嗎？這種讚語，如果當著我們的面說給我們聽，或許反而會使我們感到虛假，或者疑心他不是誠心的，為什麼間接聽來的便覺得悅耳呢？因為那是讚語。

第一章　巧言妙語，踏上青雲之路

德國的鐵血宰相俾斯麥，為了拉攏一個敵視他的部下，便有計畫地對別人讚揚這位部屬，他知道那些人聽了以後，一定會把他說的話傳給那個部屬。

(3) 別像一個暴發戶花錢那樣，大手大腳地把高帽扔得到處都是。

對於不了解的人，最好先不要深談。要等你找出他喜歡的是哪一種讚揚，才可進一步交談。最重要的是，不要隨便恭維別人，有的人不吃這一套。

高帽就是美麗的謊言，首先要讓人樂於相信和接受，所以就不能把傻孩子說成是天才，那樣會讓人感到離譜；其次是美麗高雅，不能俗不可耐、低三下四，糟蹋自己也讓別人倒胃口；再者便是不可過白過濫，毫無特點，不動腦子。

奉承人的手法要新

對於初次見面的人，哪一種讚美最有效呢？依筆者之見，最好避免以對方的人品或性格為對象，而稱讚他過去的成就、行為或所屬物等看得見的具體事物。如果讚美對方「你真是個好人」，即使是由衷之言，對方也容易產生「才第一次見面，你怎麼知道我是好人」的疑念及戒備心。

如果讚美過去的成就或行為，情況就不同了。讚美這種既成的事實與交情的深淺無關，對方也比較容易接受。也就是說，不是直接稱讚對方，而是稱讚與對方有關的事情，這種間接奉承在初次見面時比較有效。如果對方是女性，則她的服裝和裝飾品將是間接奉承的最佳對象。

要恰如其分地讚美別人是件很不容易的事。如果稱讚不得法，反而

會遭到排斥。為了讓對方坦然說出心裡話，必須儘早發現對方引以自豪、喜歡被人稱讚的地方，然後對此大加讚美，也就是要讚美對方引為自豪的地方。在尚未確定對方最引以自豪之處前，最好不要胡亂稱讚，以免自討沒趣。試想，一位原本已經為身材消瘦而苦惱的女性，聽到別人讚美她苗條、纖細，又怎麼會感到由衷的高興呢？

另外，從第三者口中得到的情報有時在初次見到對方時能發揮重要的作用。因此，利用所得到的情報當面誇獎對方，當然也是為了自己主動。但是，如果你將這些情報、傳言直接轉述給對方，恐怕只會遭到輕蔑。因為滿街飛舞的有關他的傳言就是人們對他公認的名聲。對此他已經聽膩了，甚至麻木了，如果你舊事重提，對方表面上也許付之一笑，內心卻十分厭煩，甚至會說：「看！又來了！老套！」而將你打入他以前認識的很多平庸者的行列。

有關對方的傳言，對你來說即使十分新鮮，也應避開這些陳舊的讚美之詞，而大大讚美他較不為人所知的一面。正如現代著名作家三島由紀夫的著作《不道德教育演講》中的將軍，一聽到別人稱讚他美麗的鬍鬚便大為高興，但對於有關他作戰方式的讚譽卻不放在心上。這種心理是每個人都有的。大概不少人讚美軍人，不論在這方面怎樣讚美他，也只是讚歌中的同一支曲子，不會使他產生自我擴大感。然而，如果你對他軍事才能以外的地方加以讚賞，等於在讚詞中增加了新的條目，他便會感到無比的滿足。

審時度勢地讚美別人

讚美別人，彷彿用一支火把照亮別人的生活，也照亮自己的心田，有助於發揚被讚美者的美德和推動彼此友誼健康地發展，還可以消除人

際間的齟齬和怨恨。讚美是一件好事，但絕不是一件易事。讚美別人時如不審時度勢，不掌握一定的讚美技巧，即使你是真誠的，也會變好事為壞事。所以，開口前我們一定要掌握以下技巧。

因人而異

　　人的素養有高低之分，年齡有長幼之別，因人而異，突出個性，有特點的讚美比一般化的讚美能收到更好的效果。老年人總希望別人不忘記他「想當年」的業績與雄風，同其交談時，可多稱讚他引以自豪的過去；對年輕人不妨語氣稍為誇張地讚揚他的創造才能和開拓精神，並舉出幾點例項證明他的確能夠前程似錦；對於經商的人，可稱讚他頭腦靈活，生財有道；對於有地位的官員，可稱讚他為國為民，廉潔清正；對於知識分子，可稱讚他知識淵博、寧靜淡泊……當然這一切要依據事實，切不可虛誇。

情真意切

　　雖然人都喜歡聽讚美的話，但並非任何讚美都能使對方高興。能引起對方好感的只能是那些基於事實、發自內心的讚美。相反，你若無根無據、虛情假意地讚美別人，他不僅會感到莫名其妙，更會覺得你油嘴滑舌、詭詐虛偽。例如，當你見到一位其貌不揚的小姐，卻偏要對她說：「你真是美極了。」對方立刻就會認定你所說的是虛偽之極的違心之言。但如果你著眼於她的服飾、談吐、舉止，發現她這些方面的出眾之處並真誠地讚美，她一定會高興地接受。真誠的讚美不但會使被讚美者產生心理上的愉悅，還可以使你經常發現別人的優點，從而使自己對人生持有樂觀、欣賞的態度。

詳實具體

在日常生活中，人們有非常顯著成績的時候並不多見。因此，交往中應從具體的事件入手，善於發現別人哪怕是最微小的長處，並不失時機地予以讚美。讚美用語愈詳實具體，說明你對對方愈了解，對他的長處和成績愈看重。讓對方感到你的真摯、親切和可信，你們之間的人際距離就會越來越近。如果你只是含糊其辭地讚美對方，說一些「你工作得非常出色」或者「你是一位卓越的領導者」等空泛飄浮的話語，只能引起對方的猜度，甚至產生不必要的誤解和信任危機。

合乎時宜

讚美的效果在於相機行事、適可而止，真正做到：
「美酒飲到微醉後，好花看到半開時。」
當別人計劃做一件有意義的事時，開頭的讚揚能激勵他下決心做出成績，中間的讚揚有益於對方再接再勵，結尾的讚揚則可以肯定成績，指出進一步的努力方向，從而達到「讚揚個體，激勵群體」的效果。

雪中送炭

俗話說：「患難見真情。」最需要讚美的不是那些早已功成名就的人，而是那些因被埋沒而產生自卑感或身處逆境的人。他們平時很難聽到一聲讚美的話語，一旦被人當眾真誠地讚美，便有可能振作精神，大展宏圖。因此，最有實效的讚美不是「錦上添花」，而是「雪中送炭」。

此外，讚美並不一定總用一些固定的詞語，見人便說「好……」有時，投以讚許的目光、做一個誇獎的手勢、送一個友好的微笑也能收到意想不到的效果。

第一章　巧言妙語，踏上青雲之路

　　當我們目睹一個經常讚揚子女的母親是如何創造出一個完滿快樂的家庭、一個經常讚揚學生的老師是如何使一個班團結天天向上、一個經常讚揚下屬的領導者是如何把他的部門管理成和諧的團體時，我們也許就會由衷地接受和學會人際間充滿真誠和善意的讚美。

透過第三者傳達對下屬的表揚

　　當上司直接讚美下屬時，對方極可能以為那是一種口是心非的恭維話，目的只在於安慰其下屬罷了。

　　然而，讚美若是透過第三者的傳達，效果便截然不同了。此時，當事者必認為那是認真的讚美，毫無虛偽，於是往往真誠地接受，為之感激不已。

大會表揚，刺激鼓勵

　　對於有成就、貢獻突出的下屬，應當在全體員工大會上進行表揚，這是許多領導者經常採用的一種激勵方式。事實證明，這種激勵方式雖然簡單，但它產生的效果卻是十分明顯的。為什麼呢？因為人的社會性決定了每個人都希望自己能夠得到他人的肯定與社會的承認。上司在特定場合對他的表揚，便是對他熱情的關注、慷慨的讚許和由衷的承認。這種關注、承認，必然會使他產生感激不盡的心理效應，乃至視你為知己，更加報效於你。同時，這種表揚能夠激發其他下屬的上進之心，從而努力進取為公司創造更大的效益。

　　有的上司、領導者一味追求效益，忽略了對貢獻突出者心理的了解。只知道用人，而不知道去激勵下屬、激發他們工作的主動性、創造性。久而久之，一些有能力、對公司做出非凡業績的員工，就會產生「上司只會利用自己」的思想，在感情上疏離公司，進而工作熱情逐漸消

沉，甚至自行辭職，「跳槽」出去另找其主。

　　管理者絕對不能忽視對員工、特別是有一技之長，獨當一面的員工對公司的感情的培養。如果要籠絡住他們，就要在他們取得一些成績時給予充分的肯定，在比較大的場合上進行表揚、鼓勵。

　　大會表揚的魅力是巨大的，因為它公開承認和肯定了下屬的價值。既能對受表揚的人發揮很大的激勵作用，又會對其他員工產生推動作用。

說讚美話也有技巧

　　長期以來，社會有一個十分不好的偏見，那就是將一些善於說讚美話的人稱之為「馬屁精」，好像這些人人格多麼低下，多麼不恥於和人們相提並論似的。其實，這是對人際關係的一種誤解。仔細觀察你就會發現，周圍的人或多或少都在說著讚美別人的話，只不過這種方式是多樣而已。就人際關係日益複雜的今天來說，多說讚美話不僅不是壞事，而且是好事。

　　在人的心中，都有著愛聽順耳的讚美話的天性，即使是看信也是如此。誇獎的信愈多，心中愈高興，信心也隨著增高，這是人之常情。不過，批評的信，如果仔細、慎重地去看，常常會有「嗯！說得好像很有道理」的感覺，因此，不看就覺得不安心，只好一邊看誇獎的信，一邊看批評的信，來調和情緒的不平衡，以免影響工作進度。

　　無論如何，人總是喜歡別人讚美的。有時，即使明知對方講的是讚美話，心中還是免不了會沾沾自喜，這是人性的弱點。換句話說，一個人受到別人的誇讚，絕不會覺得厭惡，除非對方說得太離譜了。

　　在這個社會上，會說讚美話的人，似乎比較吃香。當一個人聽到別

人的讚美話時，心中總是非常高興，臉上堆滿笑容，口裡連說：「哪裡，我沒那麼好」，「你真是很會講話！」即使事後冷靜地回想，明知對方所講的是讚美話時，卻還是抹不去心中那份喜悅。

因此，說讚美話是與人交際所必備的技巧，讚美話說得得體，會使你更迷人！

讚美別人首要的條件，是要有一份誠摯的心意及認真的態度。言詞會反映一個人的心理，因而有口無心，或是輕率的說話態度，很容易為對方識破，而產生不快的感覺。再者，要讚美別人時，也不可講出與事實相差十萬八千里的話。例如，你看到一位流著鼻涕而表情呆滯的小孩時，你對他的母親說：「你的小孩看起來好像很聰明！」對方的感受會如何呢！本來是讚美的話，卻變成很大的諷刺，得到了相反的效果。若你說：「哦！你的小孩好像很健康。」是不是好多了！

所以，讚美別人時要坦誠，這樣，你所說的讚美話，會超過一般讚美話的效果，成為真正誇讚別人的話，聽在對方耳中，感受自然和一般讚美話不同。

當然，讚美別人也要有技巧，因為千人千面，沒有誰會喜歡千篇一律的讚揚話。舉例來說，對於美，人們的看法就不盡相同。最近，我發現了一件事。我時常和女同事在餐廳中聊天，當我們對坐喝飲料時，我對女方並沒有很特殊的印象，但是，從餐廳中出來後，看到對方的走路姿態時，會突然對她的容姿留下很深刻的印象。

換句話說，這個時代並不是一個靜的時代，而是一個動的時代，因此，美的標準並不只是靠臉孔的結構，最重要的還是臉上的表情，以及動作、姿勢。

從解剖專家的觀點來看，每個人臉孔的構造大致相同，因此，講話的內容、方法，以及笑容的表達法，成為評定美與不美的標準。也許有

些女性並不屬於「天生麗質」型的人，但當她回頭一笑的時候，卻表現出千嬌百媚的風韻，還是會令男性著迷的。有的人吃東西的姿勢非常高雅，或有某種奇特的氣質，那麼，她們仍然會在別人的心中，留下深刻美好的印象，並不亞於一張漂亮的臉孔。

對上述美的標準，如果沒有充分的了解，你的交際方法可能會產生偏差。在你的身邊，一定會有一些所謂「不美」的人，若你想擁有圓滑的交際手腕，對這些人，不要不願付出你的讚美。俗話說：「人不可能是十全十美的」，同樣的，人也不可能只擁有缺點，而沒有一點長處，找出對方的優點與之相處，一定可得到很完美的結果。也就是說，將對方的優點提出來誇獎，這樣做了之後，你可多得一個朋友，同時增加會話的機會，只有好處，沒有壞處。

那麼，對於真正的「美人」應該怎麼誇讚呢？或許你認為這太簡單了，事實上並不盡然。有的人以明星來誇獎別人，說：「我覺得你很像某個漂亮的電影明星！」當然，如果對方也很喜歡這位明星的話，她當然會很高興地領受你的誇獎，假如很不巧的，對方非常討厭這位電影明星的話，那會產生什麼結果呢？也許對方會板起臉說：「什麼？我和她很像，這簡直是對我的一種侮辱！我最討厭她那種……」你只好在一旁苦笑了。

一般而言，大部分的女性對女明星都有自己的價值觀，這份好惡的感覺非常清晰，因此，最好是不要引用明星來讚美人家。如果要用的話，應該先說：「哎！你對某明星的感覺如何？」「唔……我覺得她很不錯，尤其是演技真精湛！」有了這樣的前提，你再讚美她像某某明星，似乎就比較容易接受了。

誘導對方說出真話

人們都希望能夠根據表情、動作，可以看穿對方心理，然而在形形色色的人中，有些人面無表情令人難以捉摸。這種人最難以相處。碰到這樣的顧客，根本無法掌握其購買的意願。甚至商談過程中，令人以為有購買的欲望，而在商談結束後卻表示拒絕。也可能看似帶有好感，其實內心感到憎惡。或許話中另有玄機，表面上說「不」內心卻說「是」。

相信有不少人多麼渴望有面可以照射人心的鏡子，以避免人際關係中的揣摩之苦。

專注地盯著眼前的商品把玩的顧客，到底是為了消磨時間或真的想購買？若要誘導人們的真心必須積極主動地出擊以判斷其反應，這時當然需要一點心理上的技巧。

是否惹人厭

人際往來中最難以掌握的，是揣摩對方是否對自己有好感。實際上對方有否好感在反應上會有某些不同的表現。

譬如，凝視對方，故意目不轉睛地盯著對方的眼睛談話。如果對方是異性而對你有好感，當你盯著她瞧時，她也不會岔開視線，她的眼睛會一眨也不眨地凝視著你。在這個時候輕聲地說些甜言蜜語，會使她的眼神變得柔和。從眼睛可以了解女性的心理。

但是，推銷的場合不能如法炮製。該如何才能掌握對方具有「好感」的真心呢？

在交談中不妨故意拂逆對方的意見處處給予反駁。接連數次向對方表示「不」，對方的態度必會急速地轉變。尤其是對方想要傳達自己的心意時，故意給予打斷而大聲地搶話說。在這個關頭對方會露出真心。如

果對你不表好感，會抗議道：

「喂，你！先聽我說完吧！」

「和你這種人談話真討厭！」

如果是平常對你抱有好感、賞識你的人品的人，稍微讓他感到焦躁並不礙事。不過，如果對方當時心情不佳，或發生不如意的事，就另當別論了。

對方是否有急事

聽對方不急不緩地說：「我們慢慢談吧！」而真放慢步調打算從長計議時，對方卻突然顯得坐立不安。該如何判斷對方是否有急事呢？對方的心理該如何掌握才合適？

技巧是試著改變談話的速度。譬如：「我啊……其實……今天……」故意把話拉長地說，有急事者必會不耐煩地問：「你到底有什麼事？」

如果坐在椅子上則盡量舒坦地深坐。當對方有急事時會立即表態說：「其實我今天有急事。」，或急忙地想站起身來。

所以，若要探討顧客是否有急事則故意慢條斯理地動作。譬如，拿起對方端出的茶慢慢品嘗，或把茶杯拿在手上悠哉悠哉地談話。

有急事者看見這些動作，會更為焦急而立即暴露真心。

對你有排斥感嗎

每個人都有其「自我空間」。與人站著交談時自己周圍的一定範圍內，乃是屬於自己的心理空間，與人交談、打招呼或行禮時，都會保持一定的距離。

如果對方對你帶有排斥、拒絕的心態，會稍微往後退或表現不快的臉色，女孩若對談話對象有排斥感都會往後退一步。而男孩則會緊閉雙

唇，以動作來表示內心的不快，或者突然做出再見的動作主動離開。

這裡所談的心理空間也有個體差異，首先應該了解對方，平常一般保持多少距離而談話。

另一個方法是與對方並肩而立時，故意把手搭在其肩上交談。如果對方心存信任，又認為搭肩者的地位、能力比自己優越，平常即對其言聽計從，則會暫且忍耐。如果對該人感到排斥不願意受其命令時，會推開其靠近的手，反而渴望把自己的手搭在對方的肩上。

渴望了解第三者的真心

除了要揣摩談話對象的真心外，在談話的過程中如何去了解身旁傾聽者的真心，也有各種的技巧應用。

在宴會廳二人竊竊私語。其所談的悄悄話其實並非二人間的祕密，而是故意做給旁邊的第三者看的。這兩人到底在談些什麼？不把我放在眼裡！這個疑慮會令第三者感到不安。事實上，這個悄悄話本來的目的，是為了掌握在旁觀察者的心理技巧。

交談要恰到好處

交談要恰到好處，就是說既要不亢、不卑，又要熱情、謙虛、溫文、懇切和富有幽默感，這樣的談吐才能給別人留下最深刻的印象。

不亢就是談話時不盛氣凌人，不自以為是。如果你是一個很有學識的人，也不要輕視別人，要用心傾聽別人的意見。更何況「智者千慮必有一失，愚者千慮必有一得」，別人的意見不見得全不可取，而自己的意見不見得全都可取。如果你隨時以高人一等的口吻或專家的姿態出現，好像處處要教訓別人，這樣只會引起別人反感。

當然，反過來交談時有自卑感也是要不得的。一個對自己失去信心的人，是難以得到別人的重視和信任的。比方在談話時，你處處都表現得畏畏縮縮，說什麼都不懂，或者是「驢頭不對馬嘴」，顯出一副未經世面幼稚無知的品相，這也是很糟糕的。

　　自卑與謙虛，兩者是大有分別的。謙虛在談話中最受人歡迎，又不失自己的身分，更不等於幼稚無知。「虛懷若谷」或「不恥下問」，這就是交談中的謙虛的態度。明白地說：就是不自大自滿，碰到自己在交談中不了解的話題，不妨請對方作簡單的解釋。這種做法是聰明的，因為這樣既可避免誤解別人的說話，又可表示對對方賞識，尊重對方，這樣，自然使對方也覺得你很可愛了。

　　交談時誠懇、親切，也是很受別人重視的。如果你碰到一個油腔滑調，說話飄虛不實的人，你一定會覺得異常不快，敬而遠之，甚至會從內心上引起反感。自己的心情如此，別人的心情也是一樣，因此，在社交的談話中也須警惕注意。

說者無心聽者有意

　　說到談話的場合，一定要注意其可能產生的後果，有時候某些人的談話雖然沒有錯誤，但在一定場合卻會引起誤解，這就要求我們隨著談話的進行，尤其要注意聽者在心理和情緒上所產生的或明顯或細微的變化。比如，聽者已經完全了解了你的意圖，或是聽到一半就表現出一種不耐煩的情緒，或是談話的環境由於第三者的闖入而發生變化等等。作為表達者應敏銳察覺並據以調整自己的表達內容和方式，以便把話說得恰到好處。

　　據報載，葡萄牙的環境部部長，只因不看場合說了句玩笑話而丟掉

第一章　巧言妙語，踏上青雲之路

了烏紗帽。事情是這樣的：葡萄牙的阿連特茹地區，水中含鋁超標，已經致使 16 個人腦受損醫治無效而先後死去，醫院裡還有些同樣的病人處於危險狀態。政府決定徹底查清原因，採取防治措施。為此，環境部、衛生部的負責人、專家們和有關的醫生們在大學舉行討論會。會後休息時，環境部部長指著醫院的幾個醫生對大家開玩笑說：「你們知道他們和阿連特茹地區最近死去的那些人有什麼關係嗎？他們將那些人弄到回收工廠，從那些人的腎臟中回收鋁。」

這當然是說笑話，怎麼可能從人體中回收鋁呢？但是，在這樣不幸的令人焦慮不安的時刻和場合開這樣的玩笑，實在不應該。因而，這位環境部長事後宣告道歉，並引咎辭職。

如果參與談話的是特定的群體，那麼這時候，也不妨針對這些群體說出一些有啟發或者是有所指代性的語言，這樣效果會出奇的好。例如伊麗莎白・凱迪・斯坦頓（Elizabeth Cady Stanton）在紐約立法機關進行的關於女權的演講，面對的是立法院的官員們，所以就採用了一種略帶諷刺意味的女人特有的口吻：

「……先生們，在共和制的美國，在十九世紀，我們作為一七七六年革命英雄的女兒，要求你們雪洗我們的冤屈——修訂你們的州憲法——制定一部新的法典。請允許我們盡可能簡要地請你們注意使我們吃盡苦頭的所謂法律上的無資格。

「我們還有什麼人不能代表呢？我們不能代表的只不過是一些時髦的輕浮女子，她們像蝴蝶一樣，在短暫的夏日裡，追逐陽光和花朵，但是秋天的涼風和冬天的白霜很快便會驅走陽光和花朵，那時，她們也將需要、也將尋求保護。到那時，將輪到她們透過別人的嘴向你們提出爭取正義與平等的要求。」

由於這一講話正好針對了立法院官員們身上的男尊女卑的思想，所以給聽眾的觸動非常大。

說好第一句話

社交免不了要與一些新人打交道。初次見面的第一句話是留給對方的第一印象，這第一句話說好說壞，關係重大。說好第一句話的關鍵是：親熱、貼心、消除陌生感。常見的有這樣三種方式：

攀認式

赤壁之戰中，魯肅見諸葛亮的第一句話是：「我，子瑜友也。」子瑜，就是諸葛亮的哥哥諸葛瑾，他是魯肅的同事摯友。短短的一句話就定下了魯肅跟諸葛亮之間的交情。其實，任何兩個人，只要彼此留意，就不難發現雙方有著各種「親」、「友」關係。

敬慕式

對初次見面者表示敬重、仰慕，這是熱情有禮的表現。用這種方式必須注意：要掌握分寸，恰到好處，不能亂吹捧，不說「久聞大名，如雷貫耳」一類的過頭話。表示敬慕的內容應因時因地而異。

問候式

「您好」是向對方問候致意的常用語。如能因對象、時間的不同而使用不同的問候語，效果則更好。對德高望重的長者，宜說「您老人家好」，以示敬意；對年齡跟自己相仿者，稱「老×（姓），您好」，顯得親切；對方是醫生、教師，說「李醫師，您好」、「王老師，您好」，有尊重意味。節日期間，說「節日好」、「新年好」，給予人祝賀節日之感；早晨說：「您早」、「早安」則比「您好」更得體。

說好第一句話，僅僅是良好的開始。要談得有味，談得投機，談得

融融樂樂，還有兩點要引起注意。

第一，雙方必須確立共同感興趣的話題。有人以為，素昧平生，初次見面，何來共同感興趣的話題？其實不然。生活在同一時代、同一國土，只要善於尋找，何愁沒有共同語言？一位小學教師和一名泥水師傅，似乎兩者是話不投機的。但是，如果這個水泥師傅是一位小學生的家長，那麼，兩者可就如何教育孩子各抒己見，交流看法，如果這個小學教師正在蓋房或修房，那麼，兩者可就如何購買建築材料。只要雙方留意、試探，就不難發現彼此有對某一問題的相同觀點，某一方面共同的興趣愛好，某一類大家關心的事情。有些人在初識者面前感到拘謹難堪，只是沒有發掘共同感興趣的話題而已。

第二，注意了解對方的現狀。要使對方對你產生好感，留下不可磨滅的深刻印象，還必須透過察言觀色，了解對方近期內最關心的問題，掌握其心理。例如，知道對方的子女今年落榜，因而舉家不歡，你就應勸慰、開導對方，舉些自學成才的例項。如果對方子女決定明年再考，而你又有自學的經驗，則可現身說法，談談考試複習需注意的地方，還可表示能提供一些較有價值的參考書。在這種場合，切忌大談榜上有名的光榮。即使你的子女已考入頂尖大學，也不宜宣揚，不能津津樂道，喜形於色，以免對方感到臉上無光。

嘴邊留個「守門」的

有時在主管面前說錯了話，雖不至於掉腦袋，但後果卻也會很糟糕。

俗話說：伴君如伴虎。上司畢竟不像一般同事。何況一般同事之間也應該注意分寸，說話不能太無所顧忌。所以與領導相處，就更應該注

意，平時說話交談、彙報情況時，都要多加小心。特別是一些讓主管不快的話，就更要注意。如：

第一，對主管：「不行嗎？沒關係！」這話是對主管的不尊重，缺少敬意。退一步來講，也是說話不講方式方法，說了不該說的話。

第二，對上級的問題回答：「無所謂，都行！」這句話會讓主管認為你感情冷漠，不懂禮節，對你也就自然看低了。

第三，過度客氣反而會招致誤解。和主管說話應該小心謹慎，顧全大局。但顧慮過多則適得其反，容易遭受誤解。因此應該善於妥善處理，以平常心去應付，習慣成自然，對這類情況就可以應付自如了。如果想克服膽小怕事的心態，有時越是謹慎小心，反而更容易出錯，會被上司誤認為沒有魄力，不值得重用。

第四，對主管說：「您不清楚！」這句話就是對熟悉的朋友也會造成很大的傷害，對領導說這樣的話，更加差勁。

第五，對主管說：「有勞了！」這句話本來應該是上級對下級表示慰問或犒勞時說的，下級如果對上級這樣說，後果似乎不太妙。

第六，不小心說錯了話如何補救呢？在主管面前說錯了話，一旦反應過來，要立即就此打住，馬上道歉。不要因害怕而迴避，應面對事實，盡量避免傷害對方的面子，必要時可以再做說明，而不必要的辯解只會越描越黑。

第七，不經意地說：「太晚了！」這句話的意思是嫌主管動作太慢，以至於快要誤事了。在主管聽來，肯定有「幹嘛不早點」的責備意味，這話能說嗎？

第八，對主管說：「這事不好處理！」主管分配工作任務下來，而下級卻說：「不好處理」，這樣直接地讓主管下不了臺，一方面說明自己在推卸責任，另一方面也顯得主管沒遠見，讓主管沒有面子。

第一章　巧言妙語，踏上青雲之路

第九，對主管說：「您讓我真感動！」其實，「感動」一詞是主管對下級的用法，例如說：「你們工作認真負責不怕吃苦，我很感動！」而晚輩對長輩或下級對上級用「感動」一詞，就不太恰當了。尊重主管，應該說「佩服」。如：「經理，我們都很佩服您的果斷！」這樣才算比較恰當。

小心辦公室的舌頭

我們已經用了不少的篇幅，從技術上介紹了駕馭談吐的訣竅。這無疑是有用的。但是，辦公室人士所需要的，應該比前文所述的多一點點特殊性。下面我們就額外再多說一說，辦公室人士應該怎樣去交談。

首先學會如何表達意見。

你是否覺得自己的口才不錯，為此而沾沾自喜？抑或你認為自己是一個不擅辭令的人，以致錯過許多自我表現的機會？在辦公室裡，能夠與周圍的人好好溝通，讓大家知道你是一個隨和而謹慎的人，處事有條不紊，十分重要。如果你以前從來沒有注意過自己的說話技巧，請從此刻開始，認真地思考一下這個問題。

無論何時，當你要表達自己的意見時，你要採用肯定的語句。所以若你想請上司加你的薪水的話，你不應該這樣說：「你有什麼理由認為我不能獲得加薪？」而要說：「我認為我應該獲得加薪的獎勵，因為……」如果你能提出一些充實而又正當的理由，你的上司會覺得拒絕你的要求是很困難的事。

如果你想使對方贊成你的一個新計畫，請不要一開始就批評現在正採用的舊計畫，否則對方會馬上找出一大堆理由來反駁你。反之，當你一開始就陳述新計畫的種種好處，令對方同意你的意見，則無需多少爭

論，舊計畫便會被拋棄不用。

　　採用肯定而積極的詞句能幫助你順利達成心目中的目標，此外，你還須謹記一件事：沒有人會有興趣聽你不能做、不知道或不同意的事情。請盡量強調事情積極的一面——如果存在的話便會自行顯露出來。

你要知道如何堅持原則。

　　你覺得自己是個怎樣的人？身旁的人如何對待你？你是不是時常遭受欺負與被人利用？朋友都似乎不懂得尊重你？你有沒有感覺自己所做的一切，都是在違背意願的情況下，為他人而忘掉自我？

　　如果你不希望再被人「踐踏」，找回自己，卻又找不到申訴的對象，與其依賴人家的慰藉，不如從今天開始，下定決心做一個有原則的人，讓人不敢小覷。以下是幾個助你建立自我形象的方法：

　　假如你常常遇到一些粗魯無禮的人，他們根本不懂得尊重別人，更沒有把你放在眼裡，隨時會打斷你的話，令你感到很困擾，下一次，你不妨這樣對他們說：「你剛才打斷了我的談話。」或「這些話你以前已講過了。」須知道使別人尊重自己的方法，首先是要維護自我的尊嚴。

　　對於自己不喜歡做的事情，無須害怕，大聲地向對方說個「不」字。一個總是顧慮到會傷害他人，怕對方覺得你很自私的人，其實是天生自虐狂，不想讓自己生活得快樂。

　　當你遭遇到無理的對待時，不要總是怨天尤人，把責任推到別人的身上，還抱怨說：「他們總愛欺負我。」或「我是身不由己。」你應該說：「是我鼓勵他們如此待我，一切都是我親手所造成的。」

　　若是對方把未完成的工作推到你的身上，沒有理會到你的感受與難處，就算你很想助他一臂之力，也須自我控制，清楚地告訴對方他應該負起應盡的責任，你還有其他重要的事情要做。

第一章　巧言妙語，踏上青雲之路

你該如何說「不」？

朋友提出的要求很過分，或不是你的能力所能完成的，你因不知道該如何開口拒絕，所以勉強答應下來，可是，這件答應為人家辦的事情，從此卻成為你的重擔，不但無法妥善完成任務，對自己的信心與能力，也是一種莫大的挫折。

德國有一名心理學博士，最近接受一家電視臺的訪問時，談論到如何搖頭，對別人說「不」的技巧。對於那些較內向而不忍看見人家失望的表情的人來說，無疑是個喜訊。怎樣開口拒絕，才不傷害對方？

在說「不」時，務必讓對方了解我們拒絕的苦衷和歉意。

如果自忖無法照辦，在拒絕時要避免使用讓對方存有某種希望的語氣。應盡快將你的意思明確地告訴對方，不要拖延時間，這才是真正的好意。

避免模稜兩可的回答，如「我再考慮看看」等，這種講法，講的人或許自己認為那是代表拒絕，可是有所求的一方卻認為對方是真的要替他想辦法。這反而耽誤對方，所以要拒絕，一定要把意思清楚地表達出來。

把不得不拒絕的理由以誠懇的態度加以說明，直到對方了解你是愛莫能助，這樣便是一次非常成功的拒絕。

搬出第三者也是一種高明的拒絕技巧，例如：「我很了解你的情形。但是錢已經借給我姊姊了，現在錢不在我這裡，實在很抱歉。」這樣較容易使對方信服。

為了讓事情圓滿解決，偶爾撒個謊也是無可厚非，但是，容易拆穿的謊言不要說。如果對方要求借三千元，那麼你就借給他五百元，同時心裡要有準備，這一筆錢是不可能要回來的。

該怎樣與陌生人交談？

在同事面前，你可能笑聲不絕，妙語連珠，是大家談話的核心所在，但是在陌生人面前，你是否手足無措，坐立不安，總覺得難以表達自己？如果你有這些煩惱，你的生活圈將會日漸狹窄，朋友會一個個減少。假若你還不急謀對策，嘗試與陌生人接觸，慢慢成為好朋友，專家認為你的性格會因此而改變，變得內向而孤僻，不苟言笑，心胸狹窄而執著，給你的生活帶來不良的影響。

你要注意說話的聲調，不妨輕聲把自己的意思清楚表達出來，但語氣必須肯定，人們自然覺得你滿懷自信，增加對你的好印象，你也可以藉此而信心百倍。

儘管你很害怕說話的時候與對方對視，但你還是要多嘗試這樣做，切勿把視線投向遠方，或只看著自己所熟識的人，否則對方可能誤會你不尊重他，相反，說話的時候，與對方的視線接觸，能讓他覺得你很喜歡與他交談，對你產生好感。

與剛認識的朋友交談，你應該主動熱烈地向他問好，微笑能消除彼此的隔膜，也能表示出你是一個隨和的人，你要別人喜歡你，首先你要學習喜歡對方。

面對陌生的朋友，你要表現得落落大方，應盡量避免做出一些小動作，以免增加自己的緊張，也令對方感到不自然。

說話之前，你需要想清楚，切勿口無遮攔，像一個沒有教養的人。談吐得體的人，永遠受人歡迎。

學會如何開口求助。

遇到自己不能解決的問題，想請同事予以援助，這是很平常的事情。可是，卻有不少人認為這是一件很丟臉的事，尤其是當自己的要求

第一章　巧言妙語，踏上青雲之路

被拒絕，雖不至顏面無光，也會感到十分尷尬。究竟應如何開口請人家幫忙呢？

有求於對方的時候，不管是什麼事情，說話的態度必須謙虛、客氣。

應當客氣地表明請求的理由，如果覺得難以啟齒而拐彎抹角，則是下下之策了。

交談的時候，不宜嘮叨地談些芝麻小事，等到對方開始厭煩地想：「這個人到底想說什麼？」好不容易才轉入正題，如此一來，成功率必然很低。

雖說在請求時須謙虛，但也不必自卑，低著頭瑟瑟縮縮的，或者老是迴避對方的視線，那隻會增加對方不信任的感覺。

你要避免虛榮心作祟，氣焰囂張地說：「你要是沒有辦法也沒關係，我已經拜託過別人了……」這樣的處世技巧實在太笨拙了。人家不免會想：「既然都拜託過別的同事了，還來找我幹嘛。」你這一趟也就白跑了！

你如何在辦公室閒談呢？

適當的閒談十分重要，可舒緩氣氛。一般人是利用閒談互通消息，找出公司最新動向等。

幾個人聚在一起，讓每個人都有說話的機會，那才夠融洽。切忌一開始時就打斷人家的話題，那是很不禮貌的，而且會使閒談終止。

注意眼光接觸，聽者應該望著講者，否則表示你完全沒興趣。如果某人一邊聽一邊眼望其他東西，他大有可能是想另找閒談夥伴。身體語言亦很重要，將身體倚向某人表示欲邀請對方講話；把肩膀移開，表示對講話者內容不感興趣或不同意。

是否有權威，就決定於話題是否可以引起議論，如果你想成為中心

人物,這一招就要苦練。不過,風頭不能太勁,你要清楚,你的光芒不能蓋過老闆,雖然一般而言,老闆是較少言論的,但忘形地口沫橫飛的你,肯定不會受到他的欣賞。

打磨你的舌頭

鼻音、低語和尖嗓音糾正法：

華人裡有多少用鼻音說話的？目前的研究未曾涉及到這個項目。不過,如果讓用鼻音說話的人組織成一個團體,我想他們的人數一定會令你大吃一驚。同樣,要是所有尖嗓子聚成一夥,他們的陣容會更加豪華。

要想清除鼻音或尖嗓音這兩種語言障礙,使自己具備像天鵝絨一樣光滑潤澤的胸腔共鳴,必須先努力克服生理上的肌肉緊張。而其中最為主要的是：要學習放鬆你的下顎、舌頭,解放喉嚨和口腔,使聲音能由此傳出,而無需被迫從鼻腔逃出來。

在現代生活裡,緊張就像種種亂七八糟的事一樣到處充斥著。可以屈指算算你眼前的緊張：也許你剛剛費了九牛二虎之力才叫到一輛計程車；或者是工作太忙,或者是對於各種議題憂心忡忡。

消除造成緊張的原因可能不大容易,但下面的方法多少能幫你擺脫些緊張。

首先要放鬆頭頸。

讓頭部向前垂下,閉上雙眼,緩緩地默默數數。

還要放鬆下顎。

讓下顎放鬆,舌頭無力地搭在下齒與下唇之上,懶洋洋地呼吸,感

第一章　巧言妙語，踏上青雲之路

覺好像是麻醉藥已經開始對你產生效力了。

並且要放鬆舌頭。

如果我要求你把頭垂下來，這會很容易做到，但放鬆舌頭你也能輕易做到嗎？

面對鏡子觀察自己，儘管你的舌頭也許能做出拱起、捲曲、後退、旁伸等種種動作，但你不一定能做到讓它徹底放鬆地臥在口腔底部。這一點大多數人都做不到。你對待舌頭，得像對待一隻未曾受過訓練的幼犬一樣，要耐心引導。

當下顎和舌頭都得到放鬆了，再說：「啦、啦、啦、啦、啦。」就像你是在牙牙學語，這時，你緊張的感覺會煙消雲散。

糾正低語的最好辦法是用慢速朗讀一些複音詞，完全依靠呼吸輔助來讀，要求讀清楚每一個音。

對辦公室人士來說，說話時聲音過高是一種危害性極大的障礙。不僅會因此令人煩躁，也使你缺乏權威感。而女性的高音更糟，聽上去就像是粉筆畫過黑板時的刺耳聲音。

有一位空姐將參加一項選美大賽，而競賽的評分標準要求的不僅是身段姿態，還要包括競爭者的談吐。可是這位可憐的小姐不僅習慣於喃喃低語，而且每句的尾音都向上挑起。經過了幾堂課的時間，她的音調下降了四個音階，發出與她漂亮身材相匹配的圓潤音色。她最終獲得了比賽的亞軍，不僅由於她具有的那種古典美，還由於她的美好的聲音。在這次大賽中錄下的錄音帶表明：在 87 位競爭者中只有 5 位能做到聲音和她們的容貌一樣美。

比較一下牛的哞叫和公羊的咩叫，牛的聲音比羊要低。我並非要大家說話都像牛一樣低沉，但是對聽眾而言，恐怕還是寧肯聽渾厚的牛鳴而不願聽尖細的羊叫。

怎樣才能降低聲調呢？渾厚的聲音通常要與低沉的共鳴相伴而來。

要想知道自己的音調究竟能降低到什麼程度，可以把手掌平壓在鎖骨下的胸膛上，然後發「啊——」的音，同時就像下地下室一樣，逐漸把聲音降低到最低點，體會聲音降低時，胸腔震動的不同感覺。

剪幾張紙，寫上醒目的大字，最好是用鮮豔的紅墨水，紙上寫著「低」這個字。然後把它們分別貼在辦公室內、電話上、鏡子上、桌面上、日記本裡，提醒自己時刻想到降低聲調。

在交談中也要想到「低」字，如果你經常使用電話交談，可以手持一支鉛筆，與嘴唇保持 40 公分的距離，高度與膝、腰或桌面相同均可，然後向下對著鉛筆，用降低的聲調說話。

沙啞嗓音改良法：

你的工作是否需要不停地用電話交談？是否需要在喧鬧的環境中吸引聽眾的注意？如果是，那你一定要學會如何保護嗓子，否則你肯定不能避免嗓音沙啞。

各式各樣對嗓子的刺激都可能導致沙啞和喉嚨發炎。說話用力過度就是其中之一，這常常是由於急躁或在嘈雜的環境中竭力讓別人聽到自己的聲音而造成的。

吸菸——無論是自己吸還是周圍的人吸，都會刺激聲帶。

此外，神經上的緊張，用力咳嗽，大笑和不停地清喉嚨都可能使嗓子用力過度。如果在這些情況下觀察喉嚨，你會發現聲帶已經從正常的白色變為紅色了，因為你迫使兩片聲帶彼此互相摩擦。

要盡量避免用清喉嚨來減輕喉嚨的負擔。你可以試著輕輕咬住舌尖，然後用吞嚥唾液來代替清喉嚨。

更好一些的辦法是：喘氣，然後輕嚥唾液。這裡有一個練習：我們

第一章　巧言妙語，踏上青雲之路

經常能看到狗趴在地毯上，下巴放鬆，吐出舌頭不停地喘氣。你也學著這樣做，先打呵欠，直至使自己感到咽喉暢通，口腔、舌頭都放鬆，然後用喉嚨和口腔輕緩流暢地呼氣吸氣。吸進撥出，吸進撥出，你能感覺到清涼的空氣流過舌頭，進入氣管，再循環而回，這時，氣流就把聲帶上的黏液拂去了。這個練習會使喉嚨乾燥，因而做完之後必須吞嚥口水。

此外，要注意以下幾個要點：

不論感到多麼疲勞，也不要讓呼吸動力中心鬆垮。用於呼吸上的力量能使你具有能力——你可以隨時隨地發出你需要的聲音。

不要向某些社交場合、舞廳、運動場上那種具有傳染性的高喊妥協。你應該運用的是加倍的呼吸輔助。

不要用尖叫高喊來發洩受挫與憤怒的情緒，那只會使聲帶撕裂。你應該鎮定地加強語氣，適當地表達情感，以此來維持吸引他人的力量。

不要使用清喉嚨的方法。要想使聲帶清潔，應採用輕輕喘息的方法來除去黏液，讓聲音充滿活力。這樣，你整個人也會充滿活力！

語速不當的調整法：

一間報社的廣告部經理給醫生打電話來說：「你能否幫助一位女士保留她的工作？」

接下來他解釋道：「這位女士六十多歲了，十五年來一直做我的祕書。我很欣賞她，但她說話的速度快得讓我跟不上。幾年前我還不這麼在乎，可是隨著業務負擔和壓力的加重，她的說話聲音對我的刺激越來越大。我確實不願意辭退她，但如果她還是不能減低速度，我就不得不讓她離開我，以使我的神智能夠保持清醒。」

後來，當這位祕書與醫生見面時，醫生確實體會到經理的為難之處。

可是這位女士的困難，也頗令醫生同情——她總是忙忙碌碌，發稿期限、緊急事務等等，所以只好讓說話的速度與一天工作的節奏同步起來。因此，她說得太快，常常使整個音節含糊漏掉。

在開始指導她學習「減速」的技巧之前，醫生先開個處方：做幾張紙條，讓她貼在諸如電話之類能引起她注意的地方。上面寫著：「慢、勿跳躍。」

和大多數說話過快的人一樣，她咬字時跳躍得很厲害。

因此，醫生特別強調也要求她把每一句話裡的詞語清楚連貫地說出來。

三週過去了，她處處留心自己的說話速度。

漸漸的，寧靜降臨到她的辦公室裡。有一天，經理又打電話來了，他愉快地說：「以前她的聲音聽起來像一陣冰雹落在屋頂上，而現在，她的聲音就像潺潺小溪一樣輕聲歡唱。」

和說話太快的人相反，還有一些人說話永遠使用「低檔」。

有一位業務發現自己總是難以在規定的時間內把要說的話說完。有時，他驅車幾十分鐘趕到一位客戶家裡，卻為只有 15 分鐘的談話時間來介紹產品而發愁。

他的主要問題在於如何組織言辭，他應該學會把應該說的話安排好。這樣，在必要的時候，就可以縮短語言卻不影響談話的效果。

更重要的是，他必須學會如何讓說話速度和具體情景相適宜，同時又不喪失語言清晰度和說服力。

當他開始學習調整速度之前，一般人只需 10 分鐘就可以輕易講完的話題，他要花上 15 分鐘。

而現在，他可以在 10 分鐘內，用有效的言辭，談完別人要花 20 分鐘才能談完的問題。他還可以按照自己的願望加快或減慢說話的速度。

可見，調整語速有兩方面的意義，無論你說得太快，還是說得太慢，都可以改正過來。

你說話的速度沒有必要像子彈一樣迅疾，也不必像河馬那麼遲鈍，既不要太快也不要太慢，重要的是讓語言流暢自如。

累贅成分消除法：

犯錯誤乃是人之常情。這樣說無疑是對的，但是說話總是帶「哦」卻應該被判以重罪。

對於清除「哦」，早在它氾濫成災之前就應該被消滅，因為現在它的後代已經快要占領整個世界。

「哦」只不過是我們語言的無數累贅中的一個。

「哦」和「你知道」一樣都是語言中毫無意義的累贅成分，只不過是添入了些增加停頓的聲音。除此之外，還有一些大家常見的累贅成分，如「現在」、「據說」、「那麼」、「你知道我的意思」、「你懂吧」等等之類，以及喘息、碎嘴、清喉嚨和噗嗤發笑。

如前所述，清喉嚨不僅會刺激說話人的喉嚨，而且還會刺激聽眾的聽覺，使他們也想清喉嚨。

有個律師煩惱地抱怨：無論什麼時候，只要自己一講話，就能發現聽眾的眼睛裡呈現出一種痛苦的神情。

「我很清楚，」他說，「我的演講詞準備得相當不錯，可究竟我說話時有什麼毛病呢？」

其實問題很簡單，他的毛病就是不停地清喉嚨。當他後來意識到這個陋習之後，立刻改掉了（在所有的問題中，「自我約束」的力量不可低估，只要能做到「自我約束」，大部分的語言障礙都能因此而清除）。

至於噗嗤發笑，對未滿十四歲的人來說是可以原諒的。但如果超過

了這個年齡還是不改，就是罪過了。

　　有位矮小圓胖的中年婦女說話總帶著一種持續的刺耳笑聲。

　　為了減弱她的笑聲，盡可能使之不那麼刺耳，專家首先採用了貼紙的方法，在紙條上寫著「噗嗤笑」的地方畫上一個大叉。另外一個辦法是讓她練習運用通暢的呼吸來說每句話。這樣，她也就沒功夫停下來發笑了。

　　除此之外，專家還採用了一個心理上的措施。

　　因為噗嗤發笑令人聯想起少年時代，所以專家問她：「你要是喜歡噗嗤發笑，為什麼不穿上一條少女的迷你裙呢？」清除陋習的前提是要先意識到陋習的存在。事實上，有時只要意識到這一點就足以達到清除的目的了。

　　貼紙是理想的警告牌。

　　如果發現自己說話時，常帶「哦」之類的字眼，你可以把「哦」字寫在貼紙上，在上面畫個叉或一條線。至少要做六張這樣的貼紙，分別貼在你肯定常看到的地方，諸如寫字檯、爐灶、電話機等上面。並切實按照這個要求去做，要不了幾天，你的障礙就會消失的。

小動作的約束法：

　　一位事業發達的房地產公司老闆坦率地表露出對陳先生的憂慮。

　　陳先生是他那裡最有希望的年輕主管之一，人很機靈，精力旺盛，對公司的貢獻也大，而且生得儀表堂堂。可不知怎麼回事，他總是讓人煩躁不快。

　　問題出在哪兒──服裝樣式？談吐？聲音？這位老闆說不出個所以然來。最後，他還是讓陳先生求教於專家。果然和他說的一樣，陳先生是個精明強悍的人。但他的毛病立刻被發現了，那就是他的右手。

第一章　巧言妙語，踏上青雲之路

　　那隻手在不停地動作，有時像蛇似的扭動搖擺，有時又像蝴蝶那樣滑過我的眼簾，再不就同風車一樣在我面前旋轉個不停。

　　在印度舞蹈中，手勢就是語言，手藉助位置、動作的變化來敘述複雜的故事。同樣，聽覺或語言障礙者也是完全依靠手勢和身體動作來傳達抽象的意念。如果能正確運用手勢，其表意作用是很有效的，尤其是在需要特別強調的地方。但一定是在真正的需要的時候才運用，否則只能造成分散聽眾注意力的作用。並非你每次提到「一」，就要伸出一個手指，提到「二」，就要伸出兩個手指，因為這些字本身就可以表達意思。如果你的手比你的聲音更吸引觀眾，那麼手就把風頭全搶去了，而它本不應該喧賓奪主。

　　專家給陳先生開的處方可能不怎麼正規，但是挺有效。

　　輪到他在課上演講時，讓他右手腕上繫一個紅色的大蝴蝶結。並且告訴他：「只要你這隻手一舉起來，你就會看到蝴蝶結，同時，我們也會看到。這樣我們就只注意那個蝴蝶結，而不可能專心聽你講話了。」這個辦法很有效，他的手終於安靜下來了。

　　等他的課程結束以後，他把蝴蝶結帶回到他的辦公室，放在一個玻璃罩裡作為警示。此後，他就能任意控制他的右手了。

　　你應該能夠糾正，或者至少可以減少不正確的手勢。美國的湯姆‧維克曾在《紐約時報》上把理查‧尼克森（Richard Milhous Nixon）在1968年競選中的手勢歸納為：「自由式、鬥牛、空手道的劈砍、刺戳、上揚以及單手投籃等。」同時他也注意到尼克森在當選總統後，把這些缺點都改掉了。

　　在影響交流效果的身體障礙中，最多見的就是多餘的手勢。除此之外還有其他一些，比如有些人老是搖頭點首，有些人喜歡舔嘴唇或咬嘴唇，還有的喜歡心神不定地玩弄手裡的鉛筆、飾物，或者去掉一些根本

不存在的線頭，其他如身體左搖右擺，騎木馬似的前俯後仰，獅子踱步一樣地來回盤旋，鐘擺一般地晃二郎腿，以及聳肩膀、撩頭髮、彈拍桌面、剔指甲等等。

這些身體障礙多數是因為緊張造成的，而緊張又是在談吐中普遍存在的問題。

美國著名辯護律師克萊倫斯‧丹諾（Clarence Darrow）有時就運用一項身體障礙擊敗對手，當他的對手向陪審團陳述證據要點的時候，他就在桌邊抽著雪茄，讓菸灰越來越長，卻不彈掉，直到全場的目光都集中到他那支雪茄上，等著菸灰掉下來。他的對手常常因此無心再說下去。

只要這個障礙不是真正的痼疾，一般都可以沒有痛苦地糾正。如果你說話時總是搖頭點首，可以在打電話時在頭頂上放一本書，要是能做到打完電話書還沒掉下來，那你的問題就解決了（當然，這個練習要在你獨自一人時做，否則別人會以為你神經出毛病呢）。

貼在適當位置的紙條是理想的警醒物，它就像維護你談吐的保母。

一位極受歡迎的女性雜誌的編輯請求專家幫助她改善在會議上發言的效果。她說話時鼻子像兔子一樣一皺一皺的，而她自己全然不知。專家要求她寫12張貼紙，上面意味深長地寫著：「鼻子」兩個字，字的上面畫了一個叉子。

一週之後，她再也不像兔子了，重新回到了人類之中。

交談中四兩撥千斤

前面所介紹的，還不能叫做「交談」，因為它只是單向的。我們改善談吐的全部目的，都是為了進行有效的「交談」——那是一種雙向的行為。這種雙向的交流行為，是由一方的談吐得到另一方的響應而發展起來的。

第一章　巧言妙語，踏上青雲之路

　　有史以來，人類就開始重視談話的意義。有句俗話，叫做「與君一夕話，勝讀十年書。」法國散文大師米歇爾‧蒙田（Michel de Montaigne）說：「磨練自己的頭腦，和他人相互切磋交流，是十分有益的。」英國哲學家約翰‧洛克（John Locke）也自謙地說過：「我把自己所擁有的淺薄知識歸功於不恥下問，那是我在和別人認真探討他們所從事的特殊職業和所追求的目標時不斷累積而成的。」

　　有益的交談比美酒、比戲院或音樂會更能振奮你的精神。它給你帶來消遣和快樂，會助你上進，幫你解決疑難；會激發想像力，拓展知識面；它還有益於消除誤會，使你和你所熱愛的人們更加親密無間。

　　如果你交談藝術的生命力已經枯竭，請盡快讓它獲得新生吧！

　　許多政治家、商人、作家甚至演員坦率承認自己不善言談，每當交談的話題一離開自己的專業，他們就感到自己像被掛在牆上似的，被冷落在一旁。

　　而更多的人卻習慣於為自己開脫：「我口才不好，不會講話。」他們有好多藉口：

　　—— 我不知道該說些什麼。

　　—— 別人不會感興趣的。

　　—— 他們根本不聽我說。

　　—— 我太害羞了。

　　—— 我就是喜歡聽別人說。

　　—— 我怕讓人家厭煩。

　　但是，所有這些藉口都是站不住腳的。

1. 其實，你很可能想說些什麼，只不過因缺乏自信，沒有勇氣說出。若真沒有什麼值得一說的事，那平時就該注意蒐集。可以讀讀報紙，不僅是讀體育版或社會新聞版；可以看看雜誌，了解一下世界

局勢。不懈閱讀，直到閱讀成了你的一種樂趣，一種無法再放棄的習慣。

多留心書籍、音樂、藝術、籃球、宇宙等，你會發現有成千上萬的東西值得一讀，值得一談！

2. 任何事情都可能引起人們的興趣，只要你能把它說得妙趣橫生。曾有人把原子核的裂變，描述得生動明晰，使在場的 12 位對此一竅不通的外行，竟然全神貫注地聽了半個鐘頭。

3. 你並不是太害羞。害羞實際上就是以自我為中心，這樣的人只是忙著考慮自己，因此對其他問題只能保持沉默。把你心裡想的說出來，然後話題自然會源源不絕。

4. 別人肯定不會拒絕聽你說，除非你總是一副謙卑、疲倦的腔調，或者老是輕聲低語。改變這種說話方式，高聲談吐，用一句吸引人的話開場。如果你沒有把握做到，也可以採用一個簡單的問題，如：「你是怎麼到這裡來的呢？」

就算你這樣做了還是引不出什麼話題，你至少可以說些能發揮推進或鼓勵作用的議論。「對，你說得很有道理。」「這麼獨到的想法我還從未聽說過。」你很快就會感到這些「填空」的句子已經變成你交談中很有效，幾乎不可或缺的一部分了。

注意傾聽別人良好的談吐，你會看到那些談話者都是熱情洋溢、談鋒銳利、感情真摯，同時語言準確恰當。你會看到他們活躍積極，臉上帶著自然的微笑，看上去精神煥發。

應該十分推崇「微笑交談」，它不應僅僅限於公眾場合，任何兩人以上的交談都應從微笑開始。

搭電梯的時候，為什麼不可以對身邊的老太太笑一笑，道聲早安呢！在餐廳用餐的時候，你不妨向對面那位可敬而孤獨的老人先打聲招

第一章　巧言妙語，踏上青雲之路

呼。搭乘飛機的旅途中，向鄰座試探一下願不願聊一聊，總是可以的吧！

並不是說要不顧禮節和常情，但一個人是不是能同你談得投機，只有接觸後才知道。也許你會遭到拒絕，那也不必在意，誰都有權要求獨處，不過總應該試一試。

和其他交談方式一樣，讚揚在「微笑交談」中很有效。如果你的談話對象的儀容舉止確有值得讚揚的地方，那就對他說出來。亞伯拉罕·林肯（Abraham Lincoln）說：「人人都喜歡讚揚。」當然，這種人類的本性並不是他第一個發現的。有一點不可忽視，那就是你的讚揚必須真實可信，如果你的讚揚明擺著並非出自真心，那就無異於是對他人的侮辱。富爾頓·希恩（Fulton Sheen）大主教曾如是說：「讚揚就像薄薄的臘腸片，清爽可口，恰到好處；而阿諛則又肥又厚，令人無法接受。」

交談是一個複雜的過程，在這個過程中，我們應該掌握以下要領。

首先要引導別人進入交談。

在交談中，除了吸引對方的興趣之外，還有一個任務，就是引導對方加入交談。

你必須注意：自己是否挫傷了對方的自信？是否給對方留有發表他們見解的機會，而不是拒之於談話之外。

更重要的是你能否對他們的談話表現出關注，而不是顯得只對自己感興趣。

交談就像傳接球，永遠不是單向的傳遞。如果其中有人沒有接球，就會出現一種難堪的沉默，直到有人再次把球撿起來，繼續傳遞，一切才能恢復正常。

一些年輕的辦公室人士常常說，他們在約見客戶的時候老是不能使交談生動有趣。其實，這本來是一個非常易於掌握的技巧問題，問一些

需要回答的問題，這樣談話就能持續不斷。

但是，如果你只問：「天氣挺好的，是吧？」對方用一句話就可以回答了：「是啊，天氣真不錯！」有一回，馬克‧吐溫（Mark Twain）一天之中聽了十二遍完全相同的問題，「天氣真好，是不是，克萊門斯先生？」最後，他只好回答說：「是啊，我已經聽別人把這一點誇到家了。」

「天氣真好，是不是？」這也許是一個會產生僵局的提問，但是回答卻不一定都會導致僵局。不管怎麼說，大家還是關心天氣的，否則電視臺的新聞節目也不會花上好幾分鐘來播放氣象預告，而且還要用圖表來說明了。如果感覺到很難讓你的談話對象開口暢談，不妨用下列問句來引導。

「為什麼……」

「你認為怎樣才能……」

「按照你的想法，應該是……」

「你怎麼正好……」

「你如何解釋……」

「你能不能舉個例子……」

「如何」、「什麼」、「為什麼」是提問的三件法寶。

當然，如果回答還是個僵局，那就和提問是僵局一樣，交談仍然無法進一步展開。你必須盡一切努力把球保持在傳遞之中，而不使它停在某一點。

有時，你的談話對象一開始不同你呼應，那也許是他還有些拘束，也許是他太冷漠，或者太遲鈍，或者你根本沒有接觸到他感興趣的話題。

在參加「派對」之前，如果能夠從主人、女主人那裡打聽到一些鄰座客人的情況，一定會對談話有所幫助。不過，即使如此，也未必能確保

第一章　巧言妙語，踏上青雲之路

對方一定會開口。也許在用餐時，你不得不和一位高傲的律師同座，而你想方設法使他開口卻沒有辦到。那也不要灰心，接著再試試。你提到非法越境進入美國的問題，他可能無動於衷。但你談起潛水，也許他就很有興趣，或許，你還可以提鯨魚的習性呢！

如果上述一切全部無效，你還有最後的一招——你可以打翻一杯水，讓水灑到他的腿上。要是這樣都不能讓他活躍起來，開口說話，那你至少可以藉此發洩一下。

有位爵士曾經這麼說過：「我對於世界的重要性是微乎其微的，但從另一方面講，我對於我自己卻是非常重要的，我必須和自己一起工作，一起娛樂，一起分擔憂愁和快樂。」

這完全正確，人類總是以自我為中心的。

如果你對這個最基本的人類本性已不再感到震驚，你就會懂得如何調節自己適應談話了。坦率地說，和對方談他們感興趣的話題，實際上對你自己也是有益的，儘管他們所愛好的和你所愛好的可能不盡相同。你可以先滿足他們的自尊心，然後再滿足你自己的。

這是一種自嘲嗎？完全不是。

如果你能夠謙恭誠懇地對待你的親人和朋友，想像著他們對於你有多麼重要，你就會發現他們在你生活中的意義的確不容忽視，同時，你還會發現你自己對於他們也變得越來越重要了。我們大家都期望能得到別人的讚揚，而且還會因此更加追求上進。總有一天，你會欣喜地意識到這樣一個事實：任何一個看上去有缺陷、不聰明或反覆無常的人身上都存在一些美好的東西。

心理分析專家認為，精神病患者一旦開始對別人及其他自我之外的事物產生興趣，就說明他已經進入康復階段了。

如果說關注自我到了一定程度就是瘋狂的表現，那麼可以說沒有一

個人是絕對正常的。然而，我們愈是同他人交往——給予而不是索取，那我們就會愈接近正常了，除此之外，你還會有一個收益：你越關心別人，別人也就越關心你；你越尊重別人，你也能更多地受到別人的尊重。

如果你能夠真正對別人產生興趣，這種興趣會自然地溢於言表。你會和他分享甘苦，在他需要時竭力相助。你將發現別人教給你的東西要遠遠超過你能教給別人的。

所以，請不要猶疑，盡快傳出你手中的球，保持傳遞，讓別人接住，再傳回來。你傳遞的技巧越好，這場遊戲就越生動有趣。

談話還要簡潔而有條理。

「不要讓你栽種的植物被叢叢雜草所隱沒。」一位專家這樣說。

不懂節制是最惡劣的語言習慣之一。那些說話漫無邊際，累贅重複，東拉西扯，廢話連篇的人很快就能發現：他們其實只是在自言自語，因為聽眾早就像《愛麗絲夢遊仙境》（*Alice's Adventures in Wonderland*）中的那隻小貓一樣靈魂出竅了。

亞歷山大・史密斯將軍（Alexander Smith）在國會中的發言一向以冗長而不著邊際著稱。有一次，他對政敵亨利・克雷（Henry Clay）說：「先生，你是代表當代發言，而我卻是為下一代說話。」

克雷這樣回答：「是的，不過你的發言，聽上去好像是看到聽眾來了才匆匆忙忙決定開口的。」

沒有準備的漫談是一種不太容易克服的語言習慣。

當唐吉・訶德（Don Quixote）指責桑丘・潘薩（Sancho Panza）講的故事重複太多，條理混亂時，潘薩為自己辯護道：「這就是我的同胞們講故事的方式，大人要我改變舊習是不公平的。」也許大多數人都對此有同感。

無論是和一位朋友交談，還是在數千人的場合演講，如果說有什麼

第一章　巧言妙語，踏上青雲之路

應該用紅色標出來的要點，那就是：「說話扼要切題。」

擔任企業行政主管職位的人幾乎都認為：在商業場合裡，最讓人頭痛的就是說話沒有條理的習慣。

不知道有多少人的時光都因此被消蝕一空——浪費在那些信口開河，多餘無聊的話題中了。有位工程顧問，他的任務是勸說製造商降低生產成本。他發現，有時只需兩滴膠水就可做好的事，而人們往往要用五滴以至更多的膠水。這種浪費不僅將導致工廠的生產費用增加，而且，還需要工人們花費更多的時間去把多餘的膠水擦掉。

同樣，談話也往往會有多餘之處，一個字就可以說明白的話偏偏要用上整整一打字。特別是那些兒女已經長大成人，空閒時間開始越來越多的婦女，她們說話時，不惜在種種細枝末節上耗費大量口舌，投入無數的光陰，而這些話只有理髮師才會去聽——也許是因為付給他們的報酬就包括這麼一項吧。

「志國」張太太說，「我記得你打電話是在上禮拜二的十一點，因為就在接你的電話前，李太太來向我借過麵粉。我記得清楚極了，因為她當時穿了件粉紅色的、綴著金鈕扣的新衣服……」

希望這位張太太的言談不會讓你聯想到自己。記住你是公務繁忙的辦公室人士，而非百無聊賴的家庭主婦。如果你說話的目的是要告訴別人一件事，那就直截了當地說出來，不必扯得太遠。

漫無邊際的談話，可能是思路混亂的表現，也可能是委婉曲折地達到目的的手段。不過，對更多人來說，那只不過是一種壞習慣，糾正這種習慣其實比一個菸鬼戒掉多年的菸癮要容易得多。

如果你發現自己就有信口開河的習慣，不妨想像你是在花費高價打長途電話。

注意要避免過多的「我」字。

「我」在英文中本來是身材最瘦小的字,千萬不要把它變成你自己語彙中個頭最大的字。學學蘇格拉底(Socrates),不說「我想」,而說:「你看呢?」

在一個園藝俱樂部的聚會中,有位先生在三分鐘的講話時間裡,用了三十六個「我」。不是說「我……」就是說「我的……」,「我的花園……我的籬笆……我的矮樹叢……」

結果,他的一位熟人後來走過去對他說:「真遺憾!你失去了妻子。」「失去了妻子?」他吃了一驚,「沒有!她好好的啊!」「是嗎?那麼難道她和你提到的花園一點關係都沒有嗎?」

一個談話,張口閉口都是「我」的人是很令人討厭的。

莎士比亞劇中的獨白的確精采絕倫,表演的時候,演員可以在臺上滔滔不絕地獨自傾吐衷腸。

然而這在生活的人群中卻是行不通的。獨霸談話的人不喜歡打趣,不喜歡講故事,除了他自己的觀點之外,再沒有什麼別的想法。如果別人試圖插嘴打斷他,他會對你說:「是啊。」接著馬上又轉回去說:「可是……」

獨霸談話是對自己的放縱,這種人對於聽眾的嘆息、迷惘、皺眉、否定以及其他任何話題都無動於衷,不予理睬。然而可悲的是,他們這種自我陶醉往往總是他們自己的單相思。

談話者必須像汽車司機一樣隨時注意紅綠燈。對於他來說,一方面是聽眾愉快、專心、贊同的訊號,另一方面則是厭惡、煩躁、否定的訊號,如果他沒有注意紅燈,還是接著往下說,他終究會發現使他談話失效的正是他自己。也許聽眾張開嘴巴有時完全是因為聽得興奮,而不是想插嘴打斷你。即使如此,你還是不能忘記紅綠燈,讓別人先走一步,

你自己並不會損失什麼。如果聽眾真是被你的機敏與才智所吸引，他們會不斷亮出「說下去」的綠燈。

有些愛開玩笑的人也是如此，儘管他們的玩笑並不精采，可他們還是被一股奇特的衝動所驅使，總是想說笑話。其實這種人自己是真正謀殺談話效果的人。

注意要盡量少插嘴。

插嘴就是這樣一種「鉤子」。但是，不到萬不得已，我們最好不要用它。因為這種治病方法有時比疾病本身還要糟糕。

「打斷別人說話是最無禮的行為。」

假如一個人正在津津有味地談著某件事，聽眾們也像圍著新娘的女儐相一樣興高采烈。你突然插上去一句：「喂，這是你到上海去的那個禮拜發生的事嗎？」

被你打斷話的那個人，肯定不會對你有好感。其他的人大概也不會對你有什麼好感。因此——

不要用不相關的話題打斷別人的談話。

不要用無意義的評論擾亂別人的談話。

不要搶著替別人說話。

不要急於幫別人講完故事。

不要為爭論雞毛蒜皮的小事而打斷別人的正題（這經常發生在夫妻之間）。

總而言之，別輕易插嘴，除非那人說話的時間明顯拖得過長；他的話不再能吸引人，甚至令人昏昏欲睡了；他的話題越來越令人不快，他

已經引起大家的厭惡。

這時，你打斷他反而是做了一件仁慈的事情！

還要避免令人掃興的話題。

可能沒有人會願意聽你高談闊論，諸如狗、孩子、食物和菜單、自己的健康、高爾夫球和其他體育成績，以及家庭糾紛之類。

你的健康問題應該與醫生去談，而高爾夫球要到球場上去打而不是在客廳裡，至於家醜，最好不要外揚。

狗和兒童有時比名演員還出風頭，但卻不一定是個好話題。

溫斯頓‧邱吉爾（Winston Churchill）就認為孩子是不宜老掛在嘴邊的話題。

某次，一位大使對邱吉爾說：「溫斯頓爵士，你知道，我還一次都沒跟您說起我的孫子呢。」

邱吉爾拍了拍他的肩膀，說：「我知道，親愛的夥伴，為此我實在非常感謝！」

要切記不要傷害別人。

今天的社會常常把良好的禮貌同虛偽混為一談，如果這個等式能夠成立，那麼我對於所謂虛偽有更多的話要說。

真正的禮貌絕不是出自虛偽，而是出自一種「體驗」。這一點對於演員極為重要，它是指你能夠設身處地地為他人著想，就像自己也身臨其境一樣。可以說，禮貌就是敏感，是一個人對他人表現出的崇高敬意。你應該對周圍的事物保持敏感，當然，不可能做到每一次都感覺正確，但還是應試著去做。

第一章　巧言妙語，踏上青雲之路

你的話是否恰當，還要看當時的對象和氣氛。

簡·柯特說：「靈活優雅就是懂得恰如其分。」除非是和你那些喜歡爭論的朋友在一起，否則最好還是避開會導致雙方發火或爭吵的話題。

不要侵犯他人的隱私，要避開那些有關私生活、個人瑣事的刺探性問題。

我有時真的很奇怪，怎麼會有那麼多人動不動就向女士提問她丈夫收入多少，或者她年齡多大了。有一位老太太對於上述後一個問題有絕妙的回答。「你能保密嗎？」她反問對方。「當然！」「好的，我也能保守祕密。」老太太說。

如果你剛剛減輕了九公斤體重，或者戒掉了菸癮。那麼對一個胖子或一個老菸槍談起你是怎樣做到這一點的，也許是個不錯的話題。但如果對方已經表現出明顯的窘迫和不快，你也就不必堅持把全部細節說完了。

還有一點要切記：不要使用傷害他人感情的字眼，儘管你可能並無惡意。

現在，儘管不潔淨的談吐有日漸增加的趨勢，但它們並沒有變得能讓我們接受。

人終歸是人，他們具有人的心靈，絕大多數語言錯誤只是由於缺乏思考或者無知而造成的。對於他人的體諒仍將是人們公認的美德，事實也確實如此。因為這一點正是衡量人類文明交流的準繩。

千萬要杜絕在背後誹謗他人。

有很多人喜歡傳播一些可疑的謠言，而謠言就像奶油一樣很容易融化開來。

按照詞典的解釋，「說閒話」的解釋是：「到處閒扯，傳播一些無聊

的，特別是涉及他人的隱私的謊言。」換句話說，就是背後對他人品頭論足。

這裡指的是那種會傷害他人的閒話，而有些閒談是很有趣的，而且人們也很可能在背後談起同事的好處，我們自己就經常聽到這樣的話。但是，有時在背後輕拍一掌只是為了看準該在哪裡下刀子。不論有意還是無意，傷害他人的閒話都是不可寬恕的 —— 故意的是卑鄙，無意的則是草率，也就是上面說過的「缺乏自覺」。

傳播傷害他人的流言，有時是出於嫉妒、惡意，有時是為了借揭示別人不知道的祕密來抬高自己的身價，這些都是令人厭惡的事情。

在我們的談話中，有百分之九十是閒聊，通常的核心是議論人和誹謗人。多數人都覺得：談話中如果少了品頭論足，會像沒有加鹽的夾生雞蛋，或者摻了水的酒一樣淡而無味。

人們最大的興趣除了自己，就是別人 —— 這又有什麼錯呢？

所以，並非要求你做到絕口不提不在場的人。你可以提，但是，一旦你發現自己想要說些不太愉快的話時，建議你立刻默想下面的名言：

「己所不欲，勿施於人。」

可以討論但不要爭吵。

散文家說：「善良的天性比機智更令人愉快。」

只要出自善意，討論也就和談話一樣。相反，那種怒氣沖沖的爭吵，一方激烈地攻擊另一方，同時拚命地維護自己，這正是良好談吐的大忌。

信念與偏見的區別就在於：信念不需要動怒就可以闡述清楚。

有句諺語：「有理不在聲高。」

不能說凡是發怒的人，看法都是錯誤的，而是說他根本不懂得如何

第一章　巧言妙語，踏上青雲之路

表述自己的見解。討論的原則是：運用無可辯駁的事實及從容鎮定的聲音，努力不讓對方厭煩，不迫使對方沉默而達到說服對方的目的。

保持冷靜、理智和幽默感。只要你能夠聽我說，我也願意聽你講；如果我們能讓自己專注於問題的討論而不是引向感情用事或固執己見，那麼討論就不至於降格為爭吵。

如果我們的聲音漸漸提高，說出「我認為這種想法愚蠢透頂！」這樣的話來，這就是一種傷害他人的反駁了。這時，旁觀者焦慮不安，朋友們躲到樹後去，也就不足為奇了。為贏得一場爭吵而失去一位朋友，實在是得不償失的事情。

爭吵使人們分離，而討論卻能使人們結合在一起。

爭吵是野蠻的，討論則是文明的。

有的時候，辯論乃至爭吵是不可避免的，即使在友誼和婚姻中也難免口角，但裂痕卻可能隱藏下來。家庭中的情感發洩有時可能有助於沉悶的空氣，就像一場雷雨能把暑氣一掃而光。然而即使如此，爭吵及其彌合也最好是在私下進行。

有人參加了一個午餐俱樂部，他們交談的話題涉及面很廣，產生意見和分歧是每天的家常便飯。

通常的情況是，某位會員對問題作出了正確的回答，於是，話題就轉移到其他方面去了。偶爾，問題暫時無法在餐桌上得到解決，這時，就會下一次賭注，大家把爭論的內容和賭注的數目記錄在冊。然後正式進行查證，輸的人付錢，查出的答案也將記錄在冊。下賭之前的交換意見可能相當激烈，但這絕不是爭吵，而是討論。因為大家純粹是為了愉快，因此雙方都努力不以爭吵而是以追求真理為出發點，大家都受實證的約束，輸的人和贏的人一樣愉快地接受裁決。

你要能容納他人。

在談話中,排斥冷落他人就像宴會中的女主人忘記給某位來賓上菜一樣,是不可容忍的事情。

如果不注意,多數人都很容易忽略坐在角落裡的沉默寡言的人,而只是對著自己感興趣的聽眾和那些有吸引力的健談者大談特談。我們總是希望能給宴會中的重要人物留下深刻的印象。然而,你是否願意自己也體會一下被人冷落的滋味,而且說不定那個被你冷落的人其實正是你應該注意的目標呢。

所以,我們不該忽略任何一個普通人,和他們打交道,讓自己的目光真誠友好地和每個人交流,注意大家對你言談的反應。

有一位律師,他就總是只對一群人中的某一個人講話,他談笑風生,但僅僅面對一個聽眾。而其他人實際都被他拋在腦後了。

在大多數社交團體內,總會有一些,或至少一位與群體格格不入的人——他可能從外表到舉止都像是局外人,因而也就常被別人排斥在外。不管他看上去多麼枯燥乏味,你也不應這樣對待他。我們每個人都會在某個時期感到自己是個局外人。因而應該設身處地地替那個受到冷落的人著想,要讓他感到自在,要讓他參加進來!

你要學會傾聽。

——位名人說:「學會了如何傾聽,你甚至能從談吐笨拙的人那裡得到收益。」

良好的談吐有一半要依賴傾聽——不僅是用耳朵,還包括所有感官;不僅是用大腦,還要運用你的心靈。

傾聽往往和說話同等重要,當談吐乏味沉悶的時候,你常常會精力分散,漏掉關鍵的字句,以至誤會對方的意思,甚至主觀地判斷對方的

第一章　巧言妙語，踏上青雲之路

觀點，而全然不管那個觀點可能根本不是那麼回事。

當別人說話的時候，你是不是雙眼呆滯，悶悶不樂，臉上一副冷淡、煩躁的樣子？是不是一心等著說話的人喘口氣，好讓自己插嘴說上幾句？你是不是表現出一種消極否定的態度——因為自己想上去講，所以就對說話的人做出失望、消沉、反抗、攻擊的樣子？如果是這樣，那麼當輪到你說話時，無論你把自己表現得多麼出色，你仍然算不上一個善於談吐的人。

在一位教授的語言課上，有一個課程是讓學生們輪流演講，然後由其他學生做出評定分析。有一次，教授發現所有的演講者都把視線從坐在前排的一個年輕人身上移開。

這使教授感到奇怪。輪到教授上去做總結時，留心看了看那個年輕人，他面孔冷漠而無神，目光死盯著天花板。之後，教授把他帶到一邊，對他說：「你本是很有魅力的人，只要你多表現一些讚許關注的態度，就能大大提高演講者的興致，而你為什麼不理睬他們呢？」

他很吃驚。「我絕不是這樣！」他爭辯道，「我一直在專注地聽啊，沒有看他們，是因為我怕看著他們會使他們分心，而不能集中精力講話。我一直在心裡思考：這個說法準確嗎？那個說法是不是太誇張了？這樣的理論能否經得起考驗？總之，我確實是在聽呢！」

教授告訴他，也許他確實如此。但這不是聚精會神。如果你根本不看講話的人，那麼對於他來說，你就像是戴上耳塞或用手捂住耳朵一樣。難道你希望自己講話時，別人也是如此嗎？

聲音要熱誠溫暖

試想，一張既沒有微笑，也沒有憂慮，雙眼無神，從無感情火花的面孔，該是多麼呆滯乏味！

你的聲音也很有可能變得這麼糟糕。如果聲音裡缺少音調、速度、情感以及詞彙的變化，那剩下的只能是一副毫無表情、毫無光彩的空架子，聲音被剝奪了它應有的熱誠、溫暖和人性。

掌握聲音的變化

如果你正為聲音單調苦惱，那麼原因可能是你沒有充分發揮聲調的作用。

使聲音產生變化的一個途徑，就是要把「色彩」賦予那些需要強調的詞彙。

請試著用帶有「色彩」的聲調念出下列詞彙：

高個子，矮個子，胖子，瘦子；高傲的人，謙卑的人；冷漠的人，熱心的人。

現在試念一段文字，當遇到關鍵的詞語時，稍微加重語氣。注意在每句收尾時，不要用相同的尾音。

除非思想已經找到了表達它的詞語，否則它仍是不明晰的東西。我們必須寫出它，說出它，或者實踐它，否則，思想還是停頓在半混沌的狀態。我們的情感也是如此，沒有表達的詞語，它只能像雲一樣等待化為雨點落到地上，才能開花結果。因此，所有的內在情感都必須用語言表達出來。思想是含苞待放的花蕾，語言才是盛開的花雜，而行動是之後的果實。

另一個增加表現力的途徑，是運用停頓。恰如其分地運用停頓能有效地豐富語言表達能力。

第一章　巧言妙語，踏上青雲之路

運用豐富的詞彙

　　由於詞彙貧乏而造成的單調，是無法用清晰而富有變化的速度來補救的。

　　也許你能用聲調的豐富來隱含原來沒有的意義，使本來沉悶呆板的字眼暫時變得有趣起來。但你最終要懂得：生動的聲音必須和生動的詞彙相輔相成。

　　逐步掌握更多的新詞彙，是豐富語言變化，增強自信心及汲取知識的最好途徑。每當你接觸到一個陌生的詞語，應該先查一查字典，如果覺得它可能有用，就練習使用它。直到你對這個新詞語的意義有了真正的了解，並且可以自然地脫口而出了，再在日常談話中運用它。當你能夠熟練地運用它之後，就在適當的場合裡盡量用上它。但是一定要避免使用那些聽眾不太熟悉的生僻詞語，因為你的目的是交流，而不是炫耀。

　　閱讀是掌握新詞彙的最好辦法。

　　因為你在閱讀中總會遇到一些生字，而這些生字的上下文可能都是你所熟悉的詞語，這就為你掌握生字提供了幫助。

　　詞彙豐富雖然是使語言生動的重要條件，但並非是唯一的條件。

　　事實上，關鍵還不在於詞彙量的多少，而在於你怎樣把這些死的詞彙活生生地運用到談吐中去。有時，一個人可能滿腹經綸，但他的談吐卻還是死水一潭。

　　有一種語言習慣最令人厭惡，就是喜歡使用那些無論自己還是對方都不太熟悉的生僻難懂的詞，而且僅僅是為了表現自己。

　　一位大學者可以把艱深的詞彙信手拈來，一位大詩人也能隨心所欲地遣詞造句。邱吉爾雖然經常愛用些誇張的詞彙來自我欣賞，但是在關鍵時刻他卻會用英語說：「我們應該在沙灘上奮戰，應該在田野、街巷裡

奮戰，應該在機場、山崗上奮戰──我們，決不投降。」他在這段話裡唯有「投降」這個詞使用的是外來語（而非英語），因為它代表的含意是邱吉爾認為決不予以考慮的。

你也可以變化詞句，獨創自己特有的語彙，但它們並不一定是複雜的。如果你自己沒有能力創造生動的詞彙（這不必慚愧，因為沒有多少人能夠做到這一點），你可以在談吐中適當地引入一些妙語、趣事和格言，這些大都可以在報章，書刊中找到。你最好現在就開始蒐集，記錄在卡片上。

總之，談吐時要清楚、專一、生動。

用心操練自己的舌頭

辦公室人士應該把駕馭自己的談吐當做一門必修課。有一位名人曾經這樣說：「我們日常生活中發生的衝突糾紛大都起因於那些令人討厭的聲音、語調以及不良的談吐習慣。」的確，談吐上的缺陷可能會導致你失業或者砸了你的一筆買賣，有時甚至能把一個國際會議攪得不歡而散。至於因為言語磨擦搞得夫妻離異的事情就更是屢見不鮮了。人們常常根據你的談吐來決定是否聘任你為他們工作，是否請你擔任他的家庭醫生，以及你能否被選作代表或議員，它甚至能影響人們是否下決心購買你推銷的舊車，是否願意邀請你到家中做客，並進一步同你交往。

即使你的思想像星星一般閃閃發亮，即使你替公司經營所出的主意像諸葛亮般精明，即使你的頭腦裡充滿了有關藝術、體育、飛機、礦物學、音樂會、電腦等等各種淵博學識，但這一切都無法使你免於語言障礙的困擾。除非你能引起人們的注意，文雅親切地與人交談、溝通，否則極少有人會願意聽你說完你的見解。想想看，你的聲音那麼沉悶呆

板,絕不可能引人注意,更談不上達到你的目標了,你那種聲音恐怕只有你的母親才會有耐心把它聽完。

馬歇爾‧麥克盧漢(Marshall McLuhan)的名言——「外觀等於資訊」也許並不適用於人類所有交流方式,但在語言交流上卻是肯定適用的。

語言出現障礙或表達能力欠缺,至少會使人低估你,會導致針對你的流言蜚語傳播,當然這會扭曲你的形象。

語言障礙各式各樣,有的就像肢體傷殘,需要施以整形外科的手術矯正;有的只需要像修改舊衣服一樣略加修整;有的則像一個鬆弛的腹部,要把它繃緊;還有些就像修理汽車一樣,需要調整零件;或者像車上的齒輪,要上點油來潤滑。另一些人的毛病則很像小男孩的髒面孔,要用肥皂水使勁擦洗一下才行。

就像叉子、筷子產生之前就有了手指一樣,沒有含意的嘰哩咕嚕、尖叫狂吼、咻咻嘻笑在語言產生前就被人類廣泛使用了。尼安德塔人一輩子也不分析句子,僅憑著抑揚頓挫的聲音和語調,他們照樣能嚇跑敵人,也能打動尼安德塔少女的心扉。

自從人類創造了語言,語言便成為改變國家命運的利器。由於薩伏那洛拉(Girolamo Savonarola)的動人言辭,使得十五世紀的佛羅倫斯從荒淫奢靡轉變為嚴謹自律的城市;千千萬萬的男女老幼因為聽信了彼得的蠱惑,紛紛擁入中東,為把耶路撒冷從異教徒手中奪回,參與了那場徒然而血腥的「十字軍東征」。

遺憾的是,昔日那些偉大演說家的聲音,未能見諸文字留傳後世。想想看,要是你能親耳聆聽西塞羅(Marcus Tullius Cicero)莊嚴地對羅馬元老院說:「迦太基必須毀滅!」聽派翠克‧亨利(Patrick Henry)高喊:「對於我,不自由,毋寧死!」還有亞伯拉罕‧林肯(Abraham Lincoln)說的,「在上帝守衛之下,這個國家應享有自由的新生!」或者威廉‧詹寧

斯・布萊安（William Jennings Bryan）說的「你們不能將這頂荊冠壓在勞工的頭上！你們不應把人類釘死在一座金十字架上！」如果你能聽到這一切，該會怎樣激動不已？

現在，這些話印在紙上，依然是字字珠璣，光芒閃爍。然而這些珍寶已失去它附著的形式，演說家當年的風采、人格，聲音的節拍和激情──這一切，全都永遠地逝去。

二十一世紀的今天，人們理所當然認為演員必具備動人的談吐，但在以往的電影界中卻非如此。上世紀二十年代末，有聲電影的出現，宛如一把橫掃一切的鐮刀，幾乎把當代的明星們淘汰個精光，那時的好萊塢就像發生了一場黑死病似的。

在無聲電影的時代中，明星們一向不必注意談吐，因為影迷根本聽不見他們的聲音，所以聲音的出現使大家驚惶失措。一位前程無量的明星第一次聽完自己的錄音之後，竟吞服了過量的安眠藥。眾多影迷心目中的情人──卡蕾妮・格菲絲在《時代週刊》（Time）對她做了毫不留情的影評之後，便告別影壇，一去不復返了。那篇影評是這麼寫的：「美麗的卡蕾妮・格菲絲原來是用鼻子來說話的。」

在聲音與電影結合之前，魯道夫・范倫鐵諾（Rudolph Valentino）的後繼者──約翰・吉爾伯特（John Gilbert）簽訂過一項四年合約，年薪一百萬美元。但在他拍的第一部有聲電影裡，他那副尖細的嗓音就引得觀眾鬨笑不已，而這些觀眾僅僅一年前還在為吉爾伯特的熱情神魂顛倒呢！

有聲電影占據了銀幕，無聲電影的黃金時代終於過去了。

但是，這一段往事卻無時無刻不在提醒我們，若想獲得成功，談吐的功夫是十分重要的。幾乎可以肯定，一位成功的辦公室人士，一定也是談話自信、準確、有說服力的人士，甚至可以稱之為「辦公室口才

家」。因為，在「辦公室戰爭」中，每一個渴望成功者無一例外地要運用口才、駕馭談吐，去推銷自己、說服別人，從申請第一項工作的晤談到成為董事長的演講，在這漫長的征途中，他的聰明睿智、才幹能力、計劃構想，幾乎都要透過語言表達出來。如果你也希望成為一位這樣的成功者的話，那麼，從現在起，注意你的談吐吧！

掌握語言反擊的有效性

在衝突中，我們反擊的目的是調節和改善自己所處的人際關係環境，是為解決矛盾而不是擴大矛盾。這是反擊有效性的重要目標。良好的口才是戰勝受氣的一大法寶，但好槍在手，用不好也會走火，傷人害己。因此，利用語言進行反擊，必須掌握反擊的有效性。

掌握語言反擊的度是反擊有效性的決定性因素。

所謂度，就是界限。根據不受氣的第一大準則，利用語言反擊時，應按照自己對環境的敏銳判斷，明確自己的優勢和劣勢，準確掌握該說什麼、怎樣說、說到什麼程度。也就是說，應根據對語言出口後可能產生的後果的準確預測，確定自己的語言界限。否則，語言不準確或不到位，則會使自己陷入被動尷尬的境地。

掌握語言反擊的度，首先應具有明確的針對性，不要擴大打擊面。

在反擊時，要抓住主要矛盾，丁就是丁，卯就是卯，而不應四面樹敵，把本來可以爭取的中間力量甚至朋友通通都推到與自己對立的陣營中去，使自己陷於孤立、被動地位。所以，語言反擊應三思而後行，話語出口之前先掂量。否則，話語出口如覆水難收，自己會更加受氣。

其次，應控制打擊的力度，不要一棍子把人打死，一句話把人噎

死。在大多數情況下，反擊時應為對方留一點餘地，掌握打擊的分寸。因為大多數人都愛面子，給對方留有餘地，實質上是為緩和彼此間的衝突留下了轉圜的空間，也為自己留了一步臺階。否則，你把他逼進了死胡同，他別無選擇只能與你對壘。結果，雙方劍拔弩張，到頭來兩敗俱傷，還是沒有改變你受氣的境地。這並不是我們反擊的目的。然而，在生活中許多人並不能深刻理解這一道理，似乎反擊得越狠越好，實際並非如此。所以說，語言反擊是一門鬥爭藝術。

阿偉暗戀上了佳佳，但佳佳心有他屬，並不為他所動。終於到了佳佳的生日了，阿偉決定在生日派對上衝動一次。在搖曳的生日燭光裡，阿偉動情地唱起了「愛，愛，愛不完⋯⋯」佳佳感覺阿偉在大庭廣眾之中令自己很難堪，但她只淡淡笑了笑，以舒緩的語調說：「看不出阿偉平時不聲不響，原來歌喉如此優美。我們該為將來那位有幸擁有他深情歌聲的小姐祝福。」一句話，似是讚美，又似表白，於無聲處給了阿偉當頭一棒。但不知情者不會有任何覺察。既給阿偉留足了面子，又使自己輕鬆戰勝了受氣。

以上這兩個方面，可概括為一句話：只有掌握語言反擊的廣度和深度，才能保證語言反擊的力度，有效地達到反擊的目的，使自己避免受氣。

運用口才反擊的六大技巧

在現實生活中，受氣的情形各式各樣，因此在反擊時一定要注意機動靈活，對症下藥。根據不受氣的四大準則，針對語言反擊的特點，可歸納出六大技巧。

第一章　巧言妙語，踏上青雲之路

針鋒相對，主動突圍

　　有時候，我們會遇到一些得理不饒人的人。你忍耐，給他留面子，他不會懂得，也不會領情，反而會變本加厲，得寸進尺。對這種人，只能採取「堵」的方法，進行積極反擊。

　　有些人一看到「針鋒相對」就會想到雙方指著鼻子對罵的那種類似於鬥雞的情形。其實，這是口才反擊的下下策。他不仁，你也不義，在對罵中對方撕破了臉皮，你也不過半斤八兩。這種方式實不可取。上上策應以「驟然臨之而不驚，無故加之而不怒」的氣概，抓住對方的邏輯錯誤，在心平氣和中顯示你的千鈞之力，令對方無地自容。可見，語言反擊的分量不在於個別具有殺傷力的詞彙，更不在於濁詞汙語，關鍵在於運用邏輯推理，以理反擊。

　　以牙還牙，是一種常用的反擊形式。即運用與對方平行的邏輯推理，達到否定對方的目的，使自己擺脫受氣的境地。這種形式，帶有明顯的「鬥」的意味，主要反映人的勇氣和機智。

　　辜鴻銘在留學英國時，生活的孤獨壓迫著他，常有獨在異鄉為異客的思鄉情感。每逢傳統節日，他總要按照古老習俗，設下供桌，擺上豐盛的酒菜，遙祭祖先，寄託自己的思鄉思國之情。有一次，房東太太看到辜鴻銘跪在桌前，叩頭如儀，不無蔑視地問：「喂，小夥子，你這樣認真地叩頭，你的祖先會到這裡來享用這些酒菜麼？」辜鴻銘的心大受刺激，一股怒氣冒將上來，自尊心使他的刻薄和幽默同時爆發，他彬彬有禮地答道：「想來，你們到處給你們祖先奉上鮮花，你的祖先該嗅到了鮮花的芳香了吧！」在平靜之中顯示著濃烈的火藥味，你打了我的左臉，我也不會饒過你的右臉，但話語中分明包含著這樣的意思：這是不同民族的不同習俗。如果我的方式錯了，你的也不會是正確的。

以謬治謬，讓對方扇自己一記耳光。這是一種語言反擊的高明方法。其高明之處就在於，抓住對方話語中的漏洞，利用他的邏輯，推匯出令其自我否定的結論。此之謂以子之矛，攻子之盾。

在生活中，常常會遇到蠻不講理的人。面對他荒謬的邏輯，你根本無理可講。在這種情況下，許多人往往一怒之下，大罵其無賴。而對方則會鏗鏘有力地講出串串歪理，令你無言以對。在這種情況下，應冷靜地分析其理論的荒謬之處，將錯就錯地展開推理。這種方法之所以能在對話中取得明顯的效果和成功，首先在於對話者能抓住對方談吐中的語言錯漏或荒謬之處，接著能巧妙地運用類比推理的方式設喻、設例，去迎擊對方，讓對方啞口無言。如老掉牙的民間故事「公雞下蛋」與「男人生兒」的巧對就是以謬治謬的一個典型例子。

有位縣太爺想刁難一位憨厚的農夫。他誣陷農夫夥同鄉里百姓藉口天旱年成歉收，抗拒繳納租稅，定農夫抗交皇糧的罪名。農夫被毒打一頓之後，縣太爺限他三天之內交出兩個「公雞蛋」，否則就被處以死刑。農夫不知所措，但其妻聰明機智。三天後，農夫的妻子代丈夫來到公堂回話。縣太爺劈頭怒喝：「你家丈夫為何不親自來面見？這分明是目無本縣！」農夫的妻子平靜地答道：「回縣太爺的話，我家丈夫不敢抗拒縣太爺之命。只是他正在家中生孩子，實在脫不開身，才叫民婦代其前來的。」縣太爺此時早已忘了自己要「公雞蛋」的荒唐邏輯，怒喝道：「什麼？你家男人也會生孩子？真是天大的笑話！大膽賤婦，竟敢愚弄本官！來人呀，給我打！」農婦聽罷卻胸脯一挺，面無懼色，勇敢地說道：「且慢！大人，既然男人生孩子是天大的笑話，那公雞生蛋不也是天大的笑話嗎？縣太爺要賤民交出公雞蛋，豈不也是在愚弄百姓嗎？」荒唐苛刻的縣太爺被駁得啞口無言。

可見，以謬治謬的關鍵是抓住對方的荒謬、錯漏之處，以其自身的

邏輯使對方陷入進退不得的兩難境地，以其人之道還治其人之身。這種語言反擊方式的有效性在於一語擊中要害，反擊有力，讓對方既無招架之功，又無還嘴之力，從而使自己避免受氣。

在生活中，有時由於場合、身分等條件的限制，以謬治謬的反擊不能像這位農婦這樣簡捷，針鋒相對在語言交流中不這麼直接。而是要順水推舟，順藤摸瓜，經過有目的、有計畫地層層誘導，才能使對方在不知不覺中入彀，使對方自己否定自己的觀點。但無論是直截了當的反擊，還是誘導對方自己否定自己，都要抓住對方的要害，步步進逼，語出有力，以理服人。

以謬治謬，以其人之道還治其人之身，應遵循我們的第一大定律：按照事物本身的遊戲規則進行反擊。任何事物都有其自身的邏輯，高明的反擊者不會無理取鬧或情緒用事，而是將對方的邏輯為我所用。這樣，既遵從了事物自身的特定遊戲規則，又有條有理地達到了反擊的目的，使對方心怒卻不能言。這正是語言反擊的效力所在。針鋒相對地進行積極反擊，應注意言辭力度，做到擲地有聲，該出手時則出手，不可詞軟語綿，囉嗦半天不得要領。

以妙語暗示自己的實力

根據不受氣的第二大準則，實力是一個人藉以樹立自己不好惹的形象，克服受氣的關鍵。有時候，實力明明白白地擺在明處，別人自然不敢造次。但有些時候，實力在暗處，不為人注意，易被施氣。在現代社交中，人們更多地是追求文明，語言反擊不宜激烈，更不可滿口粗話，動不動來上一句「你爺爺也不是吃素的」。既要做到讓對方明白自己看錯了人，又要點到為止，能使對方保留面子，能恰到好處地使自己克服受氣，又能避免事態進一步擴大和惡化。這就需要把話說到妙處，於不動

聲色中顯示自己的實力，以之壓倒對方。

綿裡藏針，是暗示自己實力的一種有效方法。其特點是含而不露。在反擊中，語調平和，言辭委婉得體，既予對方以尊重，不傷害對方的情感和體面，又巧妙地暗示自己也不是好惹的。一般情況下，對方會知趣地就此打住，順著你留的臺階下去，彼此相安無事。有位經理，本性好色。一日，見一位公關小姐姿色美豔，便一味令人肉麻地恭維道：「小姐，你是我遇見過的最漂亮的女孩子。真是令人神魂顛倒，永遠也忘不了！今晚下班後我請客，不知小姐可否賞光？」公關小姐雖然厭煩至極，但職業的本能使她必須有所克制。於是，她彬彬有禮地答道：「這位先生，非常抱歉。下班後我必須去找一位真正永遠也忘不了我的人約會。」「你是說你的男朋友？」經理半信半疑地問。「是的。我們是同學。」這下可令這位經理目瞪口呆了。他怎麼也想不到面前這位身材勻稱的姑娘身懷武功，這就已夠他應付的了，更何況還有一位男朋友。公關小姐見狀，意味深長地笑起來：「他可是個醋罈子。這事我可不敢含糊。」連她都不敢含糊，這位武功門外漢又哪能惹得起？這位心存非分之想的經理只得乾笑著退開了。這位小姐沒有橫眉冷對，也沒有出言不遜，而是於淡淡的話語中暗示了自己的實力，使原本輕視她的經理頓時望而生畏。

這種綿裡藏針的反擊方法，柔中見剛，以柔克剛。既巧妙地使自己擺脫受氣的境地，又無損於對方的體面，以自己良好的修養顯示了內在的威懾力。但運用此種方法時必須態度鮮明，不要吞吞吐吐，黏黏糊糊，拐彎抹角，以致辭不達意，給對方造成半推半就的誤會。

巧用幽默

幽默可以使人在受氣時，以輕鬆詼諧的方式，理智地回擊對方。人們在受氣時往往頭腦發熱失去冷靜，反擊方式往往也是硬邦邦的出言不

第一章　巧言妙語，踏上青雲之路

遜，結果使僵局更僵。幽默則可以使人在困境中放鬆自己，以巧妙的語言體面地予對方以反擊，收到既緩和氣氛又恰如其分地反擊的雙重效果。

調皮式的幽默，往往化干戈為玉帛，使事態向良好的方向發展。這種反擊方式，不是針鋒相對，劍拔弩張，而是輕鬆諧趣，話語中透著善良、真誠和理解。言語心傳，雙方會意，在哈哈一笑中皆大歡喜。反擊變成了逗笑，唇槍舌劍之爭就巧妙躲過。因此，幽默是一種與人為善的積極反擊方式。

冬季的寒氣襲人，各家商店門口都掛著厚重的棉簾子。由於進出者一裡一外，相互看不見，如果兩人同時掀棉簾子，相撞之事自然在所難免。一天，一位小夥子正掀棉簾子準備進去，恰好裡面一位小姐也在掀棉簾子準備出來，同時邁出了腳。姑娘一腳踩在小夥子鞋上，冷不防打了個趔趄，不禁哎喲驚叫一聲。小夥子忙伸手扶住並說了一聲對不起，讓開了道，讓小姐先出來。小姐出門後，看了小夥子一眼，說：「你是怎麼走路的！」咄咄逼人的責問令小夥子一時語塞。雙方都有責任，自己已友好地道歉了姑娘還不放過，小夥子也有些急了。但他轉念一想，人家是斯文的小姐，踩了別人的腳已有些不好意思，何況又在眾目睽睽中被他扶住，更是不好意思。只是姑娘因自己的失態心中惱火，便不經意地把氣撒到了這位「肇事者」身上。如此一想，頓時怒氣全消，笑著說道：「對不起，我是用腳走路的。剛才嚇著您了。」小姐一愣，隨即撲哧一笑，「你這個人說話真逗，這不能怪你，主要是我沒看見，腳也伸得快了一點，對不起踩了你。」小夥子對姑娘的反擊，完全是友好的。人用腳走路是正常的，怎麼會嚇著別人？小夥子以自己的幽默，巧妙地告訴小姐，是我的腳害了你，暗示自己對她的理解和尊重。姑娘由責問到道歉，一場口舌之爭得以避免，全靠了小夥子善意的幽默。

先承後轉，在自我打趣中暗藏機鋒，令對方猝不及防。這種方法往往用於一些不適宜頂撞的場合或人。有時候，我們會置身於一種這樣的尷尬境地：對方有意或無意地傷害了你，但對方是一位主管，你雖然受了氣面子上還得過得去。或者，礙於你的身分、地位，不宜直截了當地予以駁斥，但心中的確又非常不滿。這時，不妨先以漫不經心、自我解嘲的口吻說幾句順著對方思路的話，最後話鋒一轉，得出一個令對方大出意外的結論。既活躍了氣氛，又解除了尷尬。這種方式，一波三折，很有攻擊力量，讓對方措手不及，又不失自己或對方的面子。對方最後只能乾笑兩聲了之。

蕭伯納（George Bernard Shaw）的著名劇作《武器與人》（*Arms and the Man*）初次演出，大獲成功。應觀眾的熱烈要求，蕭伯納來到臺前謝幕。此時，卻從座位裡冒出一聲高喊：「糟透了！」整個劇場立刻變得鴉雀無聲，空氣似乎凝固了一般。面對這種無禮的行為和緊張的局面，蕭伯納微笑著對那人鞠了一躬，彬彬有禮地說道：「我的朋友，我同意你的意見。」他聳了聳肩，看了看剛才正熱烈喝采的其他觀眾說：「但是，我們反對那麼多觀眾又有什麼用呢？」頓時，觀眾中爆發出了更為熱烈的掌聲和喝采聲。在這種情況下，對對方無禮的行為予以必要的回擊，既是維護自己體面和尊嚴的需求，也是諷刺對方、批判錯誤的正當行為。但怒氣沖沖地回擊和辯論都不可取，最理想的方法是幽默地回敬。蕭伯納的話語，溫文爾雅，表面看來似乎是對對方表示理解。細細體會一下，則是一種強而有力的反擊。

總之，幽默作為化解受氣的積極反擊方式，其根本特徵就是具有準確的行為界限。它的有效性就在於能夠根據周圍環境，預測自己的行為後果，據此確定自己反擊的方式和反擊的分寸，做到有禮、有節。

彈出弦外之音，讓對方領悟到自己的潛臺詞

這是一種比幽默更微妙的反擊方式。反擊者好像並不是針對對方的言行，而是在談與之全然無關的另一件事情。但若仔細分析一下，就會明白這兩件事具有很大的相似性。說話者旨在用類比的方式，委婉地向對方傳達自己的觀點，巧妙地否定對方的看法。這種情況下，雙方的指向彼此都心照不宣，言者有意，聽者亦有心。這種反擊方式委婉、得體，潛臺詞不言而喻。

彈出弦外之音的反擊方法，通常是鑒於對方某種特殊的身分或權威，不可明顯地表示出任何直接的反擊，而採取的一種迂迴戰術。1937年10月11日，羅斯福總統（Franklin Delano Roosevelt）的私人顧問薩克斯（Alexander Sachs）受愛因斯坦（Albert Einstein）等科學家的委託，約見了羅斯福，要求總統重視原子能的研究，搶在德國之前製造出原子彈。但任憑他談得口乾舌燥，羅斯福還是聽不懂那些枯燥的科學論述，只是淡淡地說：「這些都很有趣，不過政府若在現階段干預此事，似乎還為時過早。」以十分冷淡的態度回絕了薩克斯的一腔熱情，薩克斯心中肯定又著急，又有些生氣。但羅斯福是一位頗具威信的總統，他決定的事，薩克斯作為下屬不能硬頂，也頂不住。事後，羅斯福為表歉意，邀請薩克斯共進早餐。薩克斯決定利用這個難得的好機會，說服羅斯福採納愛因斯坦等科學家們這對美國生命攸關的建議，研製原子彈。為此，他在公園裡徘徊了一夜。第二天一早，薩克斯剛落座，羅斯福就直言不諱地告誡他，不准談原子彈的事。博學多智的薩克斯靈機一動，羅斯福雖不懂物理學，對歷史肯定感興趣。「我想談一點歷史，」他的攻勢就此開始，「英法戰爭期間，拿破崙在陸戰中一往無前，海戰卻不盡人意。一天，輪船的發明者──美國人富爾敦（Robert Fulton）來到了拿破崙面前，建議他把法國戰艦的桅杆砍斷，裝上蒸汽機，把木板換成鋼板。他

向拿破崙保證，法國艦隊肯定所向無敵。拿破崙卻認為，船沒有風帆不能航行，木板換成鋼板必然會沉。他認為富爾敦肯定瘋了，將其趕了出去。歷史學家在敘述這段歷史時認為，如果拿破崙採取富爾敦的建議，十九世紀的歷史將重寫。」羅斯福的臉色變得十分嚴肅，沉默了幾分鐘，然後斟滿一杯酒，遞給薩克斯說：「你贏了！」

薩克斯雖然不直接談研製原子彈，但在他的類比中表明羅斯福與拿破崙有著極為相似的共同特點：都是戰爭期間，都不懂物理，都面臨著對一項與戰爭中自己軍隊命攸關的新技術的選擇。其用意也不言而喻：是像拿破崙那樣，將新技術拒之門外而自取失敗，還是與之相反？透過這一與當前形勢極為類似的歷史事實，使不懂物理學的羅斯福很容易地理解了研製原子彈的重要性，終於採納了愛因斯坦等科學家的建議。

運用這種方法反擊，說話前必須經過周密的考慮，確定嚴格的行為界限。說話時目的明確，看似東拉西扯，實則胸中有丘壑。此外，要注意事件的相似性，以此啟發對方。切忌漫無邊際，或毫無連繫地誇誇其談。

轉移話題，顧左右而言他

在交往中，有時對方的話語或問題會使人處在一種進退維谷的尷尬境地。要使自己從這種緊張、尷尬的氛圍中解脫出來，可以對所提問題避而不答，選擇與當前話題無關的問題，把對方的注意力引向別的方向。

轉移話題本是一件挺容易的事情，把話頭給引開不就完事大吉了嗎？但要真正做到不露斧鑿之痕，自然過渡到別的話題上去也並非易事，這需要機動靈活的應變技巧。否則，則會給人造成「裝聾作啞」的不良印象。

第一章　巧言妙語，踏上青雲之路

　　一天早晨，上班的人們陸續來到了辦公室。大家進門一看，不禁愣住了：老張的桌子上，東西橫七豎八地亂堆著，兩個抽屜被撬開了，一千元現金不知去向。正當大家議論紛紛之際，辦公室的「活寶」小王來了。他裝模作樣地把辦公室和每個人的臉打量一番，煞有介事地盯著老張說：「這賊也真行！這麼多辦公桌不撬，單撬有錢的你這桌子，肯定是對咱辦公室的情況十分熟悉的人乾的。老張啊，你兒子大學沒考上，隔三差五地往咱這裡跑，你們父子倆是不是裡外串通，使咱這一千元公款不翼而飛？」小王平日裡和老張開玩笑開慣了，這大夥都清楚。但在這樣的場合，大家還是不約而同地把目光投向老張。丟了公款，老張本來就心中有火，聽了這不知輕重的玩笑，更火冒三丈。但他馬上鎮靜下來，不慌不忙地說：「按道理說這種可能性也存在。不過我兒子上星期就到他姥姥家去了，我們昨天又在郊區飯店玩了個通宵。這次應該說我們父子倆沒得到機會。現在我們還是協助調查一下經常到我們辦公室來，對情況非常了解的人吧。」緊張的氣氛一下子活躍起來，大家又開始討論誰最具有作案的可能。

　　老張把話題轉移得自然、流暢，讓人看不到任何硬扭的痕跡。人們只聽到其「言他」，而沒注意到他是如何「顧左右」，巧妙地把話題引開的。

此時無聲勝有聲，適當的沉默也奏效

　　沉默是一種特殊的語言，具有其獨特的使用價值，在社交活動中，在某些情況下，恰到好處的沉默比口若懸河更有效。這就是人們常說的「雄辯是銀，沉默是金」。只要我們因時因地適當把握、運用它，沉默也能成為一種有效的表達方式，其效果有時甚至會超過直言搶白，具有特殊的威力。

適度的沉默是一種積極的忍讓，旨在息事寧人。在人際交往中，各人的生活閱歷、學識程度、社會地位各異，觀察問題的角度和思考方式不同，見解必然迥異。然而，在一些無關緊要的問題上的細小分歧，三緘其口，洗耳恭聽，頷首微笑也是一種有效的處理方法。否則，各執己見僵持不下，互不相讓，只能令雙方都不愉快。此時，若採取積極忍讓態度，保持適度的沉默，撤出爭論，表現出自己的寬廣胸懷，則有利於促使對方冷靜下來，緩和、化解矛盾，避免事態激化。有效地使自己避免、擺脫受氣境地，這對對付一個特別矯情的對手來說更應如此。

老王和小張是部門裡的正副職。老王為人穩重，小張年輕氣盛，好勝心強，常常為一些雞毛蒜皮的小事同老王較勁。兩位主管若在辦公室裡當著下屬的面爭論不休，甚至大吵大嚷，既傷了彼此間的同事情分，又在下屬面前丟面子，顯然不妥當。老王對此採取了一種偃旗息鼓、洗耳恭聽的策略，不與小張對壘。當兩人之間發生分歧時，老王先說明情況表明態度，轉而保持沉默。任憑小張言辭多激烈，也不與她強辯，不反擊。小張肝火再旺，見此情景，也不好意思再強辯下去，漸漸冷靜下來，進而心平氣和地發表意見，甚至還做些自我批評。因此，兩人雖性格截然相反，但工作配合得很默契，關係也算融洽。老王的沉默是理智的，其動機在於顧全大局，吃虧讓人，避免無謂的爭論。

輕蔑性沉默是對付無理挑釁的有效反擊武器。當對方出於不良動機，對你進行惡意攻擊、造謠誹謗或無理取鬧時，如果你予以駁斥反擊，可是又同他無理可講，反會使周圍的人難以分清是非，反倒有損於你自己的形象和聲譽。這時，你無需爭辯，只需以不屑一顧的神情，嗤之以鼻。這種輕蔑性沉默會比語言駁斥更有效。

小朱和小吳是同班同學，學習都很出色。但小朱為人熱情，性格活潑，關心班集體，因此在同學中有很高的威信。小吳卻只關心自己的學

習，對同學和集體利益則漠不關心。但他意識不到自己的問題，反而公開對小朱造謠中傷，在公開場合含沙射影地找碴。小朱明知他是在無事生非地罵自己，不免怒火頓起，但和這樣胡攪蠻纏的人爭吵，又會有什麼結果？還不是自己白白捱罵！不知情者說不定還會對他的話信以為真。於是，他強壓怒氣，對小吳輕蔑地冷笑一聲，瞟了他一眼，轉身而去。小朱的輕蔑性沉默，在當時這種情況下，比語言批駁顯得更有力、得體，更能使周圍的人洞察其中原委。

當然，沉默的方式和內涵多種多樣，但總的來看，日常交際中，最常用的主要是這兩種。在受氣時，要做到沉默不語，積極忍讓，並非易事。這首先需要寬廣的胸懷和準確掌握自己行為界限的能力。正如培根所言：「假如一個人具有深刻的洞察力，隨時能夠判斷什麼事應當公開做，什麼事應當祕密做，什麼事應當若明若暗地做，而且深刻地了解了這一切的分寸和界限 —— 那麼這種人我們認為他是掌握了沉默的智慧的。」

反駁的藝術

當你想要駁倒對方時，除了必須理由充分，還要靠說話的技巧。你要悉心靜聽對方的說話，摘出他話中的要點與漏洞，如果對方不曾說完，無論如何不要插嘴，面部表情，也不要露出什麼地方不對，什麼地方贊同的表示，等他說完，有時還需問他一句，還有其他的意思嗎？言多必失，讓他暢所欲言，正是找尋反駁點的好機會。

你開始反駁時，態度必須從容，說話必須穩當，先把他的話總括扼要地提出，問他是否是這些意思，再從他對的方面，表示適當的贊同，使他高興。說到後來，用「但是」兩字一轉，逐層反駁，把輕的放在前面，重的留在後面，越說越緊，越說越硬，直使他無法置辯。如果你要

教訓他幾句，更要留在最後，看見他的面部表情已有感悟的表示，才好開始說教訓的話。說教訓的話，態度必須誠摯才顯出你的善意，千萬不要有斥責或譏笑的意思，免得他惱羞成怒，引起新的紛爭，因為反駁者雖恃理由與技巧使他折服，但也必須動以感情使他心悅誠服。理由越是充分，反擊越是強烈，語氣就越要婉轉。中間有時還要替他設身處地，代為表達苦衷與用意，然後隨即加以反擊，使他知道錯誤。有時還不妨態度激昂，接著又須和悅，春風與雷霆，相互間用，充分表示你的立場的公正，表示你的凜然難犯，表示你的富於同情。就全部反駁過程而論，都是欲抑先揚，但不要揚得過分，否則反使你的抑失去了力量，也不要抑得過分，這會使你的揚引不起他感悟，廢話是絕對要避免的，但是巧譬善喻絕不是廢話，譬得越巧喻得越善，越能激起他的同悟。

反駁完畢，你雖取得勝利，態度仍須謙讓，使他不覺得是失敗，更須丟開正文，隨便談談，總要有說有笑，把反駁時嚴肅的空氣盡力沖淡。爭辯是一回事，交誼是一回事，爭辯只限於一個事項，不要牽涉到交誼，如果彼此都是代表人身分，隨時要把代表人的身分分開，不要產生有直接人身攻擊的嫌疑。萬一對方盛怒之下，對你人身攻擊，你必須用和氣的態度向他說明你是代表人，不是當事人。經過多方的解釋必可減少誤會，即使對方出口辱罵，你也要大度包涵，付之一笑。

至於沒有利害關係的辯論，有的是維護各人的主張，有的則是比賽彼此的口才。為維護主張而反駁，多少要承認對方若干的論點，反駁的語氣，有時可用補正的方式，不必完全以攻擊的態度，倘若是在會議上，只要爭取多數人的同情，促使各方面的響應，讓各方面群起而攻擊，造成他四面楚歌的局面，就可以不必單槍匹馬和他相辯。這種四面合圍，不但力量雄厚，聲勢壯大，而且你也可以不必費極大的氣力。

至於比賽辯論技術，原只是遊戲性質，不要過分認真，倘使對方假

戲真做，你便乘機退出，表示講和。有人不能明白這一點，往往因薄物細故，極力爭辯，弄得雙方面紅耳赤，不歡而散，其實這又何苦呢？

選擇說話的最佳時機

聰明的小孩子往往懂得在大人高興的時候提出自己的要求，而且，這時他們的要求多半會被滿足。家長們在心情比較好的時候，為了不破壞氣氛，往往會比平時更加寬容大度。

在上下級相處的過程中，也存在著同樣的情況。自然，下屬並不是小孩子，不存在著對主管的人身依附關係。但是，他們之間的權力從屬關係卻是毫無疑問的，下屬要取得的每一分利益都需要有主管的首肯。在這種中華文化傳統下，每個主管都有一種「家長」傾向，都有恩威並舉的心理，那麼我們就不妨因勢利導，巧妙地加以利用，在主管春風得意之時，或提要求，或進諫語，必能收到意想不到的良好效果。

史載，有一次唐太宗意興舒坦，心情十分高興，便笑著問大臣魏徵：「你看近來政治怎麼樣？」魏徵覺得這是一個進諫的好機會，馬上回答說：「貞觀初年，您主動地引導人們進諫；過了三年，遇到有人進諫，還能愉快地接受；這一二年來，勉勉強強接受一些意見，可是心裡總覺得不舒服。」

太宗聽後有些吃驚，問道：「你這樣講有什麼根據嗎？」魏徵於是便舉出三件事來加以佐證，這三件事反映的是唐太宗在魏徵所說的三個時期內對人的三種不同的態度。唐太宗於是明白了，說道：「若不是您，不能說這樣的話。一個人苦於自己不知道自己啊！」於是，更加虛心地聽取臣下的意見了。由此可見給主管提建議，有很重要的學問，那就是一定要注意時機和場合，以便使主管更能用心領會你的意見，並不會導致對

你的反感。例如在娛樂活動中，主管的心情比較好，這時候提出建議會使主管更容易接受。特別是如果你能把所提的建議同當時的情景連繫起來，透過暗示、類比等心理活動的作用，則會對主管有更大的啟發。還有些比較成功的下屬善於接住主管的話荏兒，上承下轉，借題發揮，巧妙地加以應用，從而很好地觸動了主管，使許多懸而未決的問題得到了解決。

過去有一個公司剛購置了一批電腦及相關設備，並準備修建一個機房。但在機房安置冷氣機一事上，主管卻不肯批准，認為公司的同事們都在沒有冷氣的情況下辦公，不宜單獨對機房破例。雖然有關同事據理力爭，說明安裝冷氣是出於機器保養而非個人享受的需求，但仍不能打破主管的腦筋，說服主管。

後來，公司的主管與同事們一起出去旅遊、參觀。在一個文物展覽會上，主管發現一些文物有了毀壞和破損，就詢問解說員。解說員解釋說，這是由於文物保護部門缺乏足夠的經費，不能夠使文物保存在一種恆溫狀況下所致，如果有一定的製冷設備，如冷氣，這些文物可能會保存得更加完善。主管聽後，不禁有些感慨。此時，站在一旁的機房負責人乘機對主管低語：「其實，機房裡裝冷氣也是這個道理呀！」

主管看他一眼，沉思片刻，然後說：「回去再打個報告上來。」很快，這位主管就批准了機房的要求，為他們裝上了冷氣設備。

妙語反擊無理的行為

在人際交往中，人們總難免碰到一些無理的情況。你對某人的不良或錯誤行為進行直接責備，他卻反過來與你頂撞。如在一外國球場裡，一個大學生的視線完全被前面一位年輕婦女的帽子擋住了，於是他對她說：「請您摘下帽子。」可婦女連頭也不回。「請您摘下帽子。」大學生

第一章　巧言妙語，踏上青雲之路

氣沖沖地重複一遍。「為了這個位子，我破費了，卻什麼也看不見！」

「為了這頂帽子，我也破費了。我要讓所有的人都看它。」年輕的婦女說完，一動也不動地坐著。她違反公共道德，卻反而振振有詞地反駁大學生。

年輕的朋友們，碰到這種無理行為，你怎麼辦？許多人常常大發一通怒火，大罵一頓無賴，可到頭來，對方還是振振有詞，條條有道，「理由」充足得很。你自己倒氣得手腳發顫，只會說：「豈有此理，豈有此理？」

那麼，應該怎樣說話，才能反擊這種無理的行為，使得對方覺得理屈詞窮、無言以對呢？有四點值得注意。

情緒平和

遇到無理的行為，首先要做到的就是不要激動，要控制情緒。這個時候的心境平和，對反擊對方有重要作用：一是表現自己的涵養與氣量，以「驟然臨之而不驚，無故加之而不怒」的大丈夫氣概，在氣質上鎮住對方，如一下子就犯顏動怒，變臉變色，這不是勇敢的行為。古人曰：「匹夫見辱，拔劍而起，挺身而鬥，此不足為勇也。」對方對此不但不會懼怕，反而會對你的失態感到得意。二是能夠冷靜地考慮對策，只有平靜情緒，才能從容選出最佳對策，否則人都弄糊塗了，就可能做出莽撞之舉來，更不要說什麼最佳對策了。

反擊有力

對無理行為進行語言反擊，不能說了半天，不得要領，或詞軟話綿。而要做到打擊點要準，一下子擊中要害；反擊力量要猛，一下子就使對方啞口無言。

有一個常愚弄他人而自得的人，名叫湯姆。這天早晨，他正在門口吃著麵包，忽然看見傑克森騎著毛驢哼哼呀呀地走了過來。於是，他就喊道：「喂，吃塊麵包吧。」傑克森連忙從驢背上跳下來，說：「謝謝您的好意。我已經吃過早飯了。」湯姆一本正經地說：「我沒問你呀，我問的是毛驢。」說完得意地一笑。

傑克森以禮相待，卻反遭一頓侮辱。是可忍，孰不可忍！他非常氣憤，可是又難以責罵這個無賴。無賴會說：「我和毛驢說話，誰叫你插嘴？」於是大爺抓住湯姆語言的破綻，狠狠地反擊。他猛地轉過身子，往毛驢臉上「啪、啪」就是兩巴掌，罵道：「出門時我問你城裡有沒有朋友，你斬釘截鐵地說沒有。沒有朋友為什麼人家會請你吃麵包呢？」對準驢屁股，又是兩鞭子，說：「看你以後還敢不敢胡說？」說完，翻身上驢，揚長而去。傑克森的反擊力相當強。既然你以你和驢說話來侮辱我，我就借教訓毛驢，來嘲弄你自己建立和毛驢的「朋友」關係，給這個人一頓教訓。

含蓄地諷刺

對無理行為進行反擊，可直言相告，但有時不宜鋒芒畢露，露則太剛，剛則易折。有時，旁敲側擊，綿裡藏針，反而更見力量，它使對方無辮子可抓，只得自己種的苦果往肚裡吞，在心中暗暗叫苦，就像蘇格蘭詩人伯恩斯（Robert Burns）那樣。

有一天，伯恩斯在泰晤士河畔見到一個富翁被人從河裡救起。富翁給了那個冒著生命危險救他的人一塊錢作為報酬。圍觀的路人都為這種無恥行徑所激怒，要把富翁再投到河裡去。伯恩斯上前阻止道：「放了他吧，他自己很了解他生命的價值。」

第一章　巧言妙語，踏上青雲之路

巧妙借用

對無理的行為進行語言反擊，是正義的語言與無理的語言的對抗。所以，反擊的語言一定要與對方的語言表現出某種關聯，正是在這種關聯中，才會充分表現出自己的機智與力量。要做到雙方語言的巧妙關聯，方法有三：

第一，順其言，反其意。這種方法的效果在於使人感到那個無理的人是引火燒身，搬起石頭砸自己的腳。例如德國大詩人海涅（Heinrich Heine）是個猶太人，常遭到一些無恥之徒的攻擊。在一個晚會上，一個人對他說：「我發現了一個小島，這個小島上竟然沒有猶太人和驢子！」海涅白了他一眼，不動聲色地說：「看來，只有你我一起去那個島上，才會彌補這個缺陷。」

「驢子」常常是「傻瓜，笨蛋」的代詞。面對猶太人的海涅，將「猶太人與驢」並稱，無疑是侮辱人，可海涅沒有對他大罵，甚至對這種說法也沒有表示異議，相反，他把這種並稱，換上「你我」，這樣就一下子把「你」與「驢」相等了。

第二，結構相仿，意義相對。這種方法是在雙方語言的相仿與相對中，表現出極其鮮明的對抗性。如丹麥著名童話作家安徒生（Hans Christian Andersen）一生簡樸，常常戴頂破舊的帽子在街上行走。有個不懷好意的人嘲笑道：「腦袋上面的那個是個什麼東西，能算是頂帽子嗎？」安徒生回敬道：「你帽子下面那是個什麼東西，能算是個腦袋嗎？」安徒生的話語和對方的話語結構、語詞都相仿，只是幾個關鍵詞的位置顛倒了一下，顯得對立色彩格外鮮明。

第三，佯裝進入，大智若愚。即假裝沒識破對方的圈套，照直鑽進去。這種方法的效果是顯出自己完全不在乎對方的那種小伎倆。

例如：一個嫉妒的人寫了一封諷刺信給美國著名作家海明威（Ernest Miller Hemingway），信上說：「我知道你現在是一字千金，現在附上一美元，請你寄個樣品來看看。」海明威收下錢，回答一個字——「謝！」海明威完全識破對方的刁難、侮辱人的行為，但他根本不將此放在眼裡，他就照他人的刁難要求辦，結果搞得那人反而難下臺。

問話的方式要掌握

生活中的問話有三種機能：釋疑、啟發及打破談話的僵局。

問話要講究技巧。高明的問話不但使你能達到目的，而且被問的一方也不會感到過分難堪。下面是幾種常見的問話形式和方法。

直接型提問

提問，需要考慮環境及時機。提問者要根據不同的環境和時間用不同的提問方式，有時需要委婉，有時需要直露。直接型提問則屬後者。當我們需要對方毫不含糊地做出明確答覆時，直接型提問是一種較理想的方式。一般說來，生活中常見於父母對孩子的責問，上級對下級工作的詢問。如果交談者雙方關係比較密切而所提問題又不會引起不愉快的後果時，也可以採用這種方式。

直接型提問直來直去，速戰速決，節省時間。但一定要注意場合和時機，否則就會事與願違。

誘導型提問

直截了當地提問，是要求直接求得答案。但也有一種情況，答者出於知識水準或因與個人利益有利害關係，不急於直答。這時你可以採用

誘導型的提問方式。這種發問不是為自己答疑而問，而是為了緊緊吸引對方思考自己的問題，誘導對方接受自己的觀點，故意向對方提問。它具有扣人心弦、誘敵深入、以柔制剛、扼喉撫背的效果。

這一問法還可以運用在推銷上。一位心理學家調查時發現，一些人在喝可可時有放雞蛋的習慣。因此，服務生發問時，不要問「要不要加雞蛋」，而應當問「要一個還是要兩個」。這樣問，多做一個雞蛋的生意絕對是有可能的。

啟示型提問

這種提問方式重在啟示。要想告訴對方一個道理，但又不能直說，透過提問引起對方思考，直至明白某個道理。

老師在批評學生的時候，在指出對方的錯誤行為之後，常常接著問：「你覺得這樣做對嗎？」就是一種啟示型提問，此外還可以採用聲東擊西、欲擒故縱、先虛後實、借古喻今等提問方法。

選擇型提問

提問不同於質問，其目的不是難倒對方。在日常生活中，許多問話不只是徵求對方的意見，統一對某個問題的看法。這種情況下向對方問話時，我們可以用選擇型。選擇型提問容易造成一個友好的談話氛圍。被提問者可以根據本人的意願，自由地選擇答案。比如：炎熱的夏天，你家來了客人，你想給他弄點東西解渴，但又不知道他喜歡什麼，你可以這樣問他：「你是要茶還是咖啡，或是西瓜？」這樣，客人選擇他自己喜歡的東西，增添了友好的氣氛。

攻擊型提問

發問要考慮對象，尤其是被提問者與自己有利害關係。如果對方是自己的不友好者或是競爭對手，這時候提問的目的是為了直接擊敗對手，你不妨可以採用攻擊型提問的方式。雷根（Ronald Reagan）與卡特（Jimmy Carter）在競選美國總統時有一段精采論辯。當時，雷根向卡特挑戰性地提出了這樣的問題：「每一個公民在投票前都應該好好想一想這樣幾個問題：你的生活是不是比四年前改善了？美國在國際上是不是比四年前更受尊重了？」雷根的提問猶如一發重磅砲彈，極富攻擊性，在美國選民中激起了巨大波濤。結果在論辯之後，民意測驗表明：支持雷根的人顯著上升。攻擊型問話的直接目的是擊敗對手，故而要求這種問話具有幹練、明瞭、利己和擊中要害等特點。

迂迴曲折地提問

義大利知名女記者奧里亞娜・法拉奇（Oriana Fallaci）以其對採訪對象挑戰性的提問和尖銳、潑辣的言辭而著稱於新聞界，有人將她這種風格獨特、富有進攻性的採訪方式稱為「海盜式」的採訪。迂迴曲折的提問方式，是她取勝的法寶之一。

在採訪南越總理阮文紹時，法拉奇想獲取他對外界評論他「是南越最腐敗的人」的意見。若直接提問，阮文紹肯定會矢口否認。法拉奇將這個問題分解為兩個有內在連繫的小問題，曲折地達到了採訪目的。她先問：「您出身十分貧窮，對嗎？」阮文紹聽後，動情地描述小時候他家庭的艱難處境。得到關於上面問題的肯定回答後，法拉奇接著問：「今天，您富裕至極，在瑞士、倫敦、巴黎和澳洲有銀行存款和住房，對嗎？」阮文紹雖然否認了，但為了洗清這一「傳言」，他不得不詳細道地出他的「少許家產」。阮文紹是如人所言那般富裕、腐敗，還是如他所言

並不奢華，已昭然若揭，讀者自然也會從他所羅列的財產「清單」中得出自己的判斷。

阿里‧布托（Ali Bhutto）是巴基斯坦總統，西方評論界認為他專橫、殘暴。法拉奇在採訪中，不是直接問他：「總統先生，據說您是個極端分子」，而是將這個問題轉化為：「總統先生，據說您是有關墨索里尼和拿破崙的書籍的忠實讀者。」從實質上講，這個問題同「您是個極端分子」所包含的意思是一樣的，轉化了角度和說法的提問，往往會使採訪對象放鬆警惕，說出心中真實的想法。它看上去無足輕重，但卻尖銳、深刻。

以「如果」提問

首先我們要養成習慣，用「如果」引導的問句問對方能夠得到更好的結果的話，就要避免簡單用「是的」來回答對方的提問。比如，你給顧客介紹一種產品。顧客問：「能做成綠色嗎？」你知道能，但是你不說「能」，你反而問：「你喜歡做成綠色的？」顧客通常會回答說：「是的。」而後你再問：「如果我給你找一件綠色的，你會定購嗎？」

「如果」引導的問句把問題又還給了對方。一位代表就是用這種方法從銷售經理升到銷售主任的。他問總經理怎麼做才能被提升為銷售主任。然後他用「如果」提問方法，在一定的時間期限內完成所定任務，因此獲得提升。

用「如果」這樣的句型能產生所希望的結果，我們應養成習慣多用，而不要總以「是的」來簡單回答了事。我們可以用做遊戲的方式來練習，直到成為自然而然的反應。例如：當家裡人請你倒杯咖啡時，你不要說「是的」，而要問「你想喝杯咖啡嗎？」他們總是會說「是的」。而後你再說「如果我給你倒咖啡，你能⋯⋯」你可以提出任何要求作為倒咖啡的條件。

「足夠」提問

問句中用「足夠」這個詞非常有效，可以得到對方的同意。例如：

「你覺得下星期一開始就夠快的吧？」

回答意味著我們下星期一開始。

回答不意味著我們要開始，而是要在下星期一才開始。

「你覺得十臺電腦夠了嗎？」

回答說夠了意味著十臺電腦能滿足我們的需要了。

回答說不夠意味著還要增加！

這僅僅是最簡單的方法，只需稍稍練習就能掌握。

對次要方面提問

我們如果對一個想法中的次要內容徵求他人同意的話，那麼也就得到包括對主要內容的同意。例如：

「有了新電腦系統後我們應該配備第二臺印表機了吧？」同意配備第二臺印表機的人一定在原則上已同意購買新電腦了。

把握住說話的時機

　　一個人說話的內容不論如何精采，但如果時機掌握不好，就無法達到說話的目的。因為聽者的內心，往往隨著時間變化而變化。要對方願意聽你的話，或者接受你的觀點，都應當選擇適當的時機。

　　這有如一個參賽的棒球運動員，雖有良好的技藝、強健的體魄，但是他沒有把握住擊球的「決定性瞬間」，或早或遲，棒就落空了。

　　所以，時機對你非常寶貴。但何時才是這「決定性的瞬間」，怎樣才

第一章　巧言妙語，踏上青雲之路

能判定並咬住，並沒有一定的規則，主要是看對話時的具體情況，憑你的經驗和感覺而定。

電冰箱老化了，製冷效果很差。丈夫幾次提出要買一臺新的，都因妻子不同意而沒有買成。

中午，妻子對丈夫說：「今天真熱，你把冰箱裡的冰棒給我拿一支來。」

丈夫打開冰箱說：「冰棒都化了。」

「這個破冰箱！」妻子罵道。

「還是再買一臺新的吧。」

「買一臺吧。」妻子欣然同意了。

到了商店，看中了一臺冰箱，一問價格，要三千多元。

「太貴了，還是不買吧。」妻子說。

「端午節快到了，天氣這麼熱，公司給的肉和魚往哪放？」丈夫說。

銷售人員這時插入一句：「這個冰箱雖然貴了點，但耗電小，容積大，從長遠看還是合算的。」

「那好，就買這臺吧。」妻子終於同意了。

這位丈夫捕捉住了說話的時機，終於達到了目的。

在反映情況和說服人的時候，要特別注意把時機選在對方心情比較平和的時候。因為一些人由於勞累、遇到不順心或正在把注意力集中在其他事情上時，是沒有心情來聽你說話的。

你一定聽過夫婦之間這樣的抱怨：

妻子說：「他回到家來，自己喝茶，坐下來埋頭看報。要是我問他個什麼，他就含糊地答一句。要是我想和他聊聊，他的心早就離得遠遠的，也許還掛著辦公室的事。我整天陪著孩子，真渴望能有點精神調劑，可是他卻不理睬我。」

而丈夫也一肚子怨氣：「我還沒來得及關上門，她就忙不迭地向我嘮叨起來：什麼菜的價錢又貴了，孩子把杯子摔了，隔壁老太太又說了她幾句。煩死了……」

為尊重對方，考慮對方什麼時候談話才有較大興趣，這是必須注意的。

從談吐中觀察人的心理反應

我們在與人交往中，僅從談吐、用詞方面，就可以窺視其內心狀況。

談吐的方式，反映出個人當時的心理狀態，越深入交談，則愈能暴露出該人的原本面目。所謂遣詞造句、談吐方式，是探知一個人真正性格和心理的最重要的資料來源。

當話題進行至核心部分時，說話的速度、口氣，就是我們探知對方深層心理意識的關鍵。當然，說話的聲調也是不可忽視的要點。

巧妙地分析對方談話的口氣、速度、聲調，探究對方的內心正在想些什麼，這是增進人際關係的要點。以下我們以三項為中心，來做一次綜合性的探討。

不同身分的人有不同語言

有人說話粗俗下流，有人說話謙虛有理；有人說話內容豐富真實，也有人一派胡言，說話空洞而毫無內容。總之，人透過說話能反映出其擁有的是什麼。

高貴、氣度非凡者說話謙恭有理，其中包括了誠實、信賴、優越等品質，常用文雅的應酬用語。

然而，這類人應分為兩種，一種人是口與心相稱，一種是口是心非

第一章　巧言妙語，踏上青雲之路

的人。後者很多是外表高尚而內心醜惡的人。

有些人是不願被對方察覺自己極為掩飾著的欠缺，所以才使用文雅的口氣說話。

相反，談吐粗俗的人具有純真、單純、氣質低下、博愛、小心、易變等特性。這種類型的人，無論對上司或部下，對同性或異性，仍不改其談吐風度，他所喜歡的則永遠喜歡到底，對討厭者也討厭到最後。

此外，在初次見面的情況下，這種人好惡的表現也相當明顯。不是表現得很不耐煩，就是突然地親熱若多年摯友。其表現出的意志完全掩蓋對自我的所有小心性。

除此之外，說話帶哭、帶淚的人，依賴性非常強烈。任性，但外表似乎和藹可親，善交際，善奉承，大多屬於不受歡迎的角色。

好掉淚的人大多是壞傢伙，也即俗話說的「劣根性」。

如某地有一個乞丐村，男女老少都走南闖北乞討，他們有一個百試百靈的看家本領，就是賴在人家的門外，以半哭半泣的聲調，打動人們的惻隱之心，以達到賺錢的目的。這種類型的人，其態度是一輩子都改不了的。

不聽對方說話，只顧自己滔滔不絕、口沫橫飛的人，屬於強硬類型，這種人只要在說話的時候，別人肯「嗯、嗯」地靜靜聽他說，就可以得到他絕對的好感。但因自尊心太強，經常好搶先一步是其一大缺點。

也有不善言辭的人，這一類型以無法巧妙地表達自己想要說的話，或缺乏表現力的人較多。同時，陰性，思考深沉，小心，度量窄的人也不少。欠缺智慧，以及精神上有缺陷的人也較多。其中有許多可以克服自我而站立起來，只要他有自信心。

說話快與慢可以推測人的性格

與人說話的聲調和速度非常重要，可以從中觀察出一個人的心理。

要是對方說話的速度較慢，表示他對你略有不滿，相反，速度很快的話，則又是他在人前抱有自卑感或話裡有詐的證據。

突然地快速急辯也是同樣的心理。例如，罪犯在說謊時，根本不聽他人在說什麼，立刻滔滔不絕地為自己辯護，就是個好例子。因為他們有不為人知的祕密藏在心裡。

也有人說著說著突然提高了音調：「連這個都不懂，這個連小學生都會的你也不懂！」像這樣惡行惡狀的吶喊，是在期望別人一如自己所願般地服從；相反的，假如音調低聲下氣的話，則是自卑感重，膽小，或說謊的表現。

說話抑揚頓挫激烈變化的人也有，這種人有明顯的說服力，給予人善於言詞表達的感覺，但這也是自我顯示欲望強烈的證據。

小聲說話，言詞閃爍的人具有共通的特點，如果不是對自己沒有自信的話，就是屬於女性性格，和低聲下氣的說話類型心理相似。

也有人一個話題繞個沒完扯個不停，假如你想阻止他繼續說下去，就算是明白地表示：「我已經了解你要說的意思了！」他卻仍是不想停下來的樣子。這種說話法是害怕對方反駁的證據。

也有的隨便附和幫腔，例如：「你說得不錯……」「說得是嘛……」等等，在一旁附和對方，這種人根本不理解我們在說些什麼，同時對談話的內容也一竅不通。如果你在說話時，有人在一旁當應聲蟲，你必須明白這一點才行。要是你誤以為對方了解你的談話，那你就變成丑角了。

第一章　巧言妙語，踏上青雲之路

用字遣詞可以看出為人

每個人說話都有一定的特性和習慣，常用的詞語與字眼，往往反映出說話者的為人性格。

在對話中，大量摻雜外文的人，在知識方面的能力相當廣泛，但也可能是一知半解，藉此顯示自己的學識。

也有人喜歡用「我認為……」的口氣，這種人在理論方面很慎重，但也有膽小的一面。其對人的警戒心和調查能力也相當優越。初見之下，似乎和藹可親，而當我們放心地與其親近時，他又擺出一副冷若冰霜、瞧不起人的姿態，所以和這種人相處需要相當慎重。

除此以外，在女人面前立刻表現出馴良親密的態度，或露骨地說出性方面用語的人也不少。在女性面前，突然以謹慎恭敬的口氣說話的男人，都屬於性方面有雙重性格的人，這種人通常在職業上經常被壓抑，如學者、醫生等腦力勞動者居多。

說話中從不涉及性方面用語的人，則是繃著面孔的道學者類型，與這種人交往，更應特別小心。

如何以幽默演說打動聽眾

幽默是演說家們出色的天性之一，當人們初次相識時難免陌生和尷尬，而這時如果使用出幽默的武器，就能夠使彼此的關係得到改善，所以說幽默是演說最好的潤滑劑。

幽默有時也可以出現在比較隆重的場合中，例如，一位主教在主持修建地區長者的墳墓時，發表一個演說，且看他是如何結束的：

你們大家都來動手修理他的墳墓，這是我十分高興的。這一座墳墓，應該受人尊敬，而他是一位極端厭惡不整潔的人。他曾說：「永遠不

要叫誰見到一位衣裝襤褸的教徒。」由於他這個主張，所以至今諸君永不再見到衣裝襤褸的人（笑聲），如果你們讓他的墳墓傾頹，豈不太不像話了嗎？他曾走進一家人家的門口，門內跑出了一位少女，向他喊著：「維斯萊先生，上帝保佑你」。他回答是：「年輕的女孩，要是你的臉蛋兒和衣裙清潔些，那你的祝福當更有價值了。」（笑聲）這就是他厭惡不整潔的一種表示，所以，我們也不能讓他的墳墓不整潔的。倘使他的靈魂在這裡經過，見到了不整潔的墳墓會說：你們必須要好好的加以看護，這是你們的責任啊（歡呼）。

怎樣誘發聽眾的好奇心

眾所周知，賣關子是一種最好的誘發別人好奇心的方法。它常常藉助於語言而展開，花言巧語是誘戰的表現之一，他們或輕易許諾，或製造假情報，描述假情況，針對對方的心理加以迷惑，對於固執己見的勸說對象，如若開門見山恐怕是難以奏效的，因而不妨利用其好奇心理，別出心裁地為勸言設計一種新穎奇特的形式，誘使對方自覺找接受訊息的心門，達到思想交流，產生最佳的說服效果。通常表現為如下幾種：

故意賣關子

范雎遊說秦王，希望秦王聽取自己的計謀，以便重用自己。怎樣才能叫秦王言聽計從呢？他開頭故作姿態不肯說話，讓秦王等急了，他先說交情疏遠而欲言深切，再說欲盡患言而不避死亡，既引用歷史故事，又分析當前現實，翻來覆去，就是不肯說出具體意見，一直引出秦王答應上及太后，下至大臣，無論大小事情都聽他的指教，他才肯諫說具體意見。

語言誘導

在影響情緒的一些談話中，最有效的手段是表面上裝得很親切，而提出一些所謂「忠告」，即想辦法讓對方意識到比賽的禁止事項。譬如，在高爾夫賽場上故意溫和地向打球的對手說：「要是打出去的球半路上向右邊飛的話，會落進池塘。」或「這個球離洞這麼近，千萬不要打歪啊！」聽了這些好話，打出去的球不可思議地不是向右飛，就是打歪了。

心理鋪陳

精心鋪陳術在現代採訪之中多見，例如：義大利著名記者奧里亞娜‧法拉奇訪問了一國總統。她的訪問彬彬有禮，她是從祝賀其生日開始的。她從該名人的傳記中知道他的生日，而本人自己卻忘記了。

總統：我的生日？我的生日是明天嗎？

法：不錯，先生，我是從你的傳記中知道的。

總統：既然你這樣說，就算是吧！我從來不知道什麼時候是我的生日。就算明天是我的生日，你也不應祝賀呵！我已經76歲了，76歲是衰退的年齡了！

法：先生，我父親也是76歲了，如果我對他說那是一個衰退的年齡，他會給我一巴掌呢！

訪問的氣氛就這樣十分融洽而輕鬆地形成了，而這應該歸功於女記者精心安排的那幾句「鋪陳」了。

營造氣氛

魅力型領袖會利用氣氛使人陶醉，魅力型領袖的演講會總是選擇在天氣很好的黃昏時刻，也就是人的氣氛要從陽轉為陰的黃昏時刻才編織一些激動人心的演說。這樣讓聽眾產生很舒適的感覺，這時人的判斷力

也漸漸降低，有些人工作了一天已經很疲勞，所以，聽演講容易有陶醉感。

迂迴誘導

一個青年愛上了一個農場主的女兒，每個星期六都要到她的家裡坐上很久很久，在臨近聖誕節的晚上，小夥子盯著爐子說：「你的爐子跟我媽的火爐一模一樣。」「是嗎？」姑娘漫不經心地回答。小夥子接著說：「你覺得在我們家的爐子上能烘出同樣的肉餅嗎？」「我可以試試呀，小夥子。」彷彿是在不經意之間，就敲定了一樁婚事。小夥子用曲折含蓄的表達法巧妙地化解了求婚的難題。

怎樣才能做到以情動人

古代兵法說：「善攻者，攻心為上。」好的統帥能「深藏玄機出其不意，命中要害，操縱人心」。情感震撼術就是這種智謀之術。古人認為，最險惡的敵人就是人們內在的情感，因為人們可以左右一切，但唯獨難以左右自己的心理活動。對於醜惡者，以美好之心攻之；對於情緒消沉者可以喜好之心攻之；對於狂暴者可以纏綿之心攻之。情感的戰術多彩而奇妙，是古代人戰術中最豐富的一種。下面所談的三個事例就是這一戰術的最好例證：

溫情戰勝狂暴

可以不誇張地講，一個女人曾以她非凡的感召力改寫了近代歐洲的歷史。她就是拿破崙初戀的情人德茜蕾·克拉里（Désirée Clary）。

當1815年6月18日拿破崙兵敗滑鐵盧後，反法聯軍對法國臨時政

府發出了最後通牒：「停止抵抗，拿破崙離開法國，否則將血洗巴黎。」法國臨時政府同意了這一要求，但一代梟雄拿破崙卻決心孤注一擲，再與反法聯軍決一死戰。巴黎在危急之中，有人突然想起了德茜蕾·克拉里，認為讓她出面說服拿破崙也許能挽救危機。當年由於政治的需要，拿破崙放棄了純真的愛情。與有著政治背景的約瑟芬結為夫妻，曾使年輕的德茜蕾痛不欲生。正當她欲跳進賽納河自盡之時，拿破崙手下的大元帥貝納多（Baptiste Bernadotte）救了她，並與她結了婚。多年後，風雲變幻，貝納多成了反法聯軍成員國瑞典的王位繼承人。德茜蕾沒成為拿破崙的皇后，卻成了未來的瑞典皇后。拿破崙對她一直懷有深深的愛戀之情。當德茜蕾出現在拿破崙面前時，人事滄桑，今非昔比的感慨深深刺痛了拿破崙高傲自負的心。歐仁尼看著愴然的拿破崙，沒有用激烈的言詞去刺痛他。而是與他一起回憶當年充滿溫情的甜蜜歲月，終於拿破崙早已泯滅的熱愛和平的願望重又出現，一切不切實際的狂熱妄想在德茜蕾的寬容大度面前徹底地冷卻下來，他拔出了在滑鐵盧戰役中使用的戰劍，交給德茜蕾，表示投降了。

俗話說「人心都是肉做的」，像拿破崙這種叱吒風雲的人物，在情感的震撼下都會被摧垮，更何況其他人了。所以說動之以情，曉之以理是一個幾乎屢用屢效的計謀。

義憤戰勝麻木

生活中常有這樣的現象，同一件事由張三去講，別人不聽。換成李四，卻馬到成功。之所以會產生如此大的差別，是因為倆人對人心的了解有所不同。一般來說，凡能夠激起人們共鳴，使人們在心理上產生親近感的方法最容易取得勝利。而那種不顧他人感受自說自話的說教是注定要失敗的。

1837 年，林肯還在從事律師職業時，一位革命戰爭時期士兵的妻子——一個年邁的寡婦，來找林肯。她哭訴說領的 400 元撫卹金竟被分發的人勒索去 200 元。林肯被這件事激怒了，他立即提出訴訟。在開庭前，林肯做了這樣的準備。讀一本華盛頓（George Washington）的傳記本，一本革命史。開庭時林肯先追述了當初美國人民所受的壓迫如何激起了美國志士的奮起，接著又描述了當年革命戰爭時期志士們所經歷的難以盡述的飢餓，流血和犧牲。這一切使聽眾深深地沉浸在對先烈們的懷念之中。這時，林肯突然怒指被告，痛斥他竟敢剝奪當年為國捐軀的先烈的遺孀，剋扣了這孤寡老婦人一半的撫卹金。最後他感情深沉地呼籲：「我所問的是我們應該怎樣援助她呢？」

林肯的訴訟當然是成功了，他所運用的計謀太巧妙了。首先他選擇了一個很好的突破口，將一個較普遍的貪汙案放在令人難忘的美國革命戰爭的背景之下，使公眾對被告更加憤慨。同時在整個訴訟中，林肯調動了人們正常的思考方式和情緒反應，一步步展開自己的論述，讓聽眾的激情從麻木的、狀態中擺脫出來，自然而然地接受了自己的觀點，並對貪汙者產生極大憤慨。如今要是掌握了林肯的這個計謀，你隨時隨地都有支持者。

誠摯戰勝苦悶

最佳的安慰方法是在安慰中寓以鼓勵。有一次，有人向一個朋友訴苦，說走了十年的筆墨生涯，至今還無一張寬大的書桌。朋友聽了，卻安靜地說了句比簡單的同情更為深摯的話，他說：「世界上偉大的傑作都是從書桌上產生的。」這句話雖然簡短，但卻使人產生一種強大的震撼力，他給這位朋友的支持可想而知。

第一章　巧言妙語，踏上青雲之路

第二章
職場進退有道，內外應對如行雲

　　職場內外進退若職場上陰晴不定，上司的心也多變。但他掌握著你的前途，有著對你做一切的權力。因此，無論你的上司是哪一類，都要時刻注意他的言行舉動，觀察他的變化，適時地施展你的交際能力，迅速成為職場高手。

第二章　職場進退有道，內外應對如行雲

別揭露上司的隱私

俗話說：打人莫打臉，揭人莫揭短。在華人文化中，「面子」是一件很重要的事，為了「面子」，小則翻臉，大則會鬧出人命。華人可以吃悶虧，也可以吃明虧，但就是不能吃「沒有面子」的虧。如果你不顧別人的面子，總有一天會吃苦頭，因此，老於世故的人從不輕易在公開場會說別人尤其是上司的壞話，寧可高帽子一頂頂地送，既保住了別人的面子，別人也會如法炮製，給你面子，彼此心照不宣，盡興而散。這種情形在官場尤其常見。

被擊中痛處，對任何人來說，都不是件令人愉快的事。尤其是他人身上的缺陷，千萬不能用侮辱性的語言加以攻擊。傳說中，有所謂「逆鱗」之說，據說在龍的喉部以下，約直徑一尺的部位上有「逆鱗」，如果不小心觸控到這一部位，必定會被激怒的龍所殺。事實上，無論人格多麼高尚偉大的人，身上都有「逆鱗」存在。所謂「逆鱗」就是我們所說的「痛處」，也就是缺點、自卑感。只要我們不觸及對方的「逆鱗」，就不會惹禍上身，還能平步青雲。

明太祖朱元璋出身寒微，做了皇帝後自然少不了有昔日的窮朋友到京城找他。這些人以為朱元璋會念在老朋友的情份上給他們封個一官半職，誰知朱元璋最忌諱別人揭他的老底，以為那樣會有損自己的威信，因此對來訪者大都拒而不見。

有位朱元璋兒時的好友，千里迢迢從老家鳳陽趕到南京，幾經周折才算進了皇宮。一見面，這位老兄便當著文武百官大叫大嚷起來：「朱老四，你當了皇帝可真威風呼！還認得我嗎？當年咱倆一塊兒光著屁股玩耍，你做了壞事總是讓我替你捱打。記得有一次咱倆一塊偷豆子吃，背著大人用破瓦罐煮。豆還沒煮熟你就先搶起來，結果把瓦罐打爛了，豆子撒了一地。你吃得太急，豆子卡在喉嚨裡還是我幫你弄出來的。你忘了嗎？」

這位老兄還在喋喋不休嘮叨個沒完，朱元璋卻再也坐不住了，心想此人太不知趣，居然當著文武百官的面揭我的短處讓我這個當皇帝的臉往哪兒擱。盛怒之下，朱元璋下令把這個朋友殺了。

「為尊者諱」，這是官場的一條規矩。一個人，無論他原來的出身多麼低賤，有過多麼不光彩的經歷，一旦當上了大官，爬上了高位，他身上便罩上了靈光，變得神聖起來。往昔那見不得人的一切，要麼一筆勾銷，永不許再提；要麼重新改造重新解釋，賦予新的含義。這位哪懂得這一點，自以為與朱元璋有舊交，居然當眾揭了皇帝的老底，觸犯了「逆鱗」，豈不是自找倒楣嗎？

朱元璋原本是平民出身，早年當過和尚，後來又參加過推翻元朝統治的紅巾軍起義。這些經歷在朱元璋看來都是卑微的。朱元璋因當過和尚，對「光」、「禿」一類的字眼十分忌諱；因紅巾軍被統治者說成是「賊」、「寇」之類的組織，朱元璋便對此字眼也極為反感。最具有代表性的例子是，杭州徐一在《賀表》裡寫了「光天之下，天生聖人，為世作則」幾個字，朱元璋讀了勃然大怒說：「生者僧也，罵我當過和尚。光是削髮，說我是禿子。則者近賊，罵我做過賊。」於是，立即下令把徐一處死。洪武年間，大興文字獄，唯一倖免的文人是翰林院編修張某。他在作賀表裡有「天下有道」、「萬壽無疆」兩句話，朱元璋看了發怒說：「這老兒竟罵我是強盜呢！」差人逮來當面審訊。張某說：「天下有道是孔子說的，萬壽無疆出自詩經，說臣誹謗不過如此。」朱元璋被頂住了，無話可說，想了半天才說：「這老兒還這般嘴硬，放掉罷。」左右傳臣私下議論：「幾年來才見饒了這一個人。」

在日常生活中，要謹慎處理與上司的關係，最要緊的一點是千萬不要傷害上司的尊嚴，同時注意替上司保守祕密。

一次偶然的機會，你發現了一個祕密：已婚的上司竟與某女同事大鬧婚外情。

其實，事情並不複雜，你只需裝聾扮啞，也就是說一切裝作不知，三緘其口。

例如，你本來約了朋友在某餐廳吃晚餐，當你踏入餐廳，卻赫然見到他倆，你可扮作一派鎮靜，先環視一下四周，若你的朋友未到，事情就好辦得多，就當做找不到人，離開那裡，在門外等你的朋友。即使朋友已坐在餐桌前，你也可走上前，當做有急事找他，與他一起離開那地方，再作詳細解釋。要是你與友人先到，正在用餐，他倆才走進來，那就不妨在四目交投的情況下淡然地打個招呼，但不要與友人閒聊太久，最好比他倆先走，離開時記著不必打招呼了。

翌日返回辦公室，請當做若無其事，只管埋首檔案堆。就是有同事私談有關兩人之事，還是絕口不提為妙。對此等曖昧之事避之則吉。有時候知道的事情太多並不是件好事，尤其是上司的隱私千萬不能透露出去，否則就要大禍臨頭了。如果能夠及時替上司掩飾其「痛處」或「缺處」，則有可能被對方引為知己，收到意想不到的回報。

除了個人隱私外，上司一些特殊的忌諱也要探聽明白。比如對方的母親，出身不詳，你如果不知底細，任意閒談，說張三、道李四，雖然並不是有意說對方，而在對方聽來，卻認為你是故意指桑罵槐，揭他的隱私，當時雖不便立刻發作，而心裡難受，一言難盡，對你的怨恨，可想而知。再比如上司以前是個販賣私貨，囤積居奇的奸商，現在雖已洗手，心中還是惴惴不安，你不曾探明底細，當著他的面大罵奸商，在你是快人快語，而上司呢？定然是局促不安，把你恨得牙癢癢的。

留心上司的忌諱，原是小事，如果因為說話不識忌諱招致上司的怨恨，那就不值得了。

甘當「遲鈍」的烏龜

　　俗話說，伴君如伴虎。接近上司是危險的，但是，不接近上司卻又永遠無出頭之日。如何解決這一矛盾呢？這裡我想給大家講一個老掉牙的故事──龜兔賽跑。

　　兔子跑得飛快，烏龜則是兔子所戲稱的「全世界跑得最慢的」動物。龜兔賽跑，勝敗似乎是非常明顯的了。然而，當兔子快速飛奔到某個地方後，自以為勝利在握竟放心地打起瞌睡來。結果，烏龜終於慢慢追上並超過了熟睡中的兔子，贏得了這場比賽的勝利。這是個我們從小就耳熟的故事。

　　然而，我們不妨做個假設，如果兔子不在途中打瞌睡，那麼不管烏龜再怎麼努力都是不可能取勝的。烏龜之所以能戰勝兔子，完全是因為兔子在途中打瞌睡造成的。

　　兔子為什麼打瞌睡呢？這是因為它輕視敵手，疏忽大意造成的。因此，我們不能認為烏龜是遲鈍笨重的動物，相反地，我認為它是能使敵手失去戒心，乘其不備奪取勝利的聰明動物。

　　這樣說是有證據的。假如烏龜具有公平競爭的精神，那麼在途中看到了打瞌睡的兔子，理應叫醒它才對。但它並沒有這樣做，反而把對手的疏忽當作良好的時機，超越對手。我們不難猜想到它走過兔子身邊時，一定是躡足而行的。僅憑這一點，我就可以認定烏龜不是大家所說的遲鈍笨重的動物，而稱得上是老奸巨滑的動物。

　　在出人頭地的競爭中，若想成為最後的勝利者，我希望大家能多多向烏龜看齊。

　　一位朋友曾講過這樣一個故事：

　　當我在一家百貨公司上班時，曾經為了和某大企業家締結合約拜訪過好幾次對方的府邸。

第二章　職場進退有道，內外應對如行雲

雖然是萬貫家財的大富翁，此人卻非常小氣。別家百貨公司也曾經試著和他打交道，都不得要領，大家都認為要使他成為百貨業的客戶是不可能的。但是，既然公司老闆下令「去看看！」我也只好來回奔波。

某一天，不知道他吃了什麼開心果：「嗯，上來吧！」終於可以登堂入室了。原以為這一次該有好的回音，事實卻不然。

大概是窮極無聊吧，「當我還年輕的時候……」這個古怪老頭突然開始滔滔不絕地說起他如何從一介平民奮鬥成為大富翁的經歷。

這一番話足足說了兩個多鐘頭。客房是日本榻榻米式格局，對方正襟危坐，我當然也不能直膝或盤腿而坐，剛開始還能頻頻點頭，注意地聽，後來腳實在覺得痠疼，他的話已經變成耳邊風。30分鐘後腳已經麻痺，過了一個鐘頭，額頭直冒冷汗。

「今天就到此為止吧！」

這個古怪的大富翁說完就站起來，我也打算站起來，不料下半身整個麻痺，一不留神「碰」的一聲跌得四腳朝天！

大概是發出相當大的碰撞聲吧，女傭嚇了一大跳，趕忙跑過來說：「發生了什麼事？」

古怪富翁看見我這個大男人竟然跌地不起，「真是個沒用的東西！」嘴上說著卻笑得合不攏嘴。

古怪富翁終於成為我們公司的客戶，這是因為憐惜我這個「沒用的東西」的結果。

偉大的人都喜歡愚鈍的人，記住這一點是不會錯的。

被對手兔子嘲笑為「遲鈍」的烏龜能夠贏得賽跑，而被笑罵為「沒用的東西」的這位朋友，也成功地完成使命。相反，有些被謠傳是「很能幹」的人才，卻因為自己的優點而斷送了性命。

一般來說，偉大的人都喜歡愚鈍的人，記住這一點是不會錯的。任

何領導者都有獲得威信的需要，不希望部屬超過並取代自己。因此，在人事調動時，如果某個優秀、有實力的人被指派到自己底下，上司就會憂心忡忡，因為他擔心某一天對方會搶了自己的權位。相反，若是派一位平庸無奇的人到自己底下，他便可高枕無憂了。

因而，聰明的部屬總會想方設法掩飾自己的實力，以假裝的愚笨來反襯主管的高明，力圖以此獲得主管的青睞與賞識。當主管闡述某種觀點後，他會裝出恍然大悟的樣子，並且帶頭叫好；當他對某項工作有了好的可行的辦法後，不是直接闡發意見，而是在私下裡或用暗示等辦法及時告知主管，同時，再丟擲與之相左的甚至很「愚蠢」的意見。久而久之，儘管在群眾中形象不佳，有點「弱智」，但主管卻倍加欣賞，對其情有獨鍾。

在更多的時候，上司需要並提拔那些忠誠可靠但表現可能並不是那麼出眾的下屬，因為他認為這更有利於他的事業。有個古老的故事，叫「南轅北轍」，意思是說，目的地在南方，但駕車的方向卻對準了北方，結果跑得越快，離目標越遠。同樣的道理，如果上司使用了不忠誠的下屬，這位下屬總是同自己唱反調或者「身在曹營心在漢」，那麼這位下屬的能力發揮得越充分，可能對上司的利益損害越大。

只有傻子才願意引狼入室。

也只有傻子才願意搬起石頭砸自己的腳。

A君在某工廠公關部工作，有一天，處長突然叫他整理一個模範勞工的事蹟。據知情人士透露，這其實是一次考試，它將關係到A君是否還能繼續在部門待下去。本來對這樣的材料，他並不感到為難，但有了無形的壓力，便不得不格外用心。花了一個通宵，寫好後反覆推敲，又抄得工工整整。第二天一上班，就把它送到了處長的桌子上。

處長當然高興，快嘛，字又寫得遒勁、悅目，而且在內容、結構上

第二章　職場進退有道，內外應對如行雲

也沒有什麼可挑剔的。可是，處長越看到最後，笑容越收緊了。末了，他把文稿退回，讓再認真修改修改，滿臉的嚴肅，真叫人搞不清什麼地方出了差錯。A君轉身剛要邁步，處長像突然想起了什麼似的說：「對，對，那個『副廠長』的『副』字不能寫成『付』，改過來，改過來就行了。」

這麼簡單！處長又恢復了先前高興的樣子，一個勁地誇道：「來得快，不錯。」考試自然過關，還是優秀哩！

顯然，從這件事中，我們可以得到這樣的啟示：處理上司交辦的事情，一定要盡可能地爭取時間快速完成，而不要過分糾纏於辦事的細節和技巧。因為如果你把事情處理得過於圓滿而讓人挑不出一點毛病的話，那就顯示不出主管比你高明的地方。否則，當上司的就會感到有「功高蓋主」的危險。

所以，善於處世的人，常常故意在明顯的地方留一點兒暇疵，讓人一眼就看見他「連這麼簡單的都搞錯了。」這樣一來，儘管你出人頭地，木秀於林，別人也不會對你敬而遠之，他一旦發現「原來你也有錯」的時候，反而會縮短與你之間的距離。

其實，適當地把自己放得低一點兒，就等於把別人抬高了許多。當被人抬舉的時候，誰還有放不下的敵意呢？就像那位處長，當終於發現一個錯別字的時候，他不是立即又多雲轉晴了嗎？要知道，只有當他對別人諄諄以教的時候，他的自尊與威信才能很恰當地表現出來，這個時候，他的虛榮心才能得到滿足。

上司交辦一件事，你辦得無可挑剔，似乎顯得比上司還高明。你的上司可能就會感到自身的地位岌岌可危，你的同事們可能會認為你愛表現。置身於這樣的氛圍，你會覺得輕鬆嗎？

如果換一種做法，對於上司交辦的事，你三下五除二就處理完畢，

124

你的上司會首先對你旺盛的精力感到吃驚，效率高嘛。而因為快，你雖然完成了任務但不一定完美，這時上司會指點一二，從而顯示他到底高你一籌。這就好比把主席臺的中心位置給主管留著，等他來作「指導」。並且因為快，同事們也許會覺得你並不怎麼特別。同事們認同了你的缺點，就等於在感情上接納了你。

在人屋簷下，低頭又何妨

俗話說：「好漢不吃眼前虧」。但在現實生活中，有時吃點兒小虧反而能占大便宜，所以不妨將這句話改為「好漢要吃眼前虧」。華人向來提倡「以忍為上」、「吃虧是福」，這是一科玄妙的處世哲學。常言道：識時務者為俊傑。所謂俊傑，並非專指那些縱橫馳騁如入無人之境，衝鋒陷陣無堅不摧的英雄，而應當包括那些看準時局，能屈能伸的處世者。

我們不妨做這樣一個假設：你和別人開車時相撞，對方的車只是「小傷」，甚至可以說根本不算傷，你不想吃虧，準備和對方理論一番，可對方車上下來四個彪形大漢，個個橫眉指目，圍住你索賠，眼看四周荒僻，也無公用電話，更不可能有人對你伸出援手。請問，你要不要吃「賠錢了事」這個虧呢？

你當然可以不吃，如果你能「說」退他們，或是能「打」退他們，而且自己不受傷！

如果你不能說又不能打，那麼看來也只有「賠錢了事」了。你說他們蠻橫無理也罷，欺人太甚也罷，但你應該明白，在人性叢林裡，是不太說「理」這個字的！優勝劣汰，適者生存，哪有什麼理可說呢？因此，眼前虧不吃，換來的可能是一頓拳打腳踢或是車子被砸壞。報警？人都快被打死了，還報警？報警也不一定有用！

第二章　職場進退有道，內外應對如行雲

由此可見，「好漢要吃眼前虧」的目的是以吃「眼前虧」，換取其他的利益，是為了生存和實現更高遠的目標，如果因為不吃眼前虧而蒙受巨大的損失，甚至把命都丟了，哪還談得上未來和理想？

可是有不少人一碰到眼前虧，會為了所謂的「面子」和「尊嚴」甚至為了所謂的「正義」與「公理」，而與對方搏鬥，有些人因此而一敗塗地，有些人雖然獲得「慘勝」，卻元氣大傷！

漢朝開國名將韓信是「好漢要吃眼前虧」的最佳典型，鄉里惡少要他爬過他們的胯下，不爬就要揍他，韓信二話不說，爬了。如果不爬呢？恐怕一頓拳腳，韓信不死也只剩半條命，哪來日後的統領雄兵，叱吒風雲？他吃眼前虧，為的就是留得青山在，不怕沒柴燒啊！

所以，當你在人性的叢林中碰到對你不利的環境時，千萬別逞血氣之勇，也千萬別認為「可殺不可辱」，寧可吃吃眼前虧。

與韓信同時代的張良也是能吃「眼前虧」的處世高手。張良原本是一個落魄貴族，後來作為漢高祖劉邦的重要謀士，運籌帷幄之中，輔佐高祖平定天下，因功被封為留候；與蕭何、韓信一起共為漢初「三傑」。

張良年少時因謀刺秦始皇未遂，被迫流落到下都。一日，他到沂水橋上散步，遇一穿著短施的老翁，把鞋摔至橋下，然後傲慢地差使張良說：「小子，下去給我撿鞋！」張良愕然；不禁拔拳想要打他。但礙於長者之故，不忍下手，只好違心地下去取鞋。老人又命其給穿上。飽經滄桑、心懷大志的張良，對此帶有侮辱性的舉動，居然強忍不滿，膝跪於前，小心翼翼地幫老人穿好鞋。老人非但不謝，反而仰面長笑而去。不久之後，老人又折返回來，讚嘆說：「孺子可教也！」遂約其5天後凌晨在此再次相會。張良迷惑不解，但反應仍然相當迅捷，跪地應諾。

5天後，雞鳴之時，張良便急匆匆趕到橋上。不料老人已先到，並斥責他：「為什麼遲到，再過5天早點來」。第三次張良半夜就去橋上等候。

他的真誠和隱忍博得了老人的讚賞這才送給他一本書，說：「讀此書則可為王者師，10年後天下大亂，你用此書興邦立國；13年後再來見我。我是濟北毅城山下的黃石公」。說罷揚長而去。

張良驚喜異常，天亮看書，乃《太公兵法》。從此。張良日夜誦讀，刻苦鑽研兵法，俯仰天下大事，終於成為一個深明韜略，文武兼備，是智多謀的「智囊」。

現實生活是殘酷的，很多人都會碰到不盡人意的事情。殘酷的現實需要你對人俯首聽命，這樣的時候，你必須面對現實。要知道，勇於碰硬，不失為一種壯舉。可是，手臂擰不過大腿。硬要拿著雞蛋去與石頭鬥狠，只能算作是無謂的犧牲這樣的時候，就需要用另一種方法來迎接生活。

不妨拿出一塊心地，單擱不平之事，鬧起雙眼，權當不覺。

還是那句話：忍！

大丈夫要能屈能伸，人在矮簷下，一定要低頭。

古人說：「小不忍則亂大謀。」堅韌的忍耐精神是一個人個性意志堅定的表現，更是一個為人處世謀略的運用。尤其在官場上難得有事事如意，學會忍耐，婉轉退卻，可以獲得無窮的益處。在人際交往中，如果我們能捨棄某些蠅頭微利，也將有助於塑造良好的自我形象，獲得他人的好感，為自己贏得友誼和影響力。凡事有所失必有所得，若欲取之，必先予之。有識之上不妨謹記之，善用之，必能給自己帶來意想不到的收穫。

專撿高枝兒攀

有句老話叫做，「忠臣不事二主，好女不嫁二男」。其實，持這種觀點的人未免過於愚腐。常言道，良禽擇木而犧，倘若遇到一個不賞識你的上司，整天度月如年處於水深火熱之中，儘管你使盡渾身的解數也永

第二章　職場進退有道，內外應對如行雲

無出頭之日。在這種情況下，棄暗投明改換門庭也並不是什麼難堪的事。「男怕入錯行，女怕嫁錯郎」，天下之大又何必吊死在一棵樹上呢？

俗話說，識時務者為俊傑。人往高處走，水往低處流。跳槽攀高枝乃是人之常情，犯不著為此而大驚小怪。過去有句話叫做：「此處不留人，自有留人處。」為了自己的前途，每個人都可以而且應該為自己多謀幾條出路。

著名謀略家呂尚，就是一位跳槽的行家。呂尚俗稱姜子牙，是上古時期著名的政治家和軍事家。姜子牙生活在商朝末年，當時紂王無道，荒淫無度，社會矛盾急遽激化。與此同時，商王朝的諸侯周國迅速崛起，國君西伯昌（後為周文王）勵精圖志有取代殷商之勢。姜子牙生逢亂世，雖有經天緯地之才，無奈報國無門，潦倒半生。他曾在商王宮中做過多年吏卒，雖然職低位卑，卻處處留心。他看到紂王沉湎酒色，荒廢國政，幾次想冒死過諫。一則想救民於水火，二則可以因此受到紂王賞識，求得高官厚祿。然而姜子牙後來見到大臣比乾等人皆因直諫而喪生，只好把話嚥回肚中，他料定商朝氣數將盡，紂王已不可救藥，自己不願糊里糊塗地替紂王殉葬。於是，他決定另謀高就，改換門庭。

當時，西伯昌立志復興周國，除掉紂王，求賢若渴，正是用人之時。呂尚為了引起西伯昌的注意，便在渭水之濱的茲泉垂鉤釣魚。這個地方風景秀麗，人跡罕至，是個隱居的好地方。姜子牙並非要老死林下，而是在此靜觀世變，待機而行。

這一天，呂尚聽說西伯昌要來附近行圍打獵，便假裝在茲泉垂鉤。這時候，姜子牙還是個無名之輩，西伯昌當然不會認得他，但姜子牙卻在朝歌見過西伯昌。為了引起西伯昌的注意。姜子牙故意把魚鉤提離水面三尺以上，鉤上也不放魚餌。果然，西伯昌覺得奇怪，便走上前問道：「別人垂鉤均以誘餌，鉤入水中。先生這般釣法，能使魚上鉤嗎？」

姜子牙見西伯昌對人態度謙和，果然是個非凡人物，便進一步試探道：「休道鉤離奇，自有負命者。世人皆知紂王無道，可是西伯長子就甘願上鉤。紂王自以為智足以拒諫，言是以飾非，卻放跑了有取而代之之心的西伯昌。」

西伯昌聞言，大吃一驚。心想：這位老人身居深山，何以能知天下大事？更為不解的是，他怎能把我西伯昌的心跡看得這麼透澈？定然不是凡人！連忙躬身施禮；說道：「願聞賢之大名？」

「在下並非賢士，老朽呂尚是也。」

「剛才偶聽先生所言，真知灼見，字字珠璣，不瞞先生，在下就是你說到的西伯昌。」

姜子牙裝出吃驚的樣子，惶恐地說：「老朽不知，痴言妄語，請您恕罪。」

西伯昌連忙誠懇地說道：「先生何出此言！今紂王無道，天下紛紛，如先生不棄，請您隨我出山，興周滅商，拯救黎民百姓。」

姜子牙假意客套了一番，隨即同西伯昌一起乘車回宮，一路上縱論天下大勢，口若懸河。西伯昌如魚得水相見恨晚，回它之後，立即拜呂尚為太師，倚為心腹。從此以後，姜子牙官運亨通，飛黃騰達。

俗話說，姜太公釣魚願者上鉤。作為一個老謀深算的政治家，呂尚略施小計便攀上了西伯昌這棵大樹。棄暗投明，跳槽做了周國的太師。倘若他報定忠臣不事二生的陳腐觀念，恐怕到老到死也不過是紂王宮中的一名小吏，永無出頭之日。真可謂識時務者為俊傑！

一代奸雄袁世凱在官場上也是個善於見風轉舵，左右逢源的處世高手。1895年袁世凱在天津小站主持操練新軍，開始掌握兵權。然而此時的袁世凱羽毛尚未豐滿，想進一步發展勢力必須找個可靠的後臺。剛開始時，他與維新派和光緒皇帝打得火熱，曾報名參加過康有為等組織的

第二章　職場進退有道，內外應對如行雲

「強學會」，假裝進步，迷惑了一團隊書生氣十足的維新人士，光緒帝時他也寄予莫大的希望。

　　為了尋求支持變法的軍事力量，光緒帝在中南海玉瀾堂接見了袁世凱。光緒帝問他新政是否合宜？老袁滿口讚揚。光緒心裡高興，又問他：「要是讓你統率軍隊，你肯對朕忠心耿耿嗎？」袁世凱馬上磕頭發誓：「臣當竭力報答皇上厚恩，一息尚存，必恩報效：」

　　第二天，光緒帝就令其專辦練兵事務，以此拉攏袁世凱支持變法。

　　袁世凱在這一時期之所以熱心「支持」變法，主要還是因為此時維新派正得勢，康有為、譚嗣同等人都成了光緒身邊炙手可熱的人物。由於變法前景尚不明朗，袁世凱這種慣於趨炎附勢之徒不能不給自己留一手。一旦生活大功告成，他袁世凱也不失為有功之臣：

　　然而，不久形勢便出人意料地惡化起來。維新活動不足百日，以西太后為首的實權派已開始磨刀霍霍，密謀廢掉光緒，鎮壓維新派。由於形勢吃緊，維新派首領譚嗣同冒著生命危險，悄悄到法華寺袁世凱的住處，坦率說明自己來訪的目的，動員袁世凱殺掉榮祿、包圍頤和園，迫使慈禧等就範，救護光緒，保護新政。袁世凱當場慷慨激昂地表示：「袁某與譚君都受到光緒皇帝的知遇之恩，救護之責，非獨足下。」還拍著胸脯保證：「誅榮祿如殺一狗耳！」

　　譚嗣同走後，老袁經過反覆惦量，感到以光緒帝、康有為等為首的維新黨，既無政權，又無軍權，兩手空空，而他們面對的敵手是西太后這一幫根深蒂固的頑固勢力。萬一下錯了賭注，把寶押在維新派身上恐怕難免會大禍臨頭。量小非君子，無毒不丈夫。不如投靠慈禧，這樣才能保住自己的榮華富貴和功名前程。於是，袁世凱連夜趕奔天津向西太后的親信榮祿告密。西太后聽到這個消息，頓時氣得七竅生煙，即刻帶領大批隨從擺駕回宮。於是，百日維新就此夭折，光緒帝被囚瀛臺，六

君子血染菜市口。

袁世凱因通風報信有功,受到慈禧的寵愛,從此攀上了西太后這棵大樹,位階一升再升,最終成了影響清政府內政外交的北洋集團首腦人物。

不少人認為,袁世凱賣主求榮,是個不道德的卑鄙小人。殊不知老袁此舉,就其自身利益而言,乃是保住權位的最明智之舉。試想一下,依當時的形勢而論,西太后樹大根深,黨羽眾多而維新派勢單力孤,僅靠老袁於下的幾千人馬就想扳倒慈禧談何容易,如果老袁死心眼吊死在光緒這棵樹上,最多也只能成為維新派的殉葬者,在菜市口多一顆血淋淋的人頭罷了。

應該說,良心與道德對於官場政壇中人來說是不存在的,政治道德就是不講道德。政治良心就是不講良心。人人都以達到目的為手段,只有弱者才需要良心的保護。所以,在官場上千萬不能把忠於上司作為自己的座右銘,不能死心眼。該跳槽時就不能有絲毫猶豫,尤其當你的上司即將倒臺時,千萬不能再把死馬當活馬醫,做無畏的犧牲。

這山望著那山高。當你經過深思熟慮之後,認為跳槽另謀高就是改變你目前窘境的最佳選擇時,那麼,就不要再遲了,果斷地炒你上司的魷魚,記著:當斷不斷,反受其亂!

好馬也吃回頭草

Ａ君因故被炒魷魚,一個星期後,老闆要他回去,他憤然拒絕:「好馬不吃回頭草!」

Ｂ君被女朋友甩了,過了一段時間,女朋友回頭向他認錯,要求重歸於好,Ｂ君無情地說:「好馬不吃回頭草!」

「好馬不吃回頭草！」這句話不知使人喪失了多少機會。絕大多數人在面臨該不該回頭時，往往意氣用事，明知「回頭草」又鮮又嫩，卻怎麼也不肯回頭去吃，自以為這樣才是有「志氣」。其實，在面臨回不回頭的關卡時，你營考慮的不是面子問題和志氣問題而是現實問題。

比如，你現在有沒有「草」可吃？如果有，這些「草」能不能吃飽？如果不能吃飽，或目前無「草」可吃，那麼本來會不會有「草」可吃？還有，這「回頭草」本身的「草色」如何？值不值得去吃？當然，吃「回頭草」時，你還會碰到周圍人對你的議論，讓你「消化不良」！但只要你自己願意去吃，能填飽肚子，養肥自衛就可以了！何況時間一久，別人也會忘記你是一匹吃回頭草的馬，當你回頭草吃得有成就時，別人還會佩服你：果然是一匹「好馬」！

有這樣一位朋友，年輕時經人介紹認識了一位女友並且一見鍾情墜入愛河。誰知他這位女友這山望著那山高，不久又結識一位富家子弟，由於對方甜言蜜語很會討好女人，再加上人財家境均超過她過去的男友，於是她便向這位朋友提出分手。這位朋友正沉醉在愛情甜蜜與幸福之中，聽到這一消息後頓時如雷轟頂，陷入失戀的痛苦之中。在很長一段時間裡，他徹夜失眠，失戀的滋味恐怕大多數人都品嘗過。真可謂剪不斷，理還亂。為了使自己盡快從痛苦中解脫出來，這位朋友把全部精力傾注在事業上，皇天不負苦心人，不久即小有成就。正這時，他以前那位女友突然又找到他，痛哭流涕地要求恢復關係。原來，在她與男友分手後，與那位富家子弟相處了一段時間，很快發現此人金玉其外，是位品行不端的花花公子，於是斷然與他斷絕了往來。想起與過去的男友相處的那些幸福甜蜜時光，這位少女後悔莫及。經再三考慮之後，決定向舊友說明一切，並懇求對方的諒解。當時，這位朋友頗感猶豫。正所謂舊情難捨，但考慮到周圍人的閒言碎語，該不該吃「回頭草」令人踟

蹋。有不少人也勸他快刀斬亂麻與女友徹底斷絕往來,「好馬不吃回頭草」!這位朋友是位講義氣重感情的人,他想起過去自己與女友相處的那段時光,女友身上的諸多優點,女友在自己面前流下的悔過眼淚……最後,他毅然決定與女友重續舊緣。後來,兩人終於喜結連理,婚後家庭美滿幸福,這位朋友得了位賢內助,事業有成令人羨慕。

在官場政壇,世態炎涼,人情冷暖尤為明顯。得勢時眾人捧場,賓客盈門,失勢時則門庭冷落,無人問津。有不少朝秦暮楚之徒趨炎附勢,巴結權貴。然而,官場風雲變幻莫測,有時難免有押錯寶,投錯注的時候。本來以為A君權勢炙手可熱,遂設法投靠在其麾下,誰知B君後來居上漸有取代A君之勢,於是「跳槽」改換門庭。不久,B君突然東窗事發一敗塗地,樹倒猢猻散。這時重投A君門下吃「回頭草」也未嘗不可。這種事情在官場上也是司空見慣的。

清末民初,著名投機政客江朝宗叛袁依袁就是一例。

甲午戰後,袁世凱的北洋勢力迅速崛起,袁世凱繼李鴻章之後擔任直隸總督兼北洋大臣,手中握有六鎮新軍,是當時勢傾朝野的實權人物。投機政客江朝宗找關係走後門終於攀上了老袁這棵根深葉茂的大樹。為了討好袁世凱,江朝宗不惜破費錢財上下打點,終於取得了老袁的信任,為自己開拓了升官發財之路。

誰知天有不測風雲,人有旦夕禍福。1908年慈禧和光緒帝相繼死去,載灃攝政。為報袁世凱在戊戌變法時出賣其兄光緒帝的一箭之仇,載灃上臺後首先罷免了袁世凱的官職,將他開缺回籍。老袁失勢後,滿清親貴鐵良任軍機大臣、陸軍部尚書,成為當時朝中的實權人物。

江朝宗本是個趨炎附勢之徒,看到老袁失勢,後悔莫及,只怪自己當初走錯了路白花了那麼多冤枉錢。經再考慮之後,他決定改換門庭投靠鐵良。

第二章　職場進退有道，內外應對如行雲

　　江朝宗帶了厚禮，面見鐵良，二人臭味相投，經江朝宗一陣吹捧讚揚，鐵良已飄飄然。這時江朝宗趁機獻策說：「袁世凱的六鎮新軍不聽調遣，不如將他們分開，另外還要在北京設立一個稽查處，專門處置新軍中有越軌行為的官兵。這樣才能逐步剷除袁世凱在新軍中的勢力。」

　　鐵良此時正為如何控制新軍的事發愁，聽了這一計策，正中下懷，對江朝宗十分賞識，予以重用。

　　江朝宗由此得志，每天坐著八抬大轎，前呼後擁。不可一世。

　　但是，好景不長，幾年後袁世凱東山再起，清朝滅亡，民國興起。老袁當上了中華民國大總統，又成了炙手可熱的人物。

　　江朝宗看到袁世凱重新得勢，便只好吃起了「回頭草」。他帶上厚禮，拜見老袁，痛哭流涕地向老袁表白心意，說明自己的一片忠心。老袁明知江朝宗是個趨炎附勢之徒，但此時正是用人之際，自己當總統少不了要有些拍馬屁抬轎子的，便不計前嫌重新啟用了江朝宗。江朝宗心裡也明白，自己過去有叛袁劣跡，此時只有在老袁面前倍加賣力地袁現自己才能取得信任。於是，便不擇手段地替老表蒐集情報，剷除政敵。袁世凱恢復帝制前後，江朝宗馬不停蹄地前後奔走，組織請願團向袁氏「勸進」。由於江朝宗的出色表演，袁世凱終於盡釋前嫌委以重任。

　　在官場上，既沒有永久的敵人也沒有永久的朋友，只有左右逢源才能把握住致勝的玄機。

打腫臉也要充胖子

　　在現代社會裡，做個「默默耕耘」的員工已不合時宜，尤其在大公司裡，如果你只知道踏實地工作，默默無聞地奉獻，只埋頭拉車不抬頭看路，很可能永無出頭之日。說起來道理似乎也很簡單，老闆可能根本沒

有留意到你,好的職位也是僧多粥少,所以做個沉默者,就只有吃虧的份兒了。

問題的關鍵還在於如何主動表現你自己,只有做到這一點才有可能得到上司的賞識、提拔和重用。

許多人夢寐以求有個好上司——凡事肯教導,凡事肯出頭,總之疼愛有加,偶爾還在私下請你吃飯。可是,日子一長,你就會發現自己在工作上全無進步,而上司似乎也無意讓你擔當更重要的職務,使你很納悶。

其實,一切都是事出有因。請反省一下:平時你是否凡事依賴上司欠缺獨立?是否事無大小,就連私事,也永遠請上司作主呢?倘若如此,那麼事實告訴他,你難以獨當一面,他又怎敢冒險給你委以重任呢?

所以,必須改變自己的形象,遇到一些小問題,大膽地出主意吧!不要以為事事順著上司當應聲蟲就是尊重他,如果你能夠在某些方面表現得體,他會更開心的。當然,有些工作你很可能開始時難以完全勝任,但這也沒多大關係,為了在上司面前表現自己不妨打腫臉充胖子。總之,要在上司面前千方百計地表現你可以獨當一面的才能。

有人見了上司就噤若寒蟬,一舉一動都不自然起來,就是工作之餘的聚會,也盡量與上司保持一定距離。如此下去,雙方的隔閡肯定會愈來愈深,對你實在太不利了!一則上司永遠對你不了解,即使有好的空缺,也不會想起你來;二則你給上司的唯一印象,會是怕事和不主動,難以擔當大任,這肯定是你職涯上一大阻礙。

總而言之,取得上司的信任,主要在於自己的功夫要下到、下足,記住這句話:出頭的椽子不一定先爛!

在日常生活中也是如此,有些人為了能在人前露臉,總是千方百計

第二章　職場進退有道，內外應對如行雲

表現自己；不惜打腫臉充胖子，更有甚者扯大旗作虎皮，給自己罩上一層神祕莫測的光環，使人莫知高深。比如，民國初年，著名外交官陸徵祥就曾有過這樣一段趣聞。民國建立後，資歷頗深的外交家陸徵祥被民國政府任命為駐法大使。陸徵祥自幼接受的是西方教育，對西方人的習慣興趣了解頗深，娶了位比他大幾歲的比利時姑娘為妻。原因非常簡單，這位女性的父親是位有名望有地位的比利時將軍。有這樣一位老丈人做靠山還怕在西方外交界打不開局面嗎？在接到擔任駐法大使的任命之後，陸徵祥頗費心機。他深知，法國人非常勢利而且多是些好事之徒，要想在法國政界格高身價唯一可行辦法就是把自己裝扮成一個腰纏萬貫的富豪。他把從政府領到的經費全部用到了駐法使館的裝修上，把整個使館布置得富麗堂皇。另外還讓岳父在比利時給他訂購了最好的馬車，從國內帶去不少字畫古玩，放在使館最顯眼的地方。到了巴黎後，陸徵祥打扮得衣冠楚楚，攜夫人頻頻出入法國上層外交場所，與法國政界名流、貴婦時常往來。陸徵祥這一舉動，果然把好事的法國人給唬住了，一時間，街頭巷尾議論紛紛，都知道新上任的大使是位富豪，對他另眼相看。其實，陸徵祥完全是打腫臉充胖子，此時從國內帶來的經費已揮霍完，成了個道地的窮光蛋。不過，局外人並不知內情，往往以貌取人。在他們看來，陸徵祥有這麼華麗的住所、馬車、衣著，口袋裡的銀子會少嗎！但陸徵祥也不是傻瓜，幾年以後，他奉命改任駐俄大使，於是，乘機將使館物品盡數拍賣。法國人爭先恐後地前來購買大使館的古玩、瓷器、字畫。陸徵祥將這些東西都以高價出手。精明過頭的法國人自以為占了便宜，他們萬萬沒有想到，自己在陸徵祥那裡用高價購買的古玩、字畫都是贗品！原來，這些東西是陸徵祥赴法時特意派人到街頭地攤上用幾個銅板的低價買來的次品。法國人不識貨，姜太公釣魚願者上鉤，陸徵祥趁此良機，大大地發了一筆。

俗話說，人靠衣裳馬靠鞍。現代商業也極講究商品的包裝。在人際交往中，打腫臉充胖子，藉以抬高個人身價也不失為一種聰明的處世謀略！

大人不計小人過

一般來說，上司籠絡下屬的手段，不外乎官職後財兩種，但有時上級對下屬不必付出實質性的東西，而只要透過某種表示、某種態度，便能給下屬最大的滿足，甚至會使他們產生受寵若驚的感覺，因而感恩戴德，更加忠心耿耿地為其效勞。有些人只是一味地向欲拉攏的一方施以恩惠，特別是對那些自己以為將要用到的人，更是如此。其實，收穫人心，最重要的是要針對對方的心理。給地位卑賤者以尊重，給貧窮者以財物，給落難者以援力，給求職者以機會等等，這才是收攏人心最有效的方式。

為官者不僅要對部下示以寵信，同時還要向他們顯示自己的大度，盡可能原諒下屬的過失，這也是一種重要的籠絡手段。俗話說：「大人不計小人過」、「宰相肚裡能撐船」。對那些無關大局之事，不可同部下錙珠必較，當忍則忍，當讓則讓。要知道，對部下寬容大度，是製造向心效應的一種手段。

漢文帝時，袁盎曾經做過吳王劉溪的丞相，他有一個從史與他的侍妾私通。袁盎知道後，並沒有將此事洩露出去。有人卻以此嚇唬從史。那個從史就畏罪逃跑了。袁盎知道消息後親自帶人將他追回來，將侍妾賜給了他，對他仍像過去那樣倚重。

漢景帝時，袁盎入朝擔任太常，重又奉命出使吳國。吳王當時正在謀劃反叛朝廷，想將袁盎殺掉。他派五百人包圍了袁盎的住所，袁盎對

第二章　職場進退有道，內外應對如行雲

此事卻毫無察覺。恰好那個從史在圍守袁盎的軍隊中擔任校尉司馬，就買來二百石好酒，請五百個兵卒開懷暢飲。圍兵們一個個喝得酩酊大醉，癱倒在地。當晚，從史悄悄溜進了袁盎的臥室，將他喚醒，對他說：「你趕快逃走吧，天一亮吳王就會將你斬首。」袁盎問起：「你為什麼要救我呢？」校尉司馬對他說：「我就是以前那個偷了你的侍妾的從史呀！」袁盎大驚，趕快逃離吳國，脫了險。

戰國時，楚莊王賞賜群臣飲酒，日暮時正當酒喝得酣暢之際，燈燭滅了；這時有一個人因垂涎於莊王美姬的美貌，加之飲酒過多，難於自控，便乘黑暗混亂之機，抓住了美姬的衣袖。

美姬一驚，左手奮力掙脫，右手趁勢抓住了那人帽子上的繫纓，並告訴莊王說：「剛才燭滅，有人牽拉我的衣襟，我抓斷了他頭上的繫纓，現在還拿著，趕快拿火來看看這個斷纓的人。」

莊王說：「賞賜大家喝酒，讓他們喝酒而失禮，這是我的過錯，怎麼能為要彰顯女人的貞節而辱沒人呢？」於是命令左右的人說：「今天大家和我一起喝酒，如果不扯斷繫纓，說明他沒有盡歡。」群臣一百多人都扯斷了帽子上的繫纓而熱情高昂地飲酒，一直飲到盡歡而散。

過了三年，楚國與晉國打仗，有一個臣子常常衝在前線，打了五個回合每次都盡力衝到最前線。最後打退了敵人，取得了勝利。莊王感到驚奇，忍不住問他：「我平時對你並沒有特別的恩惠，你打仗時為何這樣賣力呢？」他回答說「我就是那天夜裡被扯斷了帽子上繫纓的人。」

從這裡，我們不僅看到了袁盎和楚莊王的寬宏大度，遠見卓識，也可以洞悉他們駕馭部下的高超藝術。

天獨有偶。西元199年，曹操與實力最為強大的北方軍閥袁紹相拒於官渡，袁紹擁眾十萬，兵精糧足，而曹操兵力只及袁紹的十分之一，又缺糧，明顯處於劣勢，當時很多人都以為曹操這一次必敗無疑了。曹

操的部將以及留守在後方根據地許都的好多大臣，都紛紛暗中給袁紹寫信，準備一旦曹操失敗便歸順袁紹。

相拒半年多以後，曹操採納了許攸的奇計，襲擊袁紹的糧倉，一舉扭轉了戰局，打敗了袁紹。曹操在清理從袁紹軍營中收繳來的文書時，發現了自己部下的那些信件。他連看也不看，命令立即全部燒掉，並說：「戰事初起之時，袁紹兵精糧足，我自己都擔心能不能自保，何況其他的人！」

這麼一來，那些懷有過二心的人便全都放了心，對穩定大局起了很好的作用。

這一手的確十分高明，它將已經開始潰散的勢力又收攏回來。不過，沒有一點氣度的人是不會這麼做的。

感情投資，一本萬利

講究情義是人性的一大弱點，華人尤其如此。「生當銜環，死當結草」、「女為悅己者容，士為知己者死」，無一不是「感情效應」的結果。為官者大都深知其中的奧妙，不失時機地付出感情投資，對於拉攏和控制部下往往能收到異乎尋常的效果。

韓非子在講到馭臣之術時，只說到賞罰兩個方面，這自然是最主要的手段，但卻不夠，有時兩句動情的話語，幾滴傷心的眼淚往往比高官厚祿更能打動人。因此，感情投資，可謂一本萬利，是一種最為高明的統治術。

有許多身居高位的大人物，會記得只見過一兩次面的下屬的名字，在電梯上或門口遇見時，點頭微笑之餘，叫出下屬的名字，會令下屬受寵若驚。

第二章　職場進退有道，內外應對如行雲

富有人情味的上司必能獲得下屬的衷心擁戴。有人說：「世界上沒有無緣無故的愛」，掌權者對部下的一切感情投資，都應作如是觀。

吳起是戰國時期著名的軍事家，他在擔任魏軍統帥時，與士卒同甘共苦，深受下層士兵的擁戴。當然，吳起這樣做的目的是要讓士兵在戰場上為他賣命，多打勝仗。他的戰功大了，爵祿自然也就高了。「一將成名萬骨枯」嘛！

有一次，一個士兵身上長了個膿瘡，作為一軍統帥的吳起，竟然親自用嘴為士兵吸吮膿血，全軍上下無不感動，而這個士兵的母親得知這個消息時卻哭了。有人奇怪地問道：「你的兒子不過是小小的兵卒，將軍親自為他吸膿瘡，你為什麼要哭呢？你兒子能得到將軍的厚愛，這是你家的福分哪！」這位母親哭訴道：「這哪裡是愛我的兒子呀，分明是讓我兒子為他賣命。想當初吳將軍也曾為孩子的父親吸膿血，結果打仗時，他父親格外賣力，衝鋒在前，終於戰死沙場；現在他又這樣對待我的兒子，看來這孩子也活不長了！」。

人非草木，孰能無情，有了這樣「援兵如子」的統帥，部下能不盡心竭力，效命疆場嗎？

吳起決不是一個通人情、重感情的人，他為了謀取功名，背井離鄉，母親死了，他也不還鄉安葬；他本來娶了齊國的女子為妻，為了能當上魯國統帥，竟殺死了自己的妻子，以消除魯國國君的懷疑。所以史書說他是個殘忍之人。可就是這麼一個人，對士兵卻關懷備至，像吸膿吮血的事，父子之間都很難做到，他卻一而再，再而三地去做，難道他真的是鍾情於士兵，規兵如子嗎？自然不是，他這麼做的唯一目的是要讓士兵在戰場上為他賣命。這倒真應了那一句名言：「世界上沒有無緣無故的愛。」

作為上級，只有和下級搞好關係，贏得下級的擁戴，才能提升下級

的積極性，從而促使他們盡心盡力地工作。俗話說：『將心比心』，你想要別人怎樣對待自己，那麼自己就要先那樣對待別人，只有先付出愛和真情，才能收到一呼百應的效果。

日本著名的企業家松下幸之助就是一個注重感情投資的人，他曾說過：「最失敗的領導者，就是那種員工一看見你，就像魚一樣沒命地逃開的領導者。」他每次看見辛勤工作的員工，都要親自上前為其送上一杯茶，並充滿感激地說：「太感謝了，你辛苦了，請喝杯茶吧！」正因為在這些小事上，松下幸之助都不忘記表達出對下級的愛和關懷，所以他獲得了員工們一致的擁戴，他們都心甘情願地為他效力。

西元 742 年，唐玄宗連下三道詔書，徵召大名鼎鼎的詩人李白入京。李白這一年 43 歲，他畢生都嚮往著建功立業，以為這一回總可以大展鴻圖了，於是，意氣風發地來到了長安。唐玄宗在大明宮召見了他。

封建時代，皇帝召見大臣，氣派是十分莊嚴的，他端坐御座之上，居高臨下，而臣下則要一路小跑至他的膝下，行三跪九叩之禮，俯首稱臣。而唐玄宗這一次召見李白，這一切森嚴的禮儀全都免除，他親自坐著步輦（一種由人抬的代步工具）前來迎接。當李白到來時，他從步輦上下來，大步迎了上去；迎人大殿之後，又以鑲嵌著各種名貴寶石的食案盛了各種珍稀佳餚來招待李白，大概是怕所上的一道湯太熱，會燙著李白，唐玄宗竟然御手親自以湯匙調羹，賜給李白，並對他說：「卿是一個普通讀書人，可你的大名居然傳到我的耳中，若不是你有著超凡的詩才，怎麼能做到這一點？」

接著又賜他一匹天馬駒，宮中的宴會、巡遊，都讓李白陪侍左右。

一個普通的詩人，無官無職，能夠得到皇帝的召見、賜宴，已是非常的禮遇了，而降輦步迎，御手調羹，更是曠古的隆恩。雖然李白這一次來長安，在仕途上並沒有多大發展，最後還被客氣地趕出了長安，使

第二章　職場進退有道，內外應對如行雲

唐玄宗的這一次接見，卻在李白心中留下了深刻的印象，使他終身引以自豪，至死都念念不忘。

民國年間，身為一世梟雄的「北洋之父」袁世凱在統御部下方面也很注重感情投資。早在小站練兵時期，他就從天津武備學堂物色了一批軍事人才。其中最著名的有三個人：段祺瑞、馮國灣、王士珍。後來都成了北洋體系中叱吒風雲的人物。袁世凱為了讓他們對自己感恩戴德，供其利用可謂煞費苦心。

袁世凱在創辦新軍時，相繼成立了三個旅，在選任指揮時，他宣布採用考試的辦法，每次只取一人。

第一次，王士珍考取。

第二次，馮國璋考取。

從柏林深造回國的段祺瑞，自認為學問不凡，卻連續兩次沒有考取，對段來說，只有最後一次機會了。第三次考試前，他十分緊張，擔心再考不上，就要屈居人下，心中十分不快。

第三次考試前一天的晚上，正當段祺瑞悶悶不樂地坐著發呆時，忽然傳令官來找他說是袁大人叫他去。段祺瑞不敢怠慢，立即前往帥府，晉見袁世凱。袁世凱令他坐下，說了些不著邊際的話。臨走前，袁世凱塞給段祺瑞一張紙條，段祺瑞心中的納悶，這紙條是什麼呢？又不敢當面拆開看。急忙回到家中，打開一看，不覺大喜，原來是這次考試的試題。

段祺瑞連夜準備，第二天考試時，胸有成竹。考試結果一出來，果然高中第一名，當了第三旅的指揮。

段祺瑞深感袁世凱是個伯樂，對於自己有知遇之恩，決心終身相報。

後來，段祺瑞、馮國璋、王士珍都成了北洋軍閥政府的要人。段祺

瑞談起當年袁世凱幫他度過難關的事，仍感恩不盡，誰知馮國璋、王立珍聽了，不覺大笑，原來王、馮二人考試時也得到過袁世凱給的這樣的紙條。

袁世凱這種辦法，可謂妙不可言，既可以使提拔的將士報恩，又能使沒升官的將士心服口服，便於統率，還給被提拔者創造了很高的聲譽。由此可見，袁世凱在耍弄權術上是個高手。

與袁世凱一樣，蔣中正在用人統御方面也很有政治家的手腕恩威並濟，收買人心。

蔣中正有一個小本子，裡面記載著國民黨師以上官長的字號、籍貫、親緣及一般人不大注意的細節。凡是少將以上的官長他都要請到家裡吃飯，每次都是四菜一湯，簡樸之極，作陪的往往只有蔣經國。採用這種家宴的方式是得更加親熱。同時，簡單的飯菜給他的部下留下清廉的印象。

蔣中正請部屬吃飯後，總要合一張影。他與孫中山有一張合影照片，孫中山先生坐著，他站在孫先生背後，他與部屬合影也擺這個模式，其中的用意不講自明。他常對部屬說：

「叫我校長吧！你們都是我的學生。」

如果不是黃埔生，他也很慷慨：「下期登記吧！」這樣就提高了部屬的身分，發揮了收買拉攏的作用。

蔣中正給部屬寫信，除了一律稱兄道弟外，還用字號，以示親上加親，可以說他很懂人情世故。

蔣中正不僅熟記部屬的名號、生辰、籍貫，而且對其父母的生日也用心記得很難。有時，他與某將領談話時，往往是在他提起某將領父母的生日時，使該將領受寵若驚，十分激動，深為委員長的關切所震撼。

第十二兵團司令官調任他職時，蔣中正召見了他，蔣中正說：「令堂

大人比我小兩歲,快過甲子華誕了吧!」

司令官一聽,眼淚都快出來了,激動得聲調顫抖著說:「總統日理萬機,還記著家母生日!」

蔣中正說:「你放心去吧!到時我會去看望她老人家,為她老人家添福增壽。」

這位司令官自然死心塌地成了蔣的心腹。

用人疑時疑也用

古代有一個故事,說的是一位大將軍率兵征討外虜,得勝回朝後,君主並沒有賞賜很多金銀財寶,只是交給大將軍一個盒子。大將軍原以為是非常值錢的珠寶,可回家打開一看,原來是許多大臣寫給皇帝的奏章與信件。閱讀內容後,大將軍明白了。

原來大將軍在率兵出征期間,國內有許多仇家便誣告他擁兵自重,企圖造反。戰爭期間,大將軍與敵軍相持不下,國君曾下令退軍,可是大將軍並未從命,而是堅持戰鬥,終於大獲全勝。在這期向,各種攻擊大將軍的奏章更是如雪片飛來,可是君王不為所動,將所有的進讒束之高閣,等大將軍回師,一齊交給了他。大將軍深受感動,他明白:君王的信任,是比任何財寶都要貴重百倍的。

這位令後人扼腕稱讚的君王,便是戰國時期的魏文侯,那位大將軍乃是魏國名將樂羊。

這樣的事,在東漢初年又依樣畫葫蘆似的重演了一次。

馮異是劉秀手下的一員戰將,又稱大樹將軍。他不僅英勇善戰,而且忠心耿耿,品德高尚。當劉秀轉戰河北時,屢遭困厄,一次行軍在饒陽德倫河一帶,彈盡糧絕,飢寒交迫,是馮異送上僅有的豆粥麥飯,才

使劉秀擺脫困境；還是他首先建議劉秀稱帝的。

馮異長期轉戰於河北、關中，深得民心，成為劉秀政權的西北屏障。這自然引起了同僚的嫉妒，一個名叫宋嵩的使臣，先後四次上書，詆毀馮異，說他控制關中。擅殺官吏，威權至重，百姓歸心，都稱他為「咸陽王」。

馮異對自己久握兵權，遠離朝廷，也不大自安，被劉秀猜忌，於是一再上書，請求回到洛陽。劉秀對馮異的確也不大放心；可西北地區卻又少不了馮異這樣一個人；為了解除馮異的顧慮，劉秀便把宋嵩告發的密信送給馮異。這一招的確高明，既可解釋為對馮異深信不疑，又暗示了朝廷早有戒備。恩威並用，使馮異連忙上書自陳忠心。劉秀這才回書道：「將軍之於我，從公義講是君臣，從私恩上講如父子，我還會對你猜忌嗎？你又何必擔心呢？」

說是不疑，其實還是有疑的，有哪一個君主會對臣下真的信任不疑呢？尤其像樂羊、馮異這樣位高權重的大臣，更是國君懷疑的重點人物，他們對告密信的處理，只是作出一種姿態；表示不疑罷了，而真正的目的，還是給大臣一個暗示：我已經注視著你了，你不要輕舉妄動。既是拉攏，又是震懾，一箭雙鵰，手腕可謂高明。

上司和下屬之間很容易產生誤解，形成隔閡。一個有謀略的政治家，常常能以其巧妙的處理，顯示自己用人不疑的氣度，使得疑人不自疑，而會更加忠心地效力於自己。

然而，要真做到疑人不用、用人不疑也不是件容易的事。一般的人才，都非等閒之輩，能力與野心是同在的，也很容易受到上司的懷疑。作為上司，應該具有容人之量，既然把任務交代給了下屬，就要充分相信下屬，放權放膽讓其有施展才能的機會，只有這樣，才能人盡其才。

當然，發現了下屬真的產生反叛之心，並非忠耿之士，那就要毅然

第二章　職場進退有道，內外應對如行雲

採取果斷行動，將其剪除而後決。

馮玉祥是近代著名的愛國將領，此人行伍出身，素以治軍嚴厲而著稱。然而，馮玉祥忠厚有餘，在用人和統御部屬方面則稍遜一等。

馮玉祥用家長式的方式統率軍隊，在軍隊規模小時可以，一旦軍隊規模擴大就不行了。這正像一個家庭，人口少時可以，家庭成員一多，子女們成了家，必然要分家，各立門戶。當一個屬下率領幾萬，甚至十幾萬大軍，又有地盤時，他們就不如以前當營長、團長時聽話了，因為他們此時有了舉足輕重的作用，有了更多的自身利益。

韓復榘、石友三是最先叛馮投蔣的高級將領，在叛馮以前，此二人都是馮的親信和心腹。他們在馮玉祥的培養下，從下級軍官成長為統率幾萬大軍的高級將領。

古人云：用人不疑，疑人不用。馮玉祥在統率高級將領時，恰好犯了這個兵家大忌。馮玉祥為人忠厚，這是他的長處，但在治軍時卻表現為疑慮不決，當斷不斷，幾誤大事。

1926年三月，馮玉祥被迫下野，職務由張之江代理。韓復榘與石友三因對張之江不滿，在西北軍與晉軍交戰時，率部投靠了晉軍。

馮玉祥復職後，在1926年9月，誓師中原，參加了北伐戰爭。此後，馮到包頭與韓復榘通電話，表示對他投靠晉軍的諒解，經馮玉祥大力爭取，韓、石二人又重新投到馮的麾下。韓、石二人見到馮玉祥後，「表示懺悔，撲身跪地，大哭起來」，馮將其扶起，並安慰說：「過去的事，一概不談，今天從頭好好做吧！」

話雖如此，馮玉祥從此對韓、石二人有了戒心，思想上有了隔閡，韓、石二人對馮也常懷疑懼怕。

馮玉祥雖然對韓、石二人存有戒心，卻又一次次重用他們。1929年蔣桂戰爭爆發，馮玉祥想坐山觀虎鬥，企圖在兩敗俱傷的情況下，撈取

好處。於是，就派韓、石二部出武勝關，目的是奪取武漢。蔣中正正好利用這個機會拉攏韓、石二人，結果在蔣中正的收買、拉攏之下，韓復榘、石友三先後叛馮授蔣。

可以說，馮玉祥派韓、石二部南下，是個致命的錯誤，這導致了韓、石與蔣中正的直接接觸，為蔣拉攏將創造了條件。

馮玉祥對韓、石二人，疑而用之，抽調軍隊，免去其屬下的職務，派監軍，這些辦法實際上收效甚微。對韓、石這樣的人，最好的辦法是斬草除根，將其擒獲殺掉，但是，善良忠厚的馮玉祥沒有這樣做，而蔣中正在利用了韓、石之後，對韓、石二人就採取了斬草除根的措施。當日軍進攻山東，韓復榘不戰而逃時，蔣中正將韓槍決，毫不手軟；當石友三準備叛變時，蔣又指令其部下將石擒獲，就地正法。

馮玉祥與蔣中正相比的確「心太軟」了。

好槍不打出頭鳥

眾所周知，馬戲團裡的猴子為了獲得吃的，通常是非常聽話地表演各種絕活，以贏得陣陣掌聲，而且觀眾越多它越表演得起勁。其實，人也是一樣的，除了特別自卑的人，幾乎每個人都喜歡在眾人面前表現自己的長處和絕活。每個人都有優越感，只不過程度不同罷了。作為上司，應充分發揮部下的長處，避其所短，用其所長。這樣做，不僅僅是出於工作需要，同時也是給部下一種滿足感，讓他知道你知人善任，從而竭力回報你的知遇之恩。

諺語說：「人盡其材，物盡其用」。在某種意義上說，會用人的人，可以使任何人都派上用場，「智者不用其短，而用愚人之所長也。」

南宋兵馬大元帥張俊有一次遊後花園時看見一個老兵在太陽下睡懶

第二章　職場進退有道，內外應對如行雲

覺，便用腳把他踢醒，問道：「你為什麼這麼喜歡睡覺？」老兵沒好氣地說：「不是我喜歡睡懶覺，是無事可做。」張俊問他：「你會做什麼事？」老兵毫不謙虛地說：「各種事都會做一點，經商更在行。」張俊問他經商需用多少錢。老兵回答說：「大帥，你是懂得無本難求利、大本求大利的道理的。如果經商是為了你個人一家吃花，一萬塊錢就足夠了。如果是為了補充軍餉，錢越多越好。」張俊聽了老兵的話感到言之成理，就起用老兵做生意，為籌備軍餉立了大功。

漢高祖平定天下以後，賜宴群臣，問在場的文武百官說：項羽是位有勇氣、有膽略，英勇善戰的將軍，這些我都自嘆不如。而我卻能打敗項羽、平定天下，各位知道這是為什麼嗎？高起和王陵回答：陛下每攻下一座城地或取得一塊土地時，都會和全體部下共享。然而項羽卻嫉妒立下軍功的將領，憎恨智者，打勝仗也不分封獎賞，得到土地也不肯賜給部下，這就是陛下和項羽的不同之處吧！高祖笑著說：二位知其一，不知其二。運籌帷幄，決勝於千里之外，我不如張良；鎮國、安民，蕭何都有萬全的計策，我也不及蕭何；統率百萬大軍，百戰百勝，是韓信的專長，我劉某甘拜下風。這三位都是天下人傑，我能任意掌握三傑，讓他們發揮自己的本領，才是我能得天下的理由。反觀項羽，連唯一的賢臣范增都掌握不當，這也正是他失敗的原因。

劉邦所言之旨，正是盡人之功得天下。個人立世，成就功名，很需要外力相助。也許有很多人願意幫助你，關鍵在於你要盡人之才，獎人之功，只有這樣才能得到部下的真誠擁戴。

知人善任，這是上司獲得事業上的成功並贏得部下信賴的重要手段。作為上司，一方面要選賢任能，同時要適時淘汰平庸之輩。在這方面，張作霖可謂棋高一著。

張作霖顯赫以後，部下都升了官，他的祕書長卻被撤了職。幾個朋

友替他去說情：「大帥待人一向厚道，祕書長撤職後，未派其他差使，生活都成了問題。」

張作霖說：「我對他並沒有什麼，不過他做了八年祕書長，沒有給我提過一個意見或建議，難道八年之中，我都沒有做錯一件事嗎？只是奉承我，這樣的祕書長，又有何益？」

眾人只得作罷。

張作霖評定人才優劣，忠誠固然是第一標準，但不是以善於逢迎為標準，而是以誰肯為其賣命，誰出力大，為衡量人的標準。

甲小姐是某公司的行政助理，公司裡大小事情都由她主理，井然有序，人人都稱讚她「和藹可親」、「責任感十足」，主管也常說：「沒有她，我真不知怎樣做事。」後來，主管另謀高就，甲小姐一心以為主管這個空缺非己莫屬了。可是，匆匆過去兩個星期，一點動靜也沒有，甲小姐心焦如焚，急忙向其他同事打聽，得到的消息是：公司已聘用一位新同事出任主管職位，而此人還在一家較小規模的公司裡工作，學歷也不比甲小姐高。甲小姐十分不忿，怎麼老闆會漠視自己的存在？真正的原因，竟是甲小姐的形象不佳。

無論上司、下屬、任何人有所求，甲小姐皆不會拒絕，小至借用會議室，大至超時工作，甲小姐都肯遷就別人，除了獲得「平易近人」的名譽外，同時被視為「無個性」。還有，連雞毛蒜皮之事也插手，又從來不會忤逆上司旨意，也給人欠「創造性」之感。一般而言，老闆在找一個具有開拓性和魄力十足的主管時，必然不會考慮這等「平庸」之輩。

好槍不打出頭鳥，上司需要的是有能力的奴才，而不是十足的蠢才！

第二章 職場進退有道，內外應對如行雲

老闆更有權力發火

有一定工作經驗的人都有這樣的體會，上司愛發脾氣，而且地位越高脾氣就越大，不發則已，發則電閃雷鳴。

上司之所以能夠大發龍虎之威，最根本的原因就是因為他是掌權者，手握大權。這種權力使他可以合法地管理下屬、排程工作並實施懲罰和獎勵。而對下屬發脾氣，就可以被看作是上司對未能按照要求準確、及時地完成任務的下屬的一種懲戒，它要比溫和的批評和規勸要強烈的多，在很多時候也會有效的多。現代管理學的研究已證明，在人類行為的影響因素中，一次強烈的刺激要比多次低強度的刺激更能對其產生作用，更能影響其以後的行為取向。有些時候，這種影響甚至是令人終生難忘的。

事實上，發脾氣已成為某些領導者推進工作的一種方法。雖然我們每個人都清楚，「怒則傷肝」，但是在有些部門、有些情況下這樣的確是一種十分有效也比較簡便的方法，它比其他方法更能達到預期目的。有些領導者還善於運用「發脾氣」，來達到「文治武功」的管理效果。平時很少發脾氣，但一旦動怒則舉座皆驚，令人畏懼，讓人久久不敢忘懷。

這種「發脾氣」的藝術可以在工作的緊要關頭再加一鞭，也可使下屬對自己的錯誤有一深刻而沉痛的理解，所以，成為許多上司的管理技巧之一。

我有一位朋友，是一家企業的老闆，他的脾氣就大的驚人，時不時就拍桌子、瞪眼睛，但威信卻很好，工作也很有實績。

老闆不只是享有權力與金錢，他還必須承擔相應的責任。工作展開不力，出了問題，最後要拿老闆是問，所以，他必須時刻注意「掌舵」，糾正錯誤，並警告那些偷懶者。在這種巨大責任的壓力下，老闆的心情難免是很緊張的，很容易為下屬的不理解、不爭氣的行為而感到惱火，

時間一長就養成了愛發脾氣的習慣。

現代心理學的研究指出，人在心理壓力比較大的情況下容易產生心理緊張和焦慮，易發生衝動性的異常行為。這是對上司愛脾氣的再好不過的科學解釋了。可以說，發脾氣是人類的一種很普遍、很正常的心理現象的外化，是心理壓力過重的結果。因此，上司的脾氣並無什麼特別之處，只不過他是處在了一個必須面對各種壓力的位置上而已。

所以，上司的脾氣看似無常，實則是心理規律的一種必然表現。我們應該理解上司的這些情緒變化，就像理解自己偶發的一些小脾氣一樣。

上司既然握有權力、負有重責，那麼，他就必須處理各種問題、解決各種麻煩，必須遵守官場、商場上的各種繁文縟節、遊戲規則，他無法逃避也很難擺脫各種紛至沓來的事務。

上司處於各種矛盾的焦點上，是利益和權力的中樞。許多難解的疙瘩都要由他去解開，許多久積的矛盾都要由他去化解，而這些問題往往是最棘手、最勞心傷神的，其中的種種曲折、種種煩惱恐怕只有上司一人才知，他的心情會總是很好嗎？

老闆還必須去聽最不好聽的話，做最不願去做的事，甚至違心地去處理一些問題。他們看上去是最有權力甚至是耀武揚威的，而實際上是最不自由、心靈最受扭曲的。這正是所謂的：「人在江湖，身不由己。」當老闆去做那些他不願去做的事，而他想做的事又做不成時，他的心情會不煩躁嗎？

正是因為事務纏身，心情煩躁，在遇到不滿意的事情時才容易發脾氣。透過發脾氣，宣洩了心中的緊張和鬱悶，從而達到了心理上的重新平衡，能夠全身心地投入到新的工作中，這不是很好嗎？只要老闆的做法不是特別過分，下屬是應該能夠理解並諒解他的。

第二章　職場進退有道，內外應對如行雲

上級有一肚子苦水

　　許多人看主管，只注意到了其表面上的威風，卻往往忽視了他擔負的責任、承受的壓力、所冒的風險以及所經歷的種種心理苦悶。事實上，主管比任何人都更直接、使深入地捲入到一個個權力與利益的漩渦中，身不由己地隨之浮沉。他們在獲得權力的同時，也必須去面對權力帶來的苦惱和風險；在享受常人所無法得到的利益與榮耀時，也必須承擔常人所無法承受的壓力與缺失。做好主管絕非是一件易事。

　　主管的責任與壓力到底有多大？我們不妨一一列舉開來，作一個多視角、多層次的觀察和分析。

位高而貴重

　　主管在被授予權力的同時，也必須承擔相應的責任。如果不能完成工作任務或者出了重大問題，主管也會受到斥責甚至是紀律處分和法律制裁。

　　在平常情況下，主管首要考慮的便是要做出成績來。如果主管不能使工作有所起色，他可能就會失去上級的信任，難以得到繼續的提拔，甚至還可能會被取而代之。然而，事情的發展決非像設想的那樣簡單，它要受各種因素的牽制和制約，因此，就對主管提出了比較高的要求，他必須要知難而上，負重前行。

官大一級壓死人

　　主管也有自己的上級，也要處理好他們的關係，而這是一件相當複雜、勞心勞神的事情。正是所謂的「伴君如伴虎」。

　　首先，主管必須完成上級交派的重重工作。許多主管就飽受上級胡

亂指揮、亂指派之苦，為完成工作而心力俱瘁。

其次，下級還要承受上級的各級人情壓力。

最後，主管還要面對喜怒無常的上級，甚至被捲入到上級之間的派系鬥爭中。稍有不慎，便要翻身落馬。烏紗不保。老百姓是很難體會到政治的這種複雜、冷酷和對人的煎熬的。

英雄難過「關係」關

華人社會就是一個「關係」社會。縱橫交錯的「關係網」滲透到生活、工作中的各個角度，讓許多主管防不勝防，又前後受制，左右為難。一位主管曾痛心地說：「如今的關係太複雜，搞工作不如搞關係。

權力角逐

職場中，一切都處於變化之中，進進退退，風風雨雨。主管一旦握有了權力，就會不由自主地為保有與擴大權力而奮鬥，並在這種奮鬥過程中承受著恐懼和焦灼。

主管對權力有「五怕」：其一，怕「螳螂捕蟬，黃雀在後」；其二，怕「鷸蚌相爭，漁翁得利」；其三，怕部下暗中勾結，加害自己；其四，擔心同盟者背後捅刀；其五，怕「後臺」會突然「倒塌」。

文件會議加應酬

主管總有開不完的會，看不完的檔案，忙不完的接待和彙報、喝不完的酒席宴會。這耗去了每天絕大部分的時間，使他們很難抽出時間、靜下心來去讀書、思考、發展個人愛好。而冗長枯燥的會議則是對人的一種折磨，酒精美食更摧殘著他們的健康。確實，這其中存在著腐敗問題。但是，一旦社會形成風氣，上行下效，禮尚往來之間，便成了無

形的規則。即使你不想去做也是力不從心，難違眾怒。記得有一『篇小說，寫的是一位很有責任心的市長的工作經歷，當他不得不經歷一個又一個的宴會後，他因胃出血被送到醫院。也許，這種現象是應受到譴責的，但其中的苦衷與無奈或許只有主管自己心裡最清楚。

明槍易躲，暗箭難防

主管處於各種問題和矛盾的中心，若想推進工作，就必須要得罪某些人，而且，他本人可能並不知道得罪了誰。利益受到損害者便會想方設法加以報復，工具之一便是流言蜚語，造謠中傷。而有許多問題，明知是捏造，卻是有口難開，誰也說不清。而社會上的許多人也是寧可信其有，不可信其無。許多主管就是被其對手的冷箭中傷而搞得焦頭爛額，甚至使自己的事業陷入危機。

「樹大招風」，這對主管來說是最合適不過了。誰能體會到「樹」的苦衷呢？

內心苦悶誰知

與常人相此，主管在心理上會有著更多也更為尖銳的矛盾和扭曲。角色上的衝突、處理問題上左右為難的處境、受人挾制的憤怒、仕途不得意的苦悶、各種瑣事的煩擾、不公正社會現象對人價值觀的衝擊、被人出賣的心寒、朋友離棄的痛苦……等等心理現象，都是由權力而引起的，都會使主管經歷一個不平常的心理經歷。其中的感受除非是親身經歷，否則很難體會得到。

需要指出的是，並不是每一個主管都有十分健全的人格。嚴格地說，每個人都會有一定的心理缺陷。在這種情形下，身處職場的許多主管就不可避免地會產生許多心理疾病，如多疑、鬱悶等等、這些心理疾

病還會導致生理上的疾病，危害著主管的健康。

雖然以上的幾個方面也許並不足以涵蓋主管所面臨的所有壓力，但是已使我們有足夠的理由去同情他的處境了。主管雖然看上去很風光，其實他也很不容易，他肩頭的責任和壓力要比下屬大得多。

上司也得看下屬的眼色行事

在「金字塔」的權力等級結構中，很容易滋生一種「只唯上，不唯下」的官僚作風。在我們的工作和生活中，這種人還很多，他們對上逢迎拍馬，對下頤指氣使，不可一世。而且，的確也有不少的上司也沾染上了這種不良習慣。

但是，人們也會發現，那種沒有下屬的支持而發跡的，多半不能長久，真可謂是「來也匆匆，去也匆匆」。而聰明的主管實際上是很在意下級的態度的。時刻注意下屬的態度變化並作出相應的策略調整，是一項明智而長期的投資。因為下級可以在以下幾個方面使上司獲益或至少不受損害。

下級是工作成績的真正創造者

雖然，上級的謀劃水準對政策的成敗至關重要，但是要使其成為現實還離不開下級的工作。如果上司的成績像座長城，那麼每個下屬的辛勤勞動就是一塊塊磚石。如果上司是舵手，那麼下屬便是發動機、螺旋槳。

雖然上級可用威脅等高壓手段迫使下級去服從、去工作，但它肯定會使下級產生反抗心理，進行消極怠工和暗中抵制，從而降低工作效率，影響工作目標的實現。而最高明的辦法則是像日本企業那樣，讓員工甘心情願地去加班、去奮鬥。而要達到這種管理境界，上級就必須注意及時地了解下級的需求、情緒、態度等等，有針對性地調整自己，最

大限度地點燃下級的工作熱情、積極性和創造力，使他們意識到：為上級工作便是他們最大的利益和最好的選擇。

有些時候，某些政策的制定還必須聽取下級的意見，特別是那些在群眾中有一定威信的人物的意見。不求得他們的理解和支持，上級就很難把工作順利地推行下去；而且，當一項工作最後不了了之以後，上級的威信就會受到很大打擊，這是上級最大的失敗，也是他最不願意面對的一種局面。

日本的企業就是非常注重關心員工對公司的態度的，企業的老闆和管理人員想方設法培養員工的歸屬感和對企業的忠誠。有些企業還專門設立了「出氣室」，其目的是為了幫助對上司不滿的員工能夠將怒氣發洩出來，從而使他們能以平衡的心態投入到工作中去。在「出氣室」中，設有每一個上級的模擬人像，心懷不滿的員工可以走過去將之打一頓或大罵一通，直至覺得怒氣已消。可見，日本企業的領導者對員工態度的體察和反應已到了相當細緻和微觀的地步，難怪日本企業能生產出第一流的產品，創造第一流的生產效績呢！

下級可幫助上級樹立良好的社會形象

對上級形象的最好宣傳莫過於借他人之口，收己之惠。這要比自吹自擂要有效得多，更有說服力和真實感。而且，下級廣泛的人際關係網路還會把這些好名聲傳送到一個很廣泛的範圍內。

良好的上下級關係和名聲，會給上級帶來意想不到的收穫。聲名遠播會使上級受到更上一級管理層的重視，從而為其「加速」發展提供了一種契機，在我們的周圍不乏其例。

相反，如果上下級關係惡化，臭名遠揚，即使上級的「後臺」再硬，終究難犯眾怒，逃脫不了狼狽下臺的命運，哪裡還談得上事業的發展呢。

重視下級可防止「後院起火」

上級為什麼要重視下級的態度和反響呢？很顯然，他們是最了解上級的，上級的一言一行都會被下級記在心上。當下屬感到被冷落、被壓制或心懷不滿時，他們就很可能倒向對手那邊，從而使上級腹背受敵，造成形勢上的不利。」

俗話說，堡壘最容易從內部攻破。這是很有道理的，因為只有堡壘內部的人最了解自己防禦的弱點，反戈一擊常常是致命的。《三國演義》中，張飛的死不就是因為他對待兵卒過於粗暴嚴苛、從而激起部下謀反所致嗎？我想，每一個領導者都是應該記住這一教訓的。

馬基維利（Machiavelli）曾在《君王論》一書中寫道：「遽然勒舉的國家，如同自然界迅速滋生長大的其他一切東西一樣，不能夠根深蒂固、枝椏交錯，一旦遇到一場狂風暴雨就把它摧毀了。」我想，這句話也適用於某些領導者。那些只唯上不顧下的領導者，就如同那些迅速長大的樹一樣，沒有群眾的根基，最終難以長久。

領導者其實是更關心下屬的態度的，如果你能了解到這一點，就會增強對自己的信心，明白了自己的價值，從而在與領導者交往的過程中處於一種有利的地位。

辦公桌上看上司

辦公桌，通常被人們稱為反映上司心靈的「鏡子」。它常常比同事們的講述更能說明你的上司究竟是怎樣的一個人。

具體說來，有以下幾種情況可供參考：

其一，追求效果而喜歡雜亂的人。

這種人的辦公桌上總是十分雜亂無章。桌子的主人只有在這種雜亂

無章的情況下，才感覺到自己心安理得和無拘無束。

這種上司的風格是：辦事著急和雷厲風行。

他可能會一下子熱衷於某種思想，但做事往往是虎頭蛇尾。而且，他常常會迷戀於瑣事而忽視大事，對一些重要事務經常注意不到。

這樣的上司是位革新者，喜歡同大家交往，和集體融洽相處。

其二，熱愛整齊的人。

在這種人的桌子上，任何東西都有固定的位子。比如，紙放在盒子裡，鉛筆削得尖尖的，電話放得規規矩矩，一切都在原來的地方。

他在工作中把形式看得比內容更重要，從而將很大精力花在重視形式上。

實際上，這種上司只知辦事，不會管理，並不是一個合格的上司。

這種上司的最大特點是，害怕新事物，甚至在小事上墨守成規。

其三，大孩子。

在這種人的辦公桌子上，總喜歡擺著一些像玩具一樣的東西。

玩具汽車、彩色氣球，精巧的花瓶……所有這些都給人一個印象：這些東西的主人根本不想使自己長大並成熟起來。

他認為這很好。

在工作中，這種人感興趣的不是做出業績。結果，他的手下人逐漸習慣於早上班晚下班。因為應該讓這樣的上司相信：一切都很好。

這樣的上司常常要求自己的部下具有自主精神，充分發揮各自的才幹。但是，當涉及到重大問題時，他會馬上進行干預。

看透男性上司

男性上司在管理階層中占有十分重要的地位，因為他們人數眾多，而且身居要職。這種現象無論在行政機關還是公司企業中都普遍存在。

因此，了解男性上司的特點，是很多人的需求。

在這個社會裡成長起來的男性上司們，確實有他們獨有的一些特點。

一張「透明的臉」

像大多數男人一樣，男性上司們也有一張「透明的臉」，那就是每當遇到一件事情時，會不掩飾地表現出自己的喜歡和討厭。

的確，男性上司的性格比較稜角分明，任何情緒都容易表現在臉上。

當他看到某個員工在工作上表現出色時，往往會隨口誇獎幾句，鼓勵他繼續這樣做下去，爭取做出更大的成績。

相反地，當他看到某員工在工作上表現得不好時，往往也不會把氣憤憋在心裡面，而是明確地指出來，有時甚至不留什麼情面。

這與女性不同，也許是男人們所特有的，尤其是事業上取得一定成就的男性上司們，在這點上表現得也就更加突出。

其實，作為下屬如果受到男性上司的批評時，也不必太在意。因為當他批評你時，也許並不是出於什麼惡意，而是一種自然而然的表現。

當然，就全部男性上司來說也不能一概而論，並不全部都是「透明的」。有些男性上司，也是在怒不形於色，讓人難以摸透其心思，而且這樣的人為數也不少。

但是，即使是喜怒不形於色的男性上司，他們在內心深處也有這種潛在的意識，只是由於善於控制情感，不想表現出來。

不拘小節的他

男人與女人有很多方面的不同，其中的重要一點就是前者粗獷，而後者細膩。

無論是從生理學的角度還是從社會學的角度來看，實際情況都是如此，男人往往不拘小節，表現得十分豁達大度。

男性上司中的多數，都容易接近，對他人沒有太多的防範和禁忌。假如你在一些小事上沒注意，也不必擔心會惹他生氣，招來忌恨。

雖然任何事情都有例外，但是敏感細膩的男性上司實在不多見。即使他真是這樣的一個人，也不會像女性那樣表現強烈。

男性上司本身都精力充沛，富有想像力和進取精神，似乎總是一副與天鬥與地鬥都毫不畏懼的樣子。

因而，在男性上司看來，無論是男員工還是女員工，都應具有開拓意識和進取精神。這樣的員工很容易得到他們的欣賞。

根深蒂固的「遺傳疾病」

在現代，隨著女權運動的蓬勃發展。婦女在多數國家裡都爭得了與男子平等的權利，「男女各占半邊天」似乎已成為不爭的事實。

然而，這只是一種表面現象，實際上還遠遠沒有達到這樣的理想狀態。別管實際做起來如何，在許多人們的心裡仍然存在著「男尊女卑」的意識。因而，「大男人主義」便是男性上司普遍帶有的特徵。

這是一種延續了幾千年的「遺傳疾病」，根深蒂固，看來在短期內還難以消除。

顯微鏡下的女性上司

在仍然還是男人占主導地位的現代社會裡，女人很難發揮自己的特長，因而能夠升至管理階級的女人十分稀少。

但是，絕不能因此否認女性上司的存在這一事實，而且隨著時代的

發展，她們的人數也日益增多。

作為管理階層中的一部分，女性上司有其特質。

沉重的「十字架」

儘管「三從四德」之類的傳統觀念已漸趨衰微，但是在一些公司中仍然瀰漫著一股濃烈的「大男人主義」氣息。

所謂「大男人主義」，其實不過是男人對女人的諸種偏見之總和。該等偏見主要是男人為維護其傳統上的既得利益而產生。

男人對傑出的女人總喜歡用「不讓鬚眉」、「女強人」等措辭加以形容，這些詞彙其實就蘊含著一種人為的偏見。

試想：女人是否天生的非讓男人專美於前不可？如果答案是並非盡然如此，那麼何以當女人的表現足以跟男人相抗衡時，就說她「不讓鬚眉」？當女人具有男人作風時，往往被稱為「女中豪傑」，但是男性一旦採取女性作風，則被睥睨地視為「娘娘腔」或「婦人之仁」？

近年來，在事業上出類拔萃的女人——當然包括女領導者在內——常被稱為「女強人」，可是從未聽說過那些鶴立雞群，叱吒風雲的男人被稱為「男強人」？

光是從上述這些措辭，即能洞察出女人的優異表現是多麼的不能見容於男人！

「大男人主義」的存在是一種活生生的現實，因此，假如女性不夠堅強的話，這一股氣息將逼使她舉步維艱，甚至毫無作為。

正因為如此，所以女性上司也總是表現一副「強人」的樣子，對員工們發號施令。

社會工作者瑪格麗特‧米德（Margaret Mead）說過這樣一句膾炙人口的話：「男人因失敗喪失男性的特徵，女人則因成功而喪失女性的特徵。」

在這一沉重的「十字架」的壓迫之下，女性上司不僅倍償了成功的辛酸，而且在心靈深處也存在著一種「曲高和寡」的孤獨感。

因而，對於女性領導者來說，她們更希望得到理解和尊重。

女性心理探微

女性與男性之間的確存在著差異，造成這種差異的原因，一方面是先天因素，另一方面是後天培養的因素。

正是由於這種差異的存在，才導致了「大男人主義」的產生。因此，「大男人主義」實際上是對這種差異的一種歪曲和誤解。

然而，別管怎麼說，差異的存在都是一種事實。

那麼，與男性上司相比，女性上司具有哪些獨特的品質呢？具體說來，有以下幾點：

第一，溫和與柔情兼具。

一般說來，女性領導者都是比較溫和的人，她們不會疾言厲色，也不會大聲斥責，而是總能給人一種容易親近的感覺。

正因為如此，年紀較大的男人可能會把她看成女兒，年紀較輕的男人在潛意識裡可能把她當作太太或者母親來看待。

其實，男人的這種看法是相當片面的。作為一個在事業上有所成就的人，女性領導者還是具有十分強烈的獨立性的。

假如男人真的持有上述觀點的話，那麼會使女性領導者感到反感。

第二，細緻而敏感。

女性上司的內心十分纖細，很少有事情能瞞過她們的眼睛。

無論是一個員工在工作中出了差錯，還是取得了成績，她都會看在眼裡，記在心上，儘管未必會說出來，可她心裡一清二楚。

另外，女性上司們也很敏感。員工是否對她懷有意見，是否尊重

她,是否願意聽她的指揮、為她效力,她都能夠比較輕易地感覺出來。

女人的第六感覺不僅靈敏,而且準確。

第三,虛榮。

這可能是人一個不好的特點,然而事實的確如此,即使女性領導者也不例外。誰都說不清到底是什麼原因促使了虛榮心的產生。

第四,情緒化。

與男性上司比起來,女性上司的確有些情緒化,不如男性理智。

然而,這也許是天生的,她們也並非故意要這樣表現自己。所以,女性領導者的情緒變幻不定時,說不定就說明她內心實際上有什麼想法和企圖。

第二章　職場進退有道，內外應對如行雲

第三章
做人守則,輕鬆自在無憂

　　做人規則常守輕鬆逍遙自由老狐狸常說:「花開就有花落,這是自然規律。做人也一樣,也有自身的規則。做對人,做好人,就需多個「心眼」,掌握做人的規則,會讓你活得輕鬆,也自在。的規則,會讓你活得輕鬆,也自在。

第三章　做人守則，輕鬆自在無憂

己所不欲，勿施於人

自己不想做的事，沒必要強加給別人去做，凡事要留有餘地，給自己留條退路，就是給自己設計好出路。

有一天，孔子的學生子貢問老師：「有沒有一個字可以作為終生奉行不渝的法則呢？」孔子回答：「其恕乎！己所不欲，勿施於人。」這裡的「恕」是凡事替別人著想的意思。其意是，自己不喜歡做的事，不要加在別人身上。這句話可視作待人處事的基本修養，如能做到這一點，在交往中，你會給自己和他人都留下進退的餘地，這樣就可以建立良好的人際關係。

戰國時魏國與楚國交界，兩國在邊境上各設界亭，亭卒們也都在各自的地界裡種了西瓜。魏亭的亭卒勤勞，鋤草澆水，瓜秧長勢極好，而楚亭的亭卒懶惰，不事瓜事，瓜秧又瘦又弱，與對面瓜田的長勢簡直不能相比。楚亭的人覺得失了面子，有一天乘夜無月色，偷跑過去把魏亭的瓜秧全給扯斷了。魏亭的人第二天發現後，氣憤難平，報告給邊縣的縣令宋就，說我們也過去把他們的瓜秧扯斷好了！宋就說：「這樣做顯然是很卑鄙的！可是我們明明不願他們扯斷我們的瓜秧，那麼為什麼再反過去扯斷人家的瓜秧？別人不對，我們再跟著學，那就太狹隘了。你們聽我的話，從今天起，每天晚上去給他們的瓜秧澆水，讓他們的瓜秧長得好，你們這樣做的時候，一定不可以讓他們知道。」魏亭的人聽了宋就的話後覺得有道理，於是就照辦了。楚亭的人發現自己的瓜秧長勢一天好似一天，仔細觀察，發現每天早上地都被人澆過了，而且是魏亭的人在黑夜裡悄悄為他們澆的。楚國的邊縣縣令聽到亭卒們的報告，感到十分慚愧又十分的敬佩，於是把這件事報告了楚王。楚王聽說後，也感於魏國人修睦邊鄰的誠心，特備重禮送魏王，既以示自責，亦以示酬謝，結果這一對敵國成了友好的鄰邦。

己所不欲，勿施於人

　　宋就在智慧謀略方面的「心眼」，顯然高於那些亭卒，也正是因為他懂得「己所不欲，勿施於人」的道理。

　　寬恕別人就是寬恕自己。這樣可以造成一種重大局、尚信義、不計前嫌、不報私仇的氛圍，以及成就雙方寬廣而又仁愛的胸懷。降至日常生活的處理，又何嘗不是這樣？尤其是對初涉世事的青年來說，由於一切茫然無知，總是時時處處小心翼翼，左顧右盼地想找出人事上的參照物來規範自己，約束自己，這種反應當然是正常的。但殊不知有時以此處世，反而會導致初衷與結果的南轅北轍。因為在各人的眼中，自己的位置是各不相同的，並沒有統一的標準可以提供給你。所以，不妨就按照「己所不欲，勿施於人」的原則，反求諸己，推己及人，則往往會有皆大歡喜的結果。反求諸己，則易人情，由情人理，自然會生羞惡之心而知義，辭讓之心而知禮，是非之心而知恥。自私自利之人，往往不懂得推己及人的道理，往往毫無顧忌地損害他人的利益，把苦轉嫁到旁人身上。以這種方式處世，走到哪裡，被人罵到哪裡，真正是既損人又損己。

　　給別人留退路是一種人情味。做人要有人情味，真正的強者，都是最善順人情人意的人。人們喜歡把成熟的人比作一塊鵝卵石，它是由生活的潮水長年累月地沖刷，把種種的稜角都磨得光滑了而生成的。這樣的石頭，總是容易順勢找到一個比較穩妥的位置。不過，成熟的人似乎更像一顆雨花石，美醜高下不論，都是有自己的特色的，每一塊都蘊含著不同的花紋與色彩。不過，若把雨花石放置在那裡，那它們就只是黯淡無光，甚至是麻麻點點的一大堆普通石子。只有把雨花石浸入放了清水的白瓷碟裡，它才會陡然晶瑩，蕩漾出奇妙的圖案、斑斕的色彩、精美的花紋。這清水和瓷盆，就是一種人生不可缺少的憑藉——人生修養和做人的「心眼」。

第三章　做人守則，輕鬆自在無憂

不學禮，無以立

　　生在禮儀之邦，做一個彬彬有禮之人。有禮之人會做人，有人緣，多朋友。有禮之人會做事，注重形象，有教養，不樹敵，成功路上事事順。

　　詩經說：「謙謙君子，賜我百朋」，禮多不怪，原是為人做事之「心眼」。

　　某君是機關的最高領導者，高級職員去見他，他不但坐著不動，也不屑回你一聲招呼，而且不肯注視你的陳述，你只好站在旁邊說話，真是架子十足。有時不高興，認為你的說話不對，他竟始終不開口，好像聽而不聞，始終不對你看，好像視而不見，你得一場沒趣，只好頹然退出。他對高級職員如此，對其他下屬，不問可知。對待朋友，也是愛理不理的神氣，實在令人難受。古人說：「訑訑之聲音顏色，拒人於千里之外。」某君正是如此，當他得勢的時候，大家只好背後批評，當面還是恭維，還是奉承，心裡都是反對他，他種了這樣的惡因，後來形勢逆轉，一時攻擊他的人，非常地多，當然還有其他重要原因，而待人傲慢，至少是一個方面。多禮是一件必要的工具，禮是人為的，是後天的，必須要用心去學習，學習成為習慣，多禮便能行無所事，十分自然了。

　　學者王先生是以多禮出名的人，他見人必先招呼，招呼必先鞠躬，對朋友如此，對學生也是如此。說話輕而和氣，笑容可掬。你如到他臥室或辦公室，請他寫字，他雖寫得一手很好的十七帖，還是很謙虛，請你坐下來談，你若不坐，他始終站立著。無論是誰，一與王先生相會，如飲醇醴，無不心醉，所以他的人緣特別好。凡是他的學生，一見他來，立即鞠躬，讓立一旁，等他過，這不是怕他，而是敬他，敬他完全是由於他的多禮。多禮似乎虛文，而關於人與人的感情都很大，所以孔子也說：「不學禮，何以立」。孔子的所謂禮，向不單指禮貌，一端而

言,而禮貌必在其中,這是可以斷言的。從周旋中規,折旋中矩。言語行動,聲容笑貌,都要注意。文質彬彬,謂之君子,彬彬有禮,謂之君子,禮多人不怪。這是對人的說法,禮多足以表示你是位君子!

但是多禮尤須誠懇,多禮而不能誠懇,反而使人討厭。交際場合中,見人握手,說幾句客套話。最無聊的,連今天天氣,只說哈哈哈,冷也不說,熱也不說,虛偽已達極點,受之者覺得無聊,說之者也未必不覺得無聊。能誠懇,才能恭敬,能恭敬,才是真的禮貌。

俗語說:「人熟禮不熟。」這就是表示你對於熟人,也要有禮貌。「晏平仲善與人交,久而敬之。」晏平仲所以能夠久而敬之,首先他對人能夠久敬。久而敬之是指對雙方而言,久而敬之,更須先從你自身開始。

君子愛財取之有道

君子愛財,取之有道。有「心眼」的人,都懂得財富要靠自己去創造,靠自己的勞動、靠自己的知識、靠自己的智慧賺來的錢,花起來心裡舒坦,才能真正享受金錢的快樂。

在現代生活中,財富對每一個人都會產生一定的誘惑。正是這種誘惑,才使得人們去努力奮鬥,去創造財富。而有些人在財富面前失去了正確的心態,不顧一切,發不義之財,而泯滅人性,誤入歧途。

每天報紙都有關於貪官的報導,懲治貪官人們拍手稱快,貪官的出現,除了法律不健全,讓貪官鑽了漏洞,還在於無人能監督貪官,只靠貪官自覺自律,可惜現在君子不多,貪官取財也就不擇手段。

據說明代有個人名叫郝於廉,從來不占任何人的便宜。他每次牽馬到河邊去飲水的時候,事後,都要往水裡扔三個小錢,算是小費。甚至有一次他在自己親姐姐家裡吃了一頓飯,臨走竟在他姐姐家的炕蓆地下

第三章　做人守則，輕鬆自在無憂

悄悄地留下五十文錢，然後才走。

人人都愛錢，但是這個郝子廉卻不肯占人便宜，雖然有點過分，但卻值得今人學習。

不義之財來的容易，但是會讓你晚上睡不著覺，提心吊膽，惶惶不可終日。

柳宗元的《鞭賈》記載了這樣一件事情：有一個出售馬鞭的商人，其所出售的鞭品質並不好，但裝飾卻頗為華麗，值四五千的貨竟要價四五萬。一次，一個糊塗的富家子弟花五萬錢買了一根鞭子，向人炫耀。可當馬不聽使喚時，他揮鞭使勁抽打，鞭杆一下子斷裂開來，才知道美麗的外表裡面卻是腐朽了的木頭，根本不是鞭商所吹噓的用南山的木料製成。去找鞭商理論，鞭商又以貨物出門，概不負責為由，拒絕退賠。買主便在市上向眾人大肆宣傳此事，使鞭商丟盡臉面，無法再在市上立足。

這位商人自以為得意，發了不義之財，但是沒有想到這筆財砸了他的飯碗。

清代乾隆年間，南昌城，有一點心店主李沙賡，以貨真價實贏得顧客滿門，但其賺錢後，便摻假使假，對顧客也怠慢起來，生意日漸冷落。

一日，書畫名家鄭板橋來店用餐，李沙賡驚喜萬分，恭請題寫店名。

鄭板橋揮豪題寫「李沙賡點心店」。墨寶蒼勁有力，引來了不少人觀看，但還是沒人用餐。原來是「心」字少寫了「一點」，李沙賡再三請求補上「一點」。但是，鄭板橋卻說：「沒有錯啊，你以前生意興隆，是因為『心』有了這『一點』，而現在生意冷淡，正是因為『心』少了『一點』。」李沙賡感悟，才知道經營人心的重要。

從此以後，李沙賡痛改前非，以真心待人，重新贏得了人心，生意又好了起來。

想賺錢，就要有「心眼」，就要在人心上下些功夫，要堂堂正正的賺錢，不要想著欺騙顧客，只要你賺錢的手段不正，你就會最終失去金錢。所以，不論是做官，還是經商都不可發不義之財，透過正當管道賺錢，才能創造財富，創造成功的人生。

好為人師是病

人們通常最反感的就是動輒好為人師的人，他們誇誇其談，自以為無所不知，目空一切，通常他們的下場是為別人的優越感潑上一盆冷水，導致了自己的孤立，最後在人際交往中一敗塗地。這往往是缺「心眼」的人做的事。

孟子曰：「人之患在好為人師。」一語道破古今文人通病。癥結在於「好」為人師。而到底有沒有「病」卻在於是否「能」為人師。

所以「滿罐水不響，半罐水叮噹。」真正胸有百萬的人並不急於露才揚己，倒是那些半瓶子醋自以為了不起，動輒喜歡做別人的老師，出言就是教訓別人。一副教師爺的派頭，其結果是誤人子弟，令人啼笑皆非。

不僅如此，好為人師的人還往往自我滿足，不思深造精進，結果是不但害人，也害自己。

毛病就在於「好」為人師而「不能」。所以，真正具有真才實學的為人師表者並不在此列。

孔子曰：「三人行焉，必有吾師。」這句話說得非常適當，人畢竟各有所長，擇其善者而從之，其不善者而改之。智慧和經驗閱歷也會各有

第三章　做人守則，輕鬆自在無憂

不同的，人品及道德也會有高低之區別的，社會成就及事業都有高低之別的。因此每個人都應在合適的範圍內，尋找能彌補自己弱點及不足的地方的老師，以給自己的智慧以更大的啟發，這樣對自己的不斷成長，對自己事業的早日成功都是有很大價值的。畢竟，每個人從啟蒙老師開始，都已拜了很多老師，當然從廣義上說，只要能幫自己的忙，能使自我有進步者都可稱謂吾師。

那麼我們為什麼要不斷拜人為師呢？因為我們需要成長，需要不斷發揮自我的潛能，去實現自我價值，而老師的經驗及智慧又是我們盡可能趕超別人，盡快實現自我的捷徑。另外，拜人為師，除了增進自己的成長之外，還可以增強對方的優越感、自尊心及虛榮心。使對方的這些人類基本的心理需求得到極大的滿足。

但是，在人生之中，強為人師，好為人師卻並不是一件好事。在這裡好為人師，我們指的是一些人放不下架子，而喜歡當別人的老師、喜歡指指點點而無所顧及，喜歡指責別人的過失及錯誤，不顧具體的實際情況而大談自己當年的經驗，一說起話來就是：「想當年，我怎麼怎麼……」拿自己的經驗嚇唬人，給人表面上以一種師者的身分來自居，其實，真正心服口服他的人卻很少，甚至沒有。因為這種人實際上犯了一個極大的錯誤。

追求優越感是我們每個人都嚮往的事。不論是強者還是弱者，不論有沒有資格能成為老師的人，都想讓別人承認他，都想追求一種超過別人的優越感。而你一旦想好為人師，這就給別人的優越感降低了一節，給他的自尊心潑了一瓢冷水，這樣會造成對別人生存的威脅。從人性上來講，他會本能地保護自己而堅決抵抗你，排斥你的出現。另外，我們每個人都有一個自尊，都有一個自我。當自我受到否定時，人體內會自動產生一種自我保護機制，將自我包得嚴嚴的，以防止你的入侵。因

此,似乎你的說教,也沒發揮任何作用,這種損人而不利己的事件你何苦去做它呢?

尤其在日常工作和生活中,也許我們常常是出於友善、出於熱心,而特意給別人更多的指點和幫忙,但我們得到的回報卻是冷漠甚至譏諷,人們總是認為你的熱心的為人師,本就是對他的智慧及能力的一種否定,他才偏偏不會按照你的指點去工作,甚至他還會認為你是在和他一起搶功勞。總之,他是會領你的好意,這也會令人產生很大的失落感和不滿。這何苦呢,你不去這樣做不就得了嗎?

如果你在特定的情況下非好為人師不可,還是建議你應注意以下幾個方面:

注意你和你建議對象間的關係

除非是建立在平等基礎之上,而且關係頗為密切的知己朋友,其他一般的朋友或同事最好不要這樣直接指責或建議對方。因為只有你倆關係密切,他才不會把你當成外人,才有可能認為你是為他的好而這樣做的,才有可能聽從你的建議,否則,一般關係的人總會建立起他的自我保護機制而與你抗衡,使你的指責和建議成為白費。

注意你的身分及社會地位

如果你在家中是長輩或享有德高望重的社會地位,那麼你的建議或指責便會很有分量,其他的人也會考慮到若自己不聽會招致什麼樣的嚴重後果,他會慎重考慮而後行事的。如果你不是某方面的權威也沒有崇高的社會地位,這時候就不要發言,萬一對方聽不進去,他還會以穢語辱沒你的身分,冷嘲熱諷你的人格,甚至日後有些小人還會打擊報復等等。所以最好思考自己的身分和社會地位而後開口。例如,在階級森嚴

的公司裡，職員最好不要找經理或老闆的毛病，要絕對服從上司的計畫，否則你的處境將是很危險的，萬一被印上一個「欺上」的壞印象，將是很難再有所改變的。

注意你建議的內容

其內容可以是工作方面的，也可以是生活方面、處世方面。但千萬不要涉及對方的私生活及隱私方面。因為擁有個人隱私已被看成是神聖不可侵犯的至高權利，一旦你觸及了對方的隱私，我想肯定是要吃官司的，所以要盡量不觸及對方的私生活及其個人隱私為最好。

注意你的建議和指責的方式及當時的情景因素

這種方式你盡量要委婉含蓄，盡量不直來直往，因為直言更易傷人，用比喻的方法或委婉的規勸則給予人尊敬的感覺，要動之以情曉之以理，諄諄善誘，而不是口出瘋語。注意當時的環境，不要在廣庭大眾之下提出建議或批評，要選擇一個時機，最好是兩個人坐下來，私下交流意見，這樣會更好一些。

總而言之，最好去拜人為師，而為人師時應該牢記「人微言輕」，沒有一定的身分和地位最好謹慎行之。

君子之交淡如水

古語說，君子以淡泊相親，小人以利相親。真正的朋友，相互尊重，卻不相互吹捧；往來頻繁，但不過分親暱；往來不多，也心心相印。也就是說，交友應該注重真摯的感情，注重心靈的默契呼應，而不注重表面上的親近，熱鬧。

有「心眼」的君子之交，都很注重在心靈上的交流。

朋友交往應該是「淡而不斷」。交往過密便有勢利之嫌，而斷了「來往」，時間便會無情地沖淡友情。特別是在生活節奏加快的今天，朋友之間很難有機會在一起聊天、交流，需要注意友情的維護，比如平時多打一些電話，發個電子郵件，幾個簡訊等隻言片語相互問候一番，也會發揮加深感情的作用。

朋友之間超脫利害關係的交往會使雙方更加珍視友情。有一次德國詩人海涅收到一位友人的來信，拆開信封，裡面是厚厚的一捆白紙，一張一張緊緊包著，他拆開一張又一張，總算看到最裡面的一張很小的信紙，上面鄭重其事地寫著一句話：「親愛的海涅，最近我身體很好，胃口大開，請君勿念。你的朋友路易。」

過了幾個月，這個叫路易的朋友收到了海涅寄來的一個很大很沉的包裹。他不得不請人把它抬進屋裡，打開一看，竟是一塊大石頭，上附一張卡片，寫道：「親愛的路易，得知你身體很好，我心上的石頭終於掉了下來。今天特地寄上，望留作紀念。」

這肯定會成為路易一生中最難忘的一封信。他給海涅的信有些「小題大作」，而海涅的回信卻也生動形象，他以大石頭比喻對朋友的擔憂，以「石頭落地」表示收信後的放心和輕鬆。這不僅體現了朋友之間的隨和與坦誠，更讓人感到朋友的熱情和友愛。

算計別人只會算到自己

天天想算計別人的人，最終肯定會被別人算，做人要有「心眼」的目的不是用「心眼」去算計別人，而是用「心眼」去保護自己，以防被他人算計。

第三章　做人守則，輕鬆自在無憂

　　社會上就是有那樣的人，心術不正搞歪門邪道，堵塞別人的道路，以破壞別人的成功為樂。讓許多人深受其害，抱怨這些人真會算計。這樣的人古已有之。

　　從古到今，有這樣一類人，就是自己沒有本錢，幫別人出謀劃策，從而分一杯羹。春秋戰國時有一家，就叫縱橫家，專門吃這碗飯，而且不管主子是誰，朝秦暮楚，一樣地效力。後來也多，叫門客，叫幕僚，叫師爺，叫謀士。現在也有，非正式的稱號叫策劃。一個熟人籌備了電視節目，把你掛在策劃這一檔上，可見策劃是非正式職務。上電視標出你是策劃，沒有實惠，也有點面子。當小偷，賣假貨……這裡頭的策劃，沒有一個會「報上名號」的。

　　會算計的人就是這幫人裡的瑕疵品，他們既稱不上縱橫家的「家」，也算不上走私犯之類的「犯」，在專家們與罪犯們之外，生活在我們中間，就是人們常說的「會算計的人」。會算計的人，雖無專長，但也能算計來一官半職。只是當官不會為民解憂，但會把別人乾的功勞歸自己；自己不會寫小說寫詩歌寫散文，但會寫批判文章，把別人的成果一筆抹煞；自己不會蓋樓房，但會找兩個釘子戶，讓你連地基也甭想打……這類人，不顯山露水，好處撈夠了就行。這類人犯錯也不會大。這類人總沾好處，得名得利，但到頭來也什麼都沒留下。這類人你見過，我見過，他也見過，像蚊子蒼蠅雖說鬧不了大事，但也絕不了種。

　　當然，存在的就是合理的，這種人也不是沒有「好處」的。

　　有了會算計的人，才會有被算計的成功。遠的說李白、杜甫，李白仕途不達，杜甫功名不就，乃有李杜詩名千古傳；近的說魯迅，若不是那麼多人算計圍剿，哪有這舉世無雙的魯氏雜文？

　　有了會算計的人，我們會增加許多生存能力。學會與這類人打交道，一不上火，二不生氣，也會知道什麼東西不值得讓你變得與這類人

一樣下作。該丟的丟了就是，該捨的捨它而去，並不使你活得更差。因此，你不妨把此類人當做心理健康教師，讓你時時有個標準：這樣做會讓我也變成「這種人」了嗎？

做人不要算計人，你的「心眼」要用於正道，一樣可以有所作為，功成名就。要做一個小人，不但事業不成，還會留下罵名，實乃做人的大失敗。

保持距離才算美

人與人之間是有距離的，而且是一種天然的距離。如果說這種距離遭到破壞，人必然會受到傷害。所以我們每個人要有保持進退的「心眼」才為好。

行騙者往往是「心理專家」，可以說很會「做人」，他們十分注意研究人們的心理，並善於利用其心理弱點，如愛慕虛榮、急功近利、貪圖享樂等，採取投其所好的伎倆把自己偽裝成事業的強者、職位上的優者、經濟上的闊者，以唬人的名片、風雅的談吐、誘人的許諾，藉以構成心理上的「障眼法」，巧妙地解除人們的心理防衛系統，為行騙成功清空阻礙。因此，我們說，麻痺輕信是騙子們成功行騙的心理助手和幫凶。

俗話說，「害人之心不可有，防人之心不可無」。在社會上還存在著不法之徒的情況下，「防人之心」是少不了的，與陌生人交往的時候，要退開一步。特別是涉世不深的青少年更應保持警覺，完善自己的積極心理防衛機制。如何與陌生人保持距離，具體說來起碼應注意以下幾點：

不要以外表來判斷人

在同陌生人打交道時，人們很自然比較重視外表，對風度瀟灑、儀表堂堂的人易於產生好感。騙子們就善於利用人們這種圖慕虛榮、追求

美貌的心理而精心用華美莊重的服飾包裝自己，藉以矇蔽他人，誘使你上當。因此，在同陌生人打交道時，要提高警惕，絕不要被其外表所矇騙。

不要對莫名的殷勤打動

殷勤的言行易於使人感動，因為人心都是肉長的。騙子們自然也懂得這一點。他們善獻殷勤、套近乎，以圖騙取信任和好感，使你把他們當成自己人，最終落入圈套。特別是當人們處於困境或苦悶孤獨時，最希望得到同情、關懷和幫助，此時也正是騙子們得手之時。所以，在此時尤其要提高警覺，在殷勤面前不妨多長一個「心眼」，對獻殷勤者保持一定距離。

不要為輕率的許諾所誘惑

人們還容易對他人的承諾表示感激，產生信賴感。這也是防衛心理失效的當口。本文開頭記述的那位姑娘就是如此。因此，對於自己並不了解的人的承諾，要有所警惕。一般情況下，萍水相逢之人張口就承諾往往是靠不住的，承諾誰都會做，輕信就會上當。

當然，加強積極防衛心理並不是要人們把自己封閉起來拒絕與人交往，也不能風聲鶴唳，草木皆兵，鬧到「談虎色變」、謹小慎微的地步。只要我們在與陌生人打交道時，頭腦中裝上防騙這根弦，做到熱情而不失控，真誠而不輕信，那麼形形色色的騙局在你面前都將無法得逞。

留一半清醒，留一半醉

人生中，的確有許多事不能太認真，尤其是個人的名利，該糊塗時糊塗，該聰明時聰明。有時太認真，反而害了自己，傷了別人。施點糊

塗的「心眼」，為了長遠的事業，受點委屈，也不失為一件樂事。

正如魯迅先生一針見血的揭示，魯迅先生曾專門著文批評：「那四個篆字刻得叉手叉腳的，頗能表明一點名士的牢騷氣。」又說：「糊塗主義，唯無是非觀等等──本來是高尚道德。你說他是解脫、達觀罷，也未必。他其實在固執著什麼，堅持著什麼……」所謂「難得糊塗」實際上是最清醒不過了。正因為看得太明白、太清楚、太透澈，出於某種原因，不得不裝起糊塗來。記起這四個字，也學那懈怠樣子，索性輕鬆一下，瀟灑一把。自這四個字問世以後，有多少人已經糊塗過多少回合了，可達到境界的卻為數不多。

留一半清醒，留一半醉。人生中，的確有許多事不能太認真，尤其是個人的名利，該糊塗時糊塗，該聰明時聰明。順其自然糊塗點，不喪失原則和人格。

有句俗語「呂端大事不糊塗」，說的正是小事裝糊塗，不要小聰明，而且關鍵時刻，才表現出大智大謀。

當你面對現實，要學笑容可掬的大肚彌勒佛「笑天下可笑之人，容天下難容之事」那就會進入一種超然的境界。古代這樣的大智若愚者是很多的。晉代人裴遐在東平將軍周馥的家裡作客。周馥作東，裴遐和人下圍棋。周馥的司馬勸酒，裴遐正玩在興頭上，所以遞過來的酒沒有及時喝。司馬很生氣，以為輕慢了他，就順手拖了裴遐一下，結果把裴遐拖倒在地。其他的人都嚇了一跳，以為這種難堪是難以忍受的。誰知裴遐慢慢爬起來，仍然坐到座位上，舉止不變，表情安詳，若無其事地繼續下棋。王衍後來問裴遐，當時為什麼表情沒有什麼改變，裴遐回答說：「僅僅是因為我當時很糊塗。」

我們現在很多人常常為了一點小事，就要劍拔弩張，不給一種說法就不罷休。結果是大家都不好收場，彼此成為仇人。

第三章　做人守則，輕鬆自在無憂

　　大智若愚，從一個角度來說，也可理解為小事愚，大事明。對於個人來說是一種很高的修養。所謂愚，並非自我欺騙，或自我麻醉，而是有意糊塗。該糊塗的時候，就不要顧忌自己的面子。

　　議和的條件是，勾踐和他的妻子到吳國來做奴僕，隨行的還有大夫范蠡。吳王夫差讓勾踐夫婦到自己的父親吳王闔閭的墳旁，為自己養馬。那是一座破爛的石屋，冬天如冰窟，夏天似蒸籠，勾踐夫婦和大夫范蠡一直在這裡生活了3年。除了每天一身土，兩手糞以外，夫差出門坐車時，勾踐還得在前面為他拉馬。每當從人群中走過的時候，就會有人喊喊喳喳地譏笑：「看，那個牽馬的就是越國國王！」

　　勾踐由一國之君變成奴僕，忍了，到為人養馬倍受奴役，忍了，勾踐最能夠忍的一點就是嘗吳王的糞便。吳王病了，勾踐為表忠心，在伯的引導下，去探視吳王，正趕上吳王大便，待吳王出恭後，勾踐嘗了嘗吳王的糞便後，便恭喜吳王，說他的病不久將會痊癒。這件事在吳王放留勾踐的態度上起了決定性作用。或許是勾踐真的懂得醫道，察言觀色能看出吳王的病快好了；或許是勾踐有意恭維吳王；或許是上天垂青勾踐，總之，吳王的病真的好了，勾踐此時已徹底取得了吳王的信任，吳王見勾踐真的順從自己就把他放了。

　　勾踐在這件事上所表現出來的忍辱的確是一般人做不到的。我們不排除勾踐是想盡一切辦法回國，就其這種行為的確讓人自嘆不如。縱觀這一時期勾踐的忍，是極其恭順的忍。而他之所以會強忍著這所有的一切屈辱，為的就是日後的崛起。勾踐的性格高明之處就在這裡，面對一切屈辱，從容自若，因為他自己非常明白，目前的情況只有忍辱，才有可能日後東山再起，如果不忍，不要說東山再起，恐怕連命都保不住。這似乎與傳統上的大英雄，大丈夫有些相背離，「寧為玉碎，不為瓦全」、「大丈夫誓可殺不可辱」這些都是那些寧死不屈、誓死不降的英雄們

的讚語，這些固然讓人讚嘆。但有一句教人處世的俗語是：「留得青山在，不怕沒柴燒。」那位頂天立地的西楚王就給我們留下了很多的深思，烏江岸邊，烏江亭長熱情的招呼他：「江東雖小，足可夠大王稱王稱霸，日後也能做一番大事業。」而項羽是個寧折不彎的漢子，哪肯過江呢？自刎身亡。也許項羽過江後楚漢相爭會是另一番結果，也許他能一統天下，雖然這些都是也許，但我們不能否認項羽是個頂天立地的英雄。可有些時候也的確需要這些英雄人物忍一忍，然後設法再重新崛起。

　　堅韌不拔，忍辱負重，其結果是為了達到某種目的。勾踐堅韌能忍是為了滅吳興越，忍到一定程度總有爆發的一天，如果一味的忍下去，則是性格懦弱的表現，勾踐終於忍到該向吳國發難的時候了。結果正如勾踐所願，一戰便把吳軍殺得大敗，這次卑躬屈膝的不再是越王勾踐了，而是吳王夫差。夫差也想像當年勾踐向自己稱臣為奴一樣，打算投降勾踐，勾踐很可憐夫差，想答應夫差的請求，但被范蠡勸住了，最終吳國滅亡了，吳王夫差自殺身亡，當時中原的幾個大諸侯國，都處於低潮，不少小國投降了勾踐，於是勾踐儼然成了最後一代春秋霸主。勾踐終於一吐胸中二十多年的壓抑。堅韌不屈的性格，忍辱負重的精神造就了春秋末代霸主。

　　從晉文公和勾踐的稱霸之路來看，雖然經歷不同，但有一點相同，那就是堅韌，能挺住困難，晉文公流亡19年，倍受磨難，勾踐為人奴僕3年，他們都忍住了，挺住了，所以也成功了，看來堅韌不屈的性格所打造的命運是輝煌的。

　　自己的學識、自己的地位、自己的權勢，一定要糊塗；而該聰明、清醒的時候，則一定要聰明。由聰明而轉糊塗，由糊塗而轉聰明，則必左右逢源，不為煩惱所擾，不為人事所累，這樣你定會有一個幸福、快樂、成功的人生。

第三章　做人守則，輕鬆自在無憂

切忌功高蓋主

在與人打交道時，尤其是與職位比你高的人來往時要記住，不要讓你的光芒搶了他們的風頭，要不你會得罪自己的上司，堵了自己的後路。

對於許多聰明人來說，人生的最大害處不在外部，而在自己。一旦做出一番事業，就難免要居功自傲，而這樣做的下場往往比無所作為的人更慘。所以，一個有「心眼」的人，應該知道居功之害。

因此，古人很注意，不論任何好事，都要守住自己的本分，知退讓之機，絕對不可以功高蓋主，否則輕則招致他人怒恨，重則惹來殺身之禍。自古以來，只有那些與人分享榮譽者甚至是把榮譽讓給別人的人，才會有一個好的結局。事實證明，只有像張良那樣功成身退，善於明哲保身的人才能防患於未然。同樣對那些可能玷污行為和名譽的事，不應該全部推諉給別人，主動承擔一些過錯，引咎自責，具備這樣涵養德行的人才算是完善而清高的人。

漢代晁錯自認為其才智超過文帝，更是遠遠在朝廷大臣之上，暗示自己是五伯時期的佐命大臣，想讓文帝把處理國家大事的權力全部委託給自己。這正是功高震主的表現。唐宣宗初即位，看到功高權重的李德裕，心裡忌憚，很不平衡，以至頭髮被汗水浸透了，這與漢大將軍霍光為漢宣帝護衛車乘，而宣帝嚴憚心畏，俾有芒刺在背有什麼區別？功勞高了，人主震懾，這樣的功臣當然會有自我矜傲的表現。

而韓信可謂功高蓋世，但因為其聲名顯赫位高震主，最終也下場可悲。秦末韓信從項梁、項羽起義，為郎中。其獻策屢不被採用，投奔劉邦，被蕭何薦為大將。楚漢戰爭時期明修棧道，暗度陳倉，出奇兵占領關中。後來，劉邦與項羽相持於滎陽、成皋間，他被委為左丞相，領兵

破魏、平定趙、齊，被封為齊王。後與劉邦會於垓下，擊滅項羽。漢朝建立，改封楚王。因受人誣告謀反，降為淮陰侯。陳貐叛亂時，有人告韓信與其同謀，欲起兵長安，被呂后誘殺未央宮。

避免功高震主就要知進退之勢，要知進退以下幾條必須牢記在心：

一要守法。從歷史上看，循吏最易保全。《史記‧循吏列傳》，司馬遷所說的循吏，就是遵循法規，忠實執行命令，能知時務識大體的臣子。

後世人以為只有慈愛仁惠、和善愉快，以仁義為準則的官吏，才稱得上「循吏」，那就大錯特錯了，首先應該是遵守法令，嚴格地約束自己，這才是循吏的作為。

二不參與。即不把自己的私利參與在自己所執掌的權力中去加以實現。《論語》中有「巍巍乎，舜禹之有天下也，而不與焉。」即舜和禹真是很崇高啊，貴為天子，富有四海，但一點也不為自己。把自己的私利參與在政事之中是很不廉潔的舉動，似乎可得一時之利，但最終為人們所厭惡，他的功勞再多，苦勞再大也終會抵消。

三不長久。古人說：「日慎一日，而恐其不終。」如果身居高位時一天應比一天更謹慎，如同行走在危險的高崖之上，即使自己注意了，能得到善終的人也太少了。所以，位置越高，權力越大，懷疑猜忌的人越多，不可不防，不可不早做撤退的打算。

四不勝任。古人說：「懍乎若朽索之馭六馬，慄慄危懼，若將殞於深淵。」即身居高位所面臨的危險驚心動魄得就像以腐朽的韁駕馭著六匹烈馬，萬分危懼，所以千萬不要居功自傲，要時時謙讓，功成身退，可得善始善終。

五不重兵。在古代，功高的臣子如果能夠主動交出兵權，那麼對君主的威脅就減少了，所以「不重兵」，就是自我裁軍，以求自保的意思。

第三章　做人守則，輕鬆自在無憂

六多請教。古人說，三人行必有我師。作為你的上司，他必然有其獨到之處，所以一旦在做事之前一定要主動向你的上司請教，探聽他的意見，這樣在辦事時就有所憑藉。

這一套不僅適用於封建官場，也適用於與我們息息相關的工作當中，尤其是在與領導者的交涉衝突中，懂得進退的「心眼」，才會求得發展。

承認自己的錯

承認自己是錯的，就等於承認對方是對的。你退了一步，讓對方大大前進了一步，你沒有損失什麼，卻帶來了極大的利益，這種「心眼」不值得一學嗎？

人們可以接受外貌、身高、收入、地位上的差距，卻很少能接受智力上的差距。當西奧多·羅斯福入主白宮的時候，他承認：如果他的決策能有75%的正確率，那麼，就達到他預期的最高標準了。像羅斯福這樣的傑出人物，最高的希望也只是如此，那麼，你我呢？

如果你有55%得勝的把握，那你可以到華爾街證券市場一天賺個100萬元，買下一艘遊艇，盡情地遊樂一番。如果沒有這個把握，你又憑什麼說別人錯了？每個人都執著地相信自己的能力和判斷力，如果你明顯地對別人說：你錯了，你以為他會同意你嗎？絕對不會！

因為這樣直接打擊了他的智慧、判斷力和自尊心。這只會使他反擊，決不會使他改變主意。即使你搬出所有柏拉圖或康德式的邏輯，也改變不了他的意見，因為你傷害了他的感情。

有「心眼」的人絕對不會這樣說：「好！我要如此證明給你看！這話大錯特錯！」這等於是說：「我比你更聰明。我要告訴你一些道理，使你

改變看法。」無疑斷了自己的後路。

那是一種刺激人的挑戰。那樣會引起爭端，使對方遠在你開始之前，就準備迎戰了。

即使在最融洽情況下，要改變別人的主意都不容易，如果你要證明什麼，就要講究方法，要使別人對你的證明感興趣，使對方在無意中接受你的證明。也就是說：必須用若無實有的方式教導別人，提醒他不知道的好像是他忘記的。

正如英國19世紀政治家查士德·斐爾爵士對他的兒子所說的：

要比別人聰明——如果可能的話，卻不要告訴人家你比他聰明。

如果有人說了一句你認為錯誤的話——即使你知道是錯的，你一定這麼說更好：「噢，這樣的！我倒有另一種想法，但也許不對。我常常會弄錯。如果我弄錯了，我很願意被糾正過來。我們來看看問題的所在吧。」

用「我也許不對」、「我常常會弄錯」、「我們來看看問題的所在」這一類句子，確實會收到神奇的效果。

遺憾的是，很少有人這樣說。但只有這樣，才是積極有效的方法。有一次記者訪問著名的探險家和科學家史蒂文森。他在北極圈內生活了11年之久，其中6年除了食獸肉和清水之外別無它物。他告訴記者他做過的一次實驗，於是，記者就問他打算從該實驗中證明什麼。他說：「科學家永遠不會打算證明什麼，他只打算發掘事實。」

也許科學一點的思考方式會改變這些事實。

你承認自己也許會弄錯，就決不會惹上煩惱。因為那樣的話，不但會避免所有爭執，而且還可以使對方跟你一樣寬容大度；並且，還會使他承認他也可能弄錯。

所以，不管遇到什麼事，都不要跟你的顧客、丈夫或反對者爭辯，

別老是指責他錯了，也不要刺激他，而要有必要讓步的「心眼」，講究一點方法才能改變他人的意見。

在耶穌出生的 2000 年前，埃及阿克圖國王，曾給予他兒子一個精明的忠告——這項忠告在我們今天仍極為重要。4000 年前的一天下午，阿克圖國王在酒宴中說：「謙虛一點，它可以使你有求必得。」

退卻不是你的弱

走為上是用兵的常用策略，說白了就是退卻和逃跑。當一方具有壓倒的優勢，而另一方沒有把握勝利的時候，唯三條路可行，即投降、和談、退卻。投降是徹底的失敗，和談是失敗了一半，而退卻並非失敗，相反是轉為勝利的關鍵。

《三十六計》最後一計是「走為上」，原計曰：「全師避敵，左次無咎，未失常也。」今譯為，全軍退卻，避開敵人，以退為進，待機破敵，這不違背正常的用兵法則。

走，表面看來是退卻，實際是最高的戰法，它具有切實的實用性，令人有「與其賣弄小聰明，倒不如退為佳」的感覺。

走的計策，在做人做事上，則有「隨退隨進」一說。隨退隨進，不是懦弱的象徵，而是有「心眼」的表現。

蘇東坡《與程秀才書》中講到：「我將自己整個人都交付給了老天爺，聽其運轉，順流而行，遇到低窪就停止，這樣不管是行，還是止，都沒有什麼不好的了。」蘇東坡主張，人應當順天意，進退不強求。這就像大自然有陰晴，月亮有圓缺，季節有冬夏，天氣有冷暖。萬事如意只是人們的美好願望，人生難得一帆風順。

莊子曾講，窮通皆樂；蘇軾則言，進退自如。無論是莊子的窮通，

還是東坡的進退，同指一種做事的策略。窮通是指人實際的境況遭遇，進退是指人主觀的態度和行動。莊子認為，凡事順應自然，不去強求，才能過著自由安樂的生活。蘇軾認為，人只有安於時代的潮流，因任自然法則，才能進退的自如，窮通皆樂。如此看來，進退即是做人的大道理、大智慧。

我們常說：「做人不要做絕，說話不要說盡。」廉頗曾頑固不化，蔑視藺相如，到最後，不得不肉袒負荊，登門向藺相如謝罪。鄭莊公說話太盡，無奈何掘地及泉，遂而見母。故俗言道：「凡事留一線，日後好見面。」凡事都能留有餘地，方可避免走向極端。特別在權衡進退得失的時候，務必注意適可而止，盡量做到見好便收。

春光雖好，但總有盡時。人生也是如此，每個人都有高潮和低潮。人無千日好，花無百日紅。就像搓牌一樣，一個人不能總是得手，一副好牌之後往往就是壞牌的開始。所以，見好就收便是最大的贏家。做人的真諦就在於此，與人相交，不論是同性知己還是異性朋友，都要有適可而止的心情。君子之交淡如水，既可避免勢盡人疏、利盡人散的結局，同時友誼也只有在平淡中方能見出真情。越是形影不離的朋友越容易反目為仇。

第三章　做人守則，輕鬆自在無憂

第四章
逆耳忠言須懂得，
不爭毀譽自坦然

　　懂得忠言逆耳，不計較別人的毀譽老狐狸云：「夏蟲不可以語冰」。同樣道理，跟講道理的人才可以講理，碰到不講理的人講理是對牛彈琴。有「心眼」之人，在為人處世上都很靈活，針對不同的人，懂得調整自己的應對之策，不是一條路走到黑。

第四章　逆耳忠言須懂得，不爭毀譽自坦然

忠言逆耳利於行

隋煬帝曾對大臣宣稱：「我天性不喜歡聽相反的意見，對所謂敢言直諫的人，都自說其忠誠，但我最不能忍耐。你們如果想升官晉爵，一定要聽話。」

這是獨裁者的獨特性格，他說的話，不許說不對；他做的事，只能順著他，不許違背。也就是說他喜歡的是那些唯唯諾諾、吹牛拍馬的人，最不喜歡的是有自己的思想、善於分清是非，又敢說話的人。於是在他的身邊打轉的都是那些想升官而聽話的人。煬帝驕奢淫逸，大肆出遊，遊江都那次，隊伍就有10萬多人（其中美女有3萬），那些聽話的佞臣也跟著優哉遊哉。天天歡醉吮吸沿途人民的血汗；煬帝大興土木，建新宮，鑿運河，動輒徵民夫幾十萬至幾百萬，那些聽話的佞臣逼民照辦；煬帝三次勞師遠征高麗，那些聽話的佞臣為之搖旗吶喊。而人民因供應和勞役、兵役已弄得窮苦不堪，鋌而走險，國勢日危，他卻像被追逐的鴕鳥一樣。把頭埋在沙堆裡無視垂危的現實，認為這樣便安全了，欺人自欺以顯示他威武不可侵犯。而那些聽話的佞臣還不敢說個「不」字。正是這些人順著他的意，導致眾叛親離，幫他迅速走向死亡，統治15年後便壽終正寢。

相比之下，宋太祖趙匡胤則要精明得多。他即位後，把「重文」作為國策，立下了三條後世戒規，要求以後接班皇帝世代遵守，其中有一條便是不殺士大夫（即高級知識分子）。

他尊重文臣，給予優厚待遇，擴大科舉取士名額，當官的大都是文人，連領兵打仗的統帥也由文臣擔任，在那時確是「萬般皆下品，唯有讀書高」了。所以有人把宋代稱為「知識分子的樂園」。既然，士大夫受到如此重視，必然感恩戴德，為之竭力盡智；又沒有殺頭的危險，所以士大夫為了效忠，大都敢說敢做。因此，在歷代封建王朝中，宋代湧現

的出身於知識分子的忠臣義士最多。

宋太祖趙匡胤在黃袍加身後，為防止武人發動兵變，不殺功臣而是「杯酒釋兵權」，把兵權直接掌握在中央手裡。隨後，他意識到，自己所熟悉的武的一套已不適應於和平時期，這時他不懂的事情感到越來越多，許多事情都要向文人請教，才明白「作相須用讀書人」，於是大重儒者。並吸取五代時期「誰兵強馬壯。誰就可當皇帝」的教訓，為保住皇位便制定重文輕武的政策。而要使讀書人充分發揮他們的才智，除了重用外，還要讓他們敢說敢做，於是立下了「不殺士大夫」的誓言。這是宋太祖的精明之處。

有了「不殺士大夫」的戒規，士大夫大都敢說敢做，甚至勇於違背皇帝的意旨，據理力爭，而說錯了做誤了，一般情況下最重的處分不過是流放。如蘇軾、蘇轍、歐陽修等都曾被扣上攻擊皇帝的「大帽子」，只受到撤職或貶謫的處分，貶謫了還當閒官。

正因「不殺士大夫」，臣下認為皇帝做得不對的，勇於反對，提出自己的意見。

宋代士大夫對趙宋王朝是感恩戴德的，在宋朝衰亡時期不斷出現出身於知識分子的忠臣義士不是偶然的。宗澤不能「渡河」而死不瞑目。李綱不能實現其抗金志願而飲恨終身。文天祥正因感「國家養育臣庶300餘年」。不自量力而奮不顧身抗擊元軍，最後失敗被俘不屈而死。崖山戰事失敗，陸秀夫為盡節不受辱，抱著幼帝投海自盡。趙宋王朝「重文」和不殺士大夫的政策，傑出的士大夫給它的報答是：敢說敢做，盡忠報國。這也是趙宋王朝得傳延這300餘年之久的重要原因之一。

不僅是封建王朝的皇帝和當權者要懂得「忠言逆耳」的道理。這一原則其實對生活中的每一個人都實用。精明的人都知道自己有偶爾「糊塗」的時候，多聽聽別人的意見，尤其是反面的意見，在很多時候是「利於行」的。

第四章　逆耳忠言須懂得，不爭毀譽自坦然

對指責你的人表示感謝

　　喬治・羅納在維也納當了很多年律師。但是在第二次世界大戰期間，他逃到瑞典，一文不名，很需要找份工作。因為他能說並能寫好幾國語言，所以希望能夠在一家進出口公司裡，找到一份祕書的工作。絕大多數的公司都回信告訴他，因為正在打仗，他們不需要用這一類的人，但他們會把他的名字存在檔案裡……

　　不過有一個人在給喬治・羅納的信上說：「你對我生意的了解完全錯誤。你既錯又笨。我根本不需要任何替我寫信的祕書。即使我需要，也不會請你，因為你甚至於連瑞典文也寫不好，信裡全是錯字。」

　　當喬治・羅納看到這封信的時候。簡直氣得發瘋。於是喬治・羅納也寫了一封信，目的要想使那個人大發脾氣。但接著他就停下來對自己說：「等一等。我怎麼知道這個人說的是不是對的？我修過瑞典文，可是並不是我家鄉的語言，也許我確實犯了很多我並不知道的錯誤。如果是這樣的話，那麼我想得到一份工作，就必須再努力學習。這個人可能幫了我一個大忙，雖然他本意並非如此。他用這種難聽的話來表達他的意見，並不表示我就不虧欠他，所以應該寫封信給他，在信上感謝他一番。」

　　於是喬治・羅納撕掉了他剛剛已經寫好的那封罵人的信。另外寫了一封信說：「你這樣不嫌麻煩地寫信給我實在是太好了，尤其是你並不需要一個替你寫信的祕書。對於我把貴公司的業務弄錯的事我覺得非常抱歉，我之所以寫信給你，是因為我向別人打聽，而別人把你介紹給我，說你是這一行的領導人物。我並不知道我的信上有很多文法上的錯誤，我覺得很慚愧，也很難過。我現在打算更努力地去學習瑞典文，以改正我的錯誤，謝謝你幫助我走上改進之路。」

　　不到幾天，喬治・羅納就收到那個人的信，請羅納去看他。羅納去了，而且得到一份工作。

我們永遠不要去試圖報復我們的仇人。因為如果我們那樣做的話，我們會深深地傷害了自己。要培養平安和快樂的心境，以感激的態度對待指責你的人，你反而可能從中得到許多意料之外的好處。

別讓一句話將你擊倒

傑克‧坎菲爾（Jack Canfield）有個朋友叫蒙提‧羅伯茲（Monty Roberts），他在聖思多羅（San Ysidro）有座牧馬場。坎菲爾常借用他寬敞的住宅舉辦募款活動。以便為幫助青少年的計畫籌備基金。

上次活動時，羅伯茲在致詞中提到：

我讓傑克借用住宅是有原因的。這故事跟一個小男孩有關，他的父親是位馬術師，他從小就必須跟著父親東奔西跑，一個馬廄接著一個馬廄，一個農場接著一個農場地去訓練馬匹。由於經常四處奔波，男孩的求學過程並不順利。國中時，有次老師叫全班同學寫報告，題目是《長大後的志願》。

那晚他洋洋灑灑寫了 7 張紙，描述他的偉大志願，那就是想擁有一座屬於自己的牧馬農場。並且仔細畫了一張 200 畝農場的設計圖，上面標有馬廄、跑道等的位置，然後在這一大片農場中央，還要建造一棟占地 4,000 平方英呎的巨宅。

他花了好大心血把報告完成。第二天交給了老師。兩天後，他拿回了報告，第一頁上打了一個又紅又大的「F」，旁邊還寫了一行字：下課後來見我。

腦中充滿幻想的他下課後帶著報告去找老師：為什麼給我不及格？

老師回答道：你年紀輕輕，不要老做白日夢。你沒錢，沒家庭背景，什麼都沒有。蓋座農場可是個花錢的大工程；你要花錢買地、花錢買純種馬匹、花錢照顧它們。你別太好高騖遠了。

第四章　逆耳忠言須懂得，不爭毀譽自坦然

他接著又說：如果你肯重寫一個比較不離譜的志願，我會重打你的分數。

這男孩回家後反覆思量了好幾次，然後徵詢父親的意見。父親只是告訴他：兒子，這是非常重要的決定，你必須自己拿定主意。

再三考慮好幾天後，他決定原稿交回，一個字都不改。他告訴老師：即使拿個大紅字，我也不願放棄夢想。

羅伯茲此時向眾人表示：我提起這故事是因為各位現在就坐在 200 畝農場內，占地 4,000 平方英呎的豪華住宅。那份國中時寫的報告我至今還留著。

他頓了一下又說：有意思的是，兩年前的夏天，那位老師帶了 30 個學生來我的農村露營一星期。離開之前他對我說：蒙提，說來有些慚愧。你讀國中時，我曾潑過你冷水。這些年來，我也對不少學生說過相同的話。幸虧你有這個毅力堅持自己的夢想。

我們為人處事經常按別人的反應來決定，而不是按照自己的意願去行動。尤其是在向「成功」、「幸福」之類美麗的字眼跋涉的路上。一切似乎已經有了約定俗成的標準。成功人士選擇了另一條道路：他們就是不相信那些貶低他們的權威人士。他們有主見、有勇氣、有膽量。勇於向老師、教授、業餘批評家和教育測試中心所給出的評價進行挑戰。不論做什麼事，相信你自己，別讓別人的一句話將你擊倒。真正成功的人生，不在於成就的大小。而在於你是否努力地去實現自我，喊出屬於自己的聲音，走出屬於自己的道路。

別讓別人保證你的生命

傑弗里・波蒂洛小學六年級的時候，考試得第一名，老師送給他一本世界地圖。

波蒂洛好高興，跑回家就開始看這本世界地圖。很不幸。那天正好輪到他為家人燒洗澡水。波蒂洛就一邊燒水，一邊在灶邊看地圖，看到一張埃及地圖，他想：「埃及很好，埃及有金字塔，有埃及豔后，有尼羅河，有法老王，有很多神祕的東西，長大以後如果有機會我一定要去埃及。」

　　波蒂洛正看得入神的時候，突然有一個大人從浴室衝出來，胖胖的圍一條浴巾，用很大的聲音對他說：「你在幹什麼？」

　　波蒂洛抬頭一看，原來是爸爸，趕緊說：「我在看地圖。」

　　爸爸很生氣，說：「火都熄了，看什麼地圖？」

　　波蒂洛說：「我在看埃及的地圖。」

　　爸爸就跑過來「啪、啪！」給他兩個耳光。然後說：「趕快生火！看什麼埃及地圖？」打完後，又踢了波蒂洛屁股一腳，把他踢到火爐旁邊去，用很嚴肅的表情跟他講：「我給你保證！你這輩子不可能到那麼遙遠的地方！趕快升火。」

　　當時波蒂洛看著爸爸，呆住了，心想：「我爸爸怎麼給我這麼奇怪的保證，真的嗎？這一生真的不可能去埃及嗎？」

　　20年後，波蒂洛第一次出國就去埃及，他的朋友都問他：「到埃及幹什麼？」──那時候還沒開放觀光，出國很難的。

　　波蒂洛說：「因為我的生命不要被保證。」

　　他果然跑到埃及去旅行。

　　有一天，波蒂洛坐在金字塔前面的臺階上，買了張明信片寫信給他爸爸。他寫道：「親愛的爸爸：我現在在埃及的金字塔前面給你寫信，記得小時候，你打我兩個耳光，踢我一腳，保證我不能到這麼遠的地方來，現在我就坐在這裡給你寫信。」

　　寫的時候，波蒂洛感觸非常的深……

第四章　逆耳忠言須懂得，不爭毀譽自坦然

傑弗里・波蒂洛說：「只要不把你的命運交給別人，你就能決定自己的命運。」「我的生命不要被保證！」這是一種多麼催人奮進的自信啊！一個人想要成功必須自信。信心是自己給自己的。當你考慮別人意見時。要以個性為中心。

得不到別人的贊同和鼓勵也不要緊

黛比出生在一個有很多兄弟姐妹的大家庭。從小她就非常渴望得到父母親的讚揚和鼓勵，但是由於孩子多，她的父母根本就顧不上她。這種經歷使得她長大成人後依然缺少自信心。她後來嫁給一個非常成功的高階管理人員，但美滿的婚姻並沒有能改變她缺乏自信的心態。當她與朋友出去參加社交活動時總是顯得很笨拙，唯一使她感到自信的地方和時間是在廚房裡烤製麵包的時候。她非常渴望成功，但是鼓起勇氣從家務中走出去，做出決定去承擔具有失敗風險的羞辱，對她來說是想也不敢想的事情。隨著時間的推移，她終於意識到自己要麼停止成功的夢想，要麼就鼓起勇氣去冒一次險。黛比這樣講述自己的經歷：

我決定進入烹飪行業。我對我的媽媽爸爸以及我的丈夫說：「我準備去開一家食品店，因為你們總是告訴我說我的烹飪手藝有多麼了不起。」

「噢，黛比」他們一起呻吟道「這是一個多麼荒唐的主意。你肯定要失敗的。這事太難了。快別胡思亂想了。」你知道，他們一直這樣勸阻我，說實話，我幾乎相信他們說的。但是更重要的是我不願意再倒退回去，再像以往那樣，猶猶豫豫地說：如果真的出現⋯⋯

她下決心要開一家食品店。她丈夫始終反對，但最後還是給了她開食品店的資金。食品店開張的那一天，竟然沒有一個顧客光顧。黛比幾

乎被冷酷的現實擊垮了。她冒了一次險，並且使自己身陷其中。看起來她是必敗無疑了。她甚至相信她的丈夫是對的。冒這麼大的險是一個錯誤。但是人就是這樣，在你已經冒了第一個很大的險以後，再去面對風險就容易得多了。黛比決定繼續走下去。

一反平時膽怯羞澀的窘態，黛比端著一盤剛烘製的熱烘烘的食品在她居住的街區。請每一個過往的人品嘗。有件事使她越來越自信：所有嘗過她的食品的人都認為味道非常好。人們開始接受她的產品。今天，「黛比‧菲爾茨（Debbi Fields）」的名字在美國數以百計的食品商店的貨架上出現。她的公司「Mrs. Fields」是食品行業最成功的連鎖企業之一。今天的黛比‧菲爾茨已經成了一個渾身都散發出自信的人！

當你面對風險有些猶豫不決，又得不到親人、朋友支持的時候，不妨大膽些，只要認準了自己的道路，充滿信心，放手一搏，及時邁出決定性的第一步。

按自己的意願生活

我們為人處事經常按別人的反應來決定，而不是按照自己的意願去行動。尤其是在向「成功」、「幸福」之類美麗的字眼跋涉的路上。一切似乎已經有了約定俗成的標準。佛洛依德（Sigmund Freud）說：「簡直不可能不得出這樣的印象：人們常常運用錯誤的判斷標準——他們為自己追求權利、成功和財富，並羨慕別人擁有這些東西。他們低估了生活的真正價值。」可是已經沒有什麼能夠使我們停留了——除了目的。每一個人都像童話裡那個被老巫婆套上了紅舞鞋的姑娘，只有不停地跳舞。

47歲的南希在眾人的眼中是一個成功的職業女性。可是她說：「雖然我的一些成就讓人刮目相看，我卻想不透大家誇讚我什麼。我這輩子

第四章　逆耳忠言須懂得，不爭毀譽自坦然

一直都在努力成就各種事，可是現在我卻懷疑『成就』究竟是指什麼了。我永遠在壓力下生活，沒有時間結交真正的朋友。就算我有時間也不知道該如何結識朋友了。我一直在用工作來逃避必須解決的個人問題，所以我一個任務接一個任務地去完成。不給自己時間去想一想我為什麼要工作。這真是瘋狂。假如時間可以退回去10年，我會早一些放慢腳步考慮一下。那就不會像現在這樣感覺匱乏了。」

在我們周圍可以看到許多匆忙的人。可是想找到真正的生活卻要大費周章。文明中的男女都不得不發揮才能並且在各自不相上下卻又彼此矛盾的價值中做出選擇：既希望保持人際間的感受，又不能放棄積極進取、事業有成；既希望自己感覺機敏，同時又要不失堅忍自若。麗莎‧普蘭特指出：「是不是所有忙碌的人都不想體驗簡單生活呢？我想也許他們試過，但是他們發現別人的想法和自己的不同就放棄了嘗試。」他人對我們的期望使我們受到約束。

在社會生活就是一齣戲，每個人都扮演其中一個角色。扮演者的行為舉止應和角色相符。但他們往往做不到，因為他們常常會遭到排斥，受到旁人的譏笑。你可能並不樂意扮演你所分配到的角色，劇組又不同意你更換，你應該意識到你有離開劇組，選擇另一齣戲的自由。

朋友和同事將會抵制你的任何行為變化、或自我意識的改變。每個人總樂於呆在熟悉的環境中。他們懂得如何反應。此外，試圖提高自己的地位可能會招人嫉妒。

然而，你一生就這麼一次機會。如果你要的是金子，你不妨就去撈錢。要不然，你就總處於失望之中。因此，如有必要，就得準備置身於「角色」之外，這可能會讓你不舒服，但自由了。不要考慮劇情的壓力，決定你所需要的，必要時換一個角色，但要始終如一。沒有人會接受一個變化無常的人。或一個變來變去又變成老樣子的人。

一位作家指出：

我們此生不一定要成大名，立大功。可是，我們一定要明白自己的夢想，並把它具體起來，使它成為可能，然後去追求它，去實現它。追尋一個夢想是一種絕大的幸福和快樂。你也曾體會過這種幸福和快樂嗎？

有人放棄了自己的夢想，從前進的行列中敗退下來，這是因為他失去了自己的意志。

我們時常會看到，有些人好像不在自己意志指揮之下過活，而是在別人給他劃定的範圍之內兜圈子。他們所奉為圭臬、所賴以決定自己動向的，是「別人認為怎樣怎樣」；「我如不這樣做，別人會怎樣說」，或「假如我這樣做，別人會怎樣批評」。不幸的是，別人的批評又是那麼不一致：張三認為應該向東，李四認為應該向西，趙五認為應該向南，王六認為應該向北。你如選擇其一，其他三人總會指責你。

於是，時常顧慮到「別人怎樣說」的人，他就只好一年到頭在不知究竟怎樣才好的為難緊張之中團團轉，總也走不出一條路來。

這種人，即使僥倖由於他天生的善於應付，而能做到「不受批評」的地步。他最大的成就也不過是個不被討厭之類的人物。別人所給他的最大的敬意，也不過是說他一句圓滑周到而已，而在他自己本身來說，因為他終生被驅策在「別人」的意見之下，一定感到頭暈眼花、疲於奔命，把精力全部消耗在應付環境、討好別人上，以致沒有餘力去追求自己的夢想。

我們並不是說，一個人應該獨斷獨行，不顧是非黑白。而是說，我們在聽取別人的意見之後，一定要經過自己的認定和理解。我們應該自己有定見，用足夠的理智去認清事實，在決定方向之後，就不再受別人意見的左右。

第四章　逆耳忠言須懂得，不爭毀譽自坦然

> 不必計較別人的毀譽

月船禪師是一位善於繪畫的高手，可是他每次作畫前，必堅持購買者先付款，否則決不動筆，這種作風，常常遭到世人的批評。

有一天，一位女士請月船禪師幫她作一幅畫，月船禪師問：「你能付多少酬勞？」

「你要多少就付多少！」那女子回答道，「但我要你到我家去當眾作畫。」

月船禪師答應了。

原來那女子家中正在宴請賓客。月船禪師以上好的毛筆為她作畫，畫成之後，拿了酬勞就要離開。這時，那位女士對宴桌上的客人說道：「這位畫家只知要錢，他的畫雖畫得很好，但心地骯髒；金錢汙染了它的善美。出於這種汙穢心靈的作品是不宜掛在客廳的，它只能裝飾我的一條裙子。」

說著便將自己穿的一條裙子脫下。要月船禪師在它後面作畫。月船禪師問道：「你出多少錢？」

女士答道：「哦，隨便你要多少。」

月船禪師說：「紋銀200兩。」這顯然是一個特別昂貴的價格。但是那位女士爽快地答應了。

月船禪師按要求畫了一幅畫，就走開了。

很多人懷疑，為什麼只要有錢就好？受到任何侮辱都無所謂的月船禪師。心裡是何想法？

原來，在月船禪師居住的地方常發生災荒，富人不肯出錢救助窮人，因此他建了一座倉庫，貯存稻穀以供賑濟之需。又因他的師父生前曾發願要建一座寺廟，但不幸其志未成就坐化了。月船禪師要完成師父的遺願。

當月船禪師完成其願望後，立即拋棄畫筆。退隱山林，從此不復再畫。

在生活中，只要我們堅持自己的行為是正直的，合乎禮法的，就不必計較別人的毀譽，而應該把完成自己的目標放在首位。

把不公正的批評當作對自己成績的肯定

查理斯・蘇瓦普在普林斯頓大學發表的一次演講中，對這所高等學府的畢業學子們指出，他平生所獲得的最珍貴的教訓是從他的製鋼工廠中的一位德籍老工人那兒學來的。

他說，這位年邁的德國人，有一次被捲入大戰中時常發生的激烈的戰爭論中，他被情緒激動的員工們推進了河裡。「當他滿身泥濘、猶如一隻濡溼的老鼠一般走進我的辦公室的時候，」蘇瓦普說，「我問他：『你爬到岸邊後是怎麼對待那幫推你下河去的同事們的？』他答道：『我只是笑了一笑而已』。」

蘇瓦普從那以後，就決心把這個德國人所說的「笑一笑」作為他的座右銘。

當你成為不公平、不妥當的批評的犧牲者時。這個座右銘是非常有效的。因為當凶狠的攻擊，一旦面對善意的微笑時，大概也就只有頹然而退了。

叔本華（Arthur Schopenhauer）曾經說過：「卑賤的人對偉大的人的缺點或愚行最感興趣。」這位哲學家的觀察是正確的。當你被批評時，完全可以認為，那是批評者企圖藉此體會某種成就感，這也就意味著你在從事著某一項值得世人矚目的事業。世界上有許多這樣的人，他們可以透過抨擊成功人物或比自己受過更高教育的人，來獲得某種野蠻的滿足感。

第四章　逆耳忠言須懂得，不爭毀譽自坦然

卡內基（Dale Carnegie）回憶到，因為他曾在電臺上對英國宗教家、救世軍的創立者布斯先生（William Booth）大加讚揚，所以收到了一位女士指責布斯將軍的來信。她在信中指證布斯在募集的貧窮救濟捐款中竊取了 800 萬美元。當然，這種指控是毫無根據的。她這樣做並非為追求真實，而是想整垮一個居於高位的人。從而藉以獲得某種快感。

卡內基的處理方式是，「這封充滿惡意的信。我把它放進了字紙簍。感謝上帝，幸好這位女士不是我的妻子。這封信絲毫無損於布斯將軍的人格。這封信的唯一效果，就是暴露了寫信者的缺點。」

卡內基還講過這樣一個故事：

海軍軍人皮里（Robert Peary）是一位當之無愧的探險家。他 1909 年 4 月 6 日乘雪橇到達北極。這次探險取得的圓滿成功，使他占盡風光，名噪全球。這次紀錄是幾個世紀以來許多勇敢者不惜冒著生命危險、飽嘗艱難險阻之苦也沒能達到的。皮里的身體也患上了嚴重的凍瘡，他不得不切除了 8 個腳趾頭；接二連三而來的苦難，使得他幾乎要發瘋了。

儘管這樣，他的上司卻因為他獨占了名聲而對他表示出極大的怨憤。因此，當皮里再度提出北極探險計畫時，他們立即予以強烈反對，抨擊他是借「科學探險」之名，行募集資金「到北極去逍遙快活」之實。他們狼狽為奸，相互勾結，竭力阻撓皮里北極探險計畫。後在麥金雷總統（William McKinley）的干預下。皮里才得以繼續進行他的北極探險計劃。

如果皮里一直都待在華盛頓的海軍總部大樓裡進行他的日常事務，那麼，他還會遭到那種抨擊嗎？當然不會。這是因為，他在海軍總部的重要性、知名度、影響力，都還不至於招引某些人的嫉妒。

格蘭特將軍的遭遇，比之皮里更加慘痛。

南北戰爭期間，格蘭特將軍（Hiram Ulysses Grant）於 1862 年在北方

旗開得勝，傳出令軍心民心都大為振奮的勝利喜訊。這一勝利是經過艱苦的奮戰贏來的。這個勝利使得格蘭特將軍在一夜之間被全國民眾奉為神聖的偶像。這是獲得極大反響的勝利，是震撼世界的勝利，這是使得從大西洋沿岸至密士失必河的廣大區域的教會鳴鐘傳遞喜訊並鳴炮慶祝的勝利。

然而誰也不曾料想到，還不到 6 個星期，這位大獲全勝的英雄卻遭到逮捕，並被削去軍職。這位將軍為這樣的屈辱和絕望而哭泣。

那麼，為什麼格蘭特將軍在達到勝利的頂峰時卻被捕了呢？這是由於格蘭特將軍顯赫的名聲和崇高的威望，使得他的上司們感到了巨大的震驚和嫉恨。

所以，卡內基得出一個結論：「當你被不公正的批評所困擾的時候，你遵循的第一項原則應該是：不正當的抨擊，往往經過偽裝的讚美；一隻死狗，根本就沒有誰願意花費心力去理睬它。」

克服好辯的壞習慣

當班傑明・富蘭克林（Benjamin Franklin）還是個毛躁的年輕人時，有一天，一位教友會的老朋友把他叫到一旁，尖刻地訓斥了他一頓。這位教友說：「你真是無可救藥。你已經打擊了每一位和你意見不同的人。你的意見變得太珍貴了，使得沒有人承受得起。你的朋友發覺，如果你不在場，他們會自在得多。你知道得太多了，沒有人能再教你什麼，沒有人打算告訴你些什麼，因為那樣會吃力不討好，又弄得不愉快。因此你不可能再吸收新知識了，但你的舊知識又很有限。」富蘭克林接受了那次慘痛的教訓。當時，他已經夠成熟、夠明智，以致能領悟也能發覺他正面臨社交失敗的命運，他立即改掉傲慢、粗野的習性。

第四章　逆耳忠言須懂得，不爭毀譽自坦然

　　從此，富蘭克林立下了一條規矩，他決不正面反對別人的意見，也不准自己太武斷。他甚至不准許自己在文字或語言上措辭太肯定。他盡量不說「當然」、「無疑」等。而改用「目前在我看來是女是如此」。當別人陳述一件他不以為然的事時，他也決不立刻駁斥他，或立即指出對方的錯誤。他會在回答的時候，表示「住某些條件和情況下，對方的意見沒有錯，但在目前這件事上，看來好像稍有不同」等等。

　　富蘭克林很快就領會到改變態度的收穫，凡是他參與的談話，氣氛都融洽得多了。他以謙虛的態度來表達自己的意見，不但容易被接受，更減少一些衝突；他發現自己有錯時，並沒有什麼難堪的場面，而他碰巧是對的時候，更能使對方不同執已見而贊同自己。

　　一開始採用這套方法時，班傑明・富蘭克林確實覺得和他的本性相衝突，但久而久之就愈變愈容易，成為他的習慣了。也許隨後的 50 年，沒有人聽他講過些什麼太武斷的話。富蘭克林在正直品性支持下的這個習慣，使他住提出新法案或修改…條文時，能得到同胞重視，並且在成為民眾協會的一員後能具有相當影響力的重要原因。因為他並不善於辭令，更談不上雄辯，譴詞用字也很遲疑，還會說錯活；但一般說來，他的意見還是得到了廣泛的支持。

　　富蘭克林成為了美國歷史上最能幹、最和善、最圓滑的外交家。

　　如果有人說了一句你認為錯誤的話，你如果這麼說不足更好嗎：「是這樣的！我倒另有一種想法，但也許不對。我常常會弄錯，如果我弄錯了，我很願意被糾正過來。我們來看看問題的所在吧。」用這種句子確實會得到神奇的效果。

　　無論在什麼場合，沒有人會反對你說「我也許不對。我們來看看問題的所在。」在同事面前你承認自己也許會弄錯，就絕不會惹上困擾。這樣做，不但會避免所有的爭執，而且可以使對方跟你一樣的寬宏大度，承認他也可能弄錯。

證明自己正確時須三思

因為油漆住屋，戴維到附近一家很清靜的小旅館去避居幾日。他帶的行李只是一個裝著兩雙襪子的雪茄菸盒，另有一份用舊報紙包著的一瓶酒。以備不時之需。

午夜左右。戴維忽然聽到浴室中有一種奇怪的聲音。過了一會兒，出來了一隻小老鼠，它跳上鏡臺、嗅嗅他帶來的那些東西。然後又跳下地，在地板上作了些怪異的老鼠體操，後來它又跑回浴室，不知忙些什麼，終夜不停。

第二天早晨，戴維對打掃房間的女服務生說：「這間房裡有老鼠，膽子很大，吵了我一夜。」

女服務生說：「這旅館裡沒有老鼠。這是頭等旅館，而且所有的房間都剛剛油漆過。」

戴維下樓時對電梯司機說：「你們的女服務生倒真忠心。我告訴她說昨天晚上有隻老鼠吵了我一夜。她說那是我的幻覺。」

電梯司機說：「她說得對。這裡絕對沒有老鼠！」

戴維的話一定被他們傳開了。櫃檯服務生和保全在戴維走過時都用怪異的眼光看他：此人只帶兩雙襪子和一瓶酒來住旅館。偏又在絕對不會有老鼠的旅館裡看見了老鼠！

無疑，戴維的行為替他博得了近乎荒誕的評語，那種嬌慣任性的孩子或是孤傲固執的老病人所常得到的評語。

第二天晚上，那隻小老鼠又出來了，照舊跳來跳去，活動一番。戴維決定採取行動。

第三天早晨，戴維到店裡買了隻老鼠籠和一小包鹹肉。他把這兩件東西包好，偷偷帶進旅館，不讓當時值班的員工看見。第二天早上他起身時，看到老鼠在籠裡，既是活的，又沒有受傷。戴維不預備對任何人

說什麼。只打算把它連籠子提到樓下，放在櫃檯上，證明自己不是無中生有地瞎說。

但在準備走出房門時。他忽然想到：「慢著！我這樣做，豈不是太無聊，而且很討厭？是的！我所要做的是爽快證明在這個所謂絕對沒有老鼠的旅館裡確實有隻老鼠，從而一舉消滅它。我以雪茄菸盒裝兩雙襪子，外帶一瓶酒（現在只剩空瓶了）來住旅館而博得怪人怪行的光彩。我這樣做，是自貶身價，使我成為一個不惜以任何手段證明我沒有錯的器量狹窄、迂腐無聊的人……」

想到這，戴維趕快輕輕走回房間，把老鼠放出，讓它從窗外寬闊的窗臺跑到鄰屋的屋頂上去。

半小時後，他下樓退掉房間，離開旅館。出門時把空老鼠籠遞給侍者。廳中的人都向戴維微笑點頭，看著他推門而去。

如果有朝一日，你對某一件事知道得絕對正確，可以提出確實證據證明你不會錯時，最好也像戴維一樣暫時打住。仔細想一想，傷害別人的面子，犧牲你的人緣，換來一個小小的勝利，是否真值得。

拒絕迎戰那些明顯的謊言

20世紀60年代早期，有一位很有本事、曾經當過高中校長的人，出馬競選美國中西部某一州的國會議員。這個人的資歷很好，又很精明能幹，看來他很有希望贏得這項選舉。

但是在選舉的中期。有一個很小的謠言散布開來：三四年前在該州首府舉行的一項教育大會中，他跟一位年輕教師「有那麼一點曖昧的行為」。這真是一個彌天大謊，這位候選人感到非常的憤怒，盡力想要辯解。

每一次聚會中,他都要站起來極力澄清這項惡毒的謠言。其實,大部分的選民根本沒有聽過這碼事,直到這位候選人自己提出,他們才知道。

結果,這位候選人愈宣告自己是無辜的,人們卻愈相信他是有罪的,真是愈抹愈黑。

群眾振振有詞地反問:「如果他真的是無辜的,他為什麼要百般為自己辯解呢?」如此火上加油,惡化下去,最後他徹底失敗了。而且最悲哀的是,連他的太太最後也轉而相信謠言了。夫妻之間的親密關係被破壞無遺。

有許多很有才氣的人,都是被惡意的指控所傷害,結果跳進黃河也洗不清了。

顯然,這位校長對待中傷的手段是不高明的。但聰明人會採取更適當的策略—不辯自明。

大衛・史華茲 (David Schwartz) 擔任大學教授生涯的早期。曾經有過一次相似的經歷。當時他一直蟬聯「退學委員會」的主席。這個委員會設立的目的是要訂立出一些政策,好讓那些成績太差必須退學的學生有所遵循。

在經過多次的聚會商討之後,委員會要對全體教職員提出一項報告。史華茲把這個報告交給大會主席以後,就坐回原位了。接著,有一位教授忽然站起來,對這項報告的每一方面都橫加批評。他把這個報告形容為「虛弱」、「幼稚」、「正如同作者一樣的不成熟」。他所做的批評真是極盡挑剔之能事。

史華茲當時很想立刻反脣相譏,報復一番。但是,還是強迫自己在表面上顯得若無其事一般。

他的長篇大論相當於口頭報告兩倍多的時間。會議主席轉而對史華

茲說：「史華茲教授，你對這位教授的批評有什麼補充說明？」史華茲當即站起來回答：「對於這個報告不能討好這位教授。我真是感到很抱歉，如果以我自己而言，我想要來一次公開投票。」

隨後又有少數幾個批評，然後就真的投票表決了。投票結果是四比一支持這項報告，史華茲獲勝了。

待散會以後。一位將近有 40 年大學行政工作經驗的資深教授把史華茲拉到旁邊，說了一些話：「史華茲，我很高興你剛才並沒有跟他一般見識。你有很充分的理由將他逼得發狂，也可以針對他的指控，以同樣方式予以反擊。今天在座的每一位同仁，都認為他的批評有悖常理。但是只要你一開始頂嘴。馬上會喪失別人對你的同情與支持。」

他繼續說：「我們都認為自己很文明，但文明是有不同等級的。一個未開化的人，聽到他不喜歡的批評時，很快就會使用拳頭攻擊對方；半文明程度的人，不會使用拳頭，而是用嘴巴，用惡毒的語言來反擊對方；至於十分文明的人，是不屑於使用拳頭與嘴巴來反擊的。他只是拒絕反擊而已，他深知此時能獲勝的唯一方法就是不理會他。」

高明的社交家懂得。戰勝中傷唯一聰明的做法是：拒絕迎戰那些明顯的謊言！

幽默地反駁和反擊別人

假痴不癲，反守為攻

三十六計中有一計，叫「假痴不癲」，指的是表面糊塗，心裡清楚，以假痴麻痺敵人，反守為攻，克敵致勝。

在論辯中，有時面對謬論，可假裝糊塗，假裝沒有聽懂對方的話的本意，順著他的話，引出顯然荒謬的結論，並進行辛辣的諷刺，從而獲

得很好的反駁效果。

例如，在西方某國的一個機場大廳裡，許多旅客正排隊購買機票，秩序井然。忽然一個衣著筆挺的紳士，拿著手杖，擠到最前面，粗暴地指責售票員效率太低，耽誤了他的時間。

他唾沫四濺地大聲嚷道：「你們知道我是誰嗎？」邊說邊用手指著售票員，擺出一副唯我獨尊，不可一世的架勢。

售票員平靜地轉過臉去，對票房裡別的工作人員說：「這位先生需要我們幫助回憶，他有些健忘，已經不知道自己是誰了！」

售票員又向排隊買票的旅客問道：「你們有誰能幫助這位先生回憶一下嗎？他已經忘記了自己是誰了。」

這些話引起人們的一陣鬨笑。笑聲中。那位紳士羞得臉通紅，只得悻悻地回到後面，依序排隊。

這位售票員使用的技巧就是「假痴不癲」法。那紳士說話的原意，人們是清楚的，他是在炫耀自己的身分，妄圖以此壓服售票員，但售票員偏偏假裝聽不懂他的話。偏偏從他問話的字面來理解，引出兩句使眾人發笑、讓紳士極為狼狽的話來。

故意「跑題」

著名電影導演希區考克（Alfred Hitchcock）有一次拍巨片，主角是個大明星、大人物，可她對自己的形象「精益求精」。不停地吩咐攝影機角度問題。

她一再對希區考克說，務必從她「最好的一面」來拍攝。

「抱歉。我做不到！因為我沒法拍到你最好的一面，你正把它壓到椅子上。」

聽者大笑，因為女主角談拍攝角度是指人的正面形象，而希區考克把這個大前提去掉了，故意「跑題」，因違反邏輯取得了幽默效果。

第四章　逆耳忠言須懂得，不爭毀譽自坦然

故意曲解

有個知名的人士在演說即將結束時，接到從聽眾處傳來的一張小紙條。打開一看，上面只有「笨蛋」二個字。

他愣了一下，然後將紙條攤在聽眾面前說：「我在演講時，經常接到聽眾朋友傳來紙條問題，大部分都沒有寫名字，但從沒遇到像這位朋友一樣的人，忘了寫上問題，只有署名。」

荒誕之中明事理

有時面對一個錯誤的推理或結論，從正面反駁可能無濟於事，這時不妨用另外一個類似的、並且明顯是錯誤的推理，來達到批駁的目的，效果反倒更好。這種錯誤的推理具有很強的荒誕性，含不盡之意於言外，會使人在含笑中明確是非。從而達到幽默的真正目的。推理越具有荒誕性，說出的話就越具有幽默感。

宋高宗時，有一次宮廷廚師煮的餛飩沒有熟。皇帝發怒了，把那個廚師下了大獄。沒過多久，在一次的節目上，兩個演員扮作讀書人的模樣，互相詢問對方的生日時辰。一個說「甲子生」，另一個說「丙子生」。這時又有一個演員馬上來到皇帝面前控告說：「這兩個人都應該下大獄。」皇帝覺得蹊蹺，問是什麼原因。

這個演員說：「甲子、丙子都是生的，不是與那個餛飩沒煮熟的人同罪嗎？」

皇帝一聽大笑起來，知道了他的用意，就赦免了那個「餛飩生」的廚師。演員借皇帝「餛飩生就下大獄」這個前提，演繹出一個錯誤的結論：是「生」就該下大獄，甲子生、丙子生也該下大獄。這顯然是荒誕不經的，引人發笑。演員的推理語言婉轉，表達含蓄，蘊含了豐富的機趣。這種幽默語言的產生，不能不歸功於巧奪天工般的荒誕推理。

故意讓別人誤會

詹森（Lyndon Baines Johnson）任總統後不久，他便把奧斯丁的「40英畝俱樂部」的種族隔離政策取消了，那是德州大學的教師俱樂部。

他的做法很簡單，只不過是和他團隊裡一位漂亮的黑人婦女結伴，一起步入俱樂部的餐廳。

去那裡之前，那位婦女惴惴不安地對他說：「總統先生。您知道這樣做的後果嗎？」

「當然清楚，」約翰遜肯定地回答，「裡面半數的人們，都會把你當成我的妻子，那正是我想達到的效果。」

約翰遜來過之後，這家具樂部便取消了它由來已久的種族隔離政策。

別傷害自己

只要我們投入生活，難免會遇到來自外界的一些傷害，經歷多了，自然有了提防。

可是，我們卻往往沒有意識到，有一種傷害並不是來自外部，而是我們自己造成的：為了一個較高的職位，為了一份微薄的獎金，甚至是因為一些他人的閒言碎語，我們發愁、發怒，認真計較，糾纏其中。一旦久了，我們的心靈被折磨得千瘡百孔，對人世、對生活失去了愛心。

假如我們能不被那麼一點點的功利所左右，我們就會顯得坦然多了，能平靜地面對各種的榮辱得失和恩怨，使我們永久地持有對生活的美好認知與執著追求。這是一種修養，是對自己的人格與性情的治煉，也從而使自己的心胸趨向博大，視野變得深遠。那麼，我們在人生旅途上，即使是遇到了悽風苦雨的日子，碰到困苦與挫折，我們也都能坦然地走過。

第四章　逆耳忠言須懂得，不爭毀譽自坦然

正因為那些榮辱得失和各種窘境都傷害不了我們，這就使我們減少了很多的無奈與憂愁，會生活得更為快樂；少了許多的陰影，而多了一些絢爛的色彩。所以，不傷害自己。也是對自己的愛護，是對自己生命的珍惜。

不要傷害自己。也意味著我們需要自願放棄一些微小的、眼前的利益，使我們不被這些東西網羅住，折騰得傷痕累累。也妨礙了自己的步履。這無疑是一種積極意義上的超脫，從而使自己擁有平和的心境，從容、踏實地走那屬於自己的道路，做自己該做的大事，進而走向成功，獲得更多更有價值的東西。

不傷害自己，是使自己有所成就的「糊塗」的活法。

在艱難的人生旅途上行走時，在遇到各種障礙時，在遭受別人的打擊時，我們要時常自我叮囑一聲：別傷害自己。

第五章
用心做事，
謀略深遠立於不敗之地

　　會做事用心謀永遠立於不敗老狐狸說：做事當求有成，這是基本道理，絕不能信手而去，做到哪兒算哪（這是許多人失敗的根源之一）。做事必須始於心謀，避免光動手腳——凡用心做事、用謀算事者，一定能達到自己的目標。

第五章　用心做事，謀略深遠立於不敗之地

人首先要誠實守信

不論在生活上或是工作上，一個人的信用越好，就愈能成功地打開局面，做好工作，你應對的客人愈多，你的事業就做得愈好。

所以，你必須重視你自己所說的每一句話，生活總是照顧那些講話算數的人，食言則是最不好的習慣，你必須改正自己的缺點，成功地推銷你自己。

不管你在什麼情況下辦什麼事情，總要對自己所說的話負責。你用自己的行動說服別人放棄異議，讓他們親眼看到你所做的都是為了他們的利益。為了遵守諾言，你可以放棄其他，給人一個可信的面孔。

歷史上著名的改革家商鞅為了盡快實施自己的變法主張，不惜設定計謀樹立「守信譽」的形象。

西元前 350 年，商鞅積極準備第二次變法。

商鞅將準備推行的新法與秦孝公商定後，並沒有急於公布。他知道，如果得不到人民的信任，法律是難以施行的。為了取信於民，商鞅採用了這樣的辦法。

這一天，正是咸陽城趕大集的日子，城區內外人聲嘈雜，車水馬龍。

時近中午，一隊侍衛軍士在鳴金開路聲引導下，護衛著一輛馬車向城南走來。馬車上除了一根三丈多長的木桿外，什麼也沒裝。有些好奇的人便湊過來想看個究竟，結果引來了更多的人，人們都弄不清是怎麼回事，反而更想把它弄清楚。人越聚越多，跟在馬車後面一直來到南城門外。

軍士們將木桿抬到車下，豎立起來。一名帶隊的官吏高聲對眾人說：「大良造有令，誰能將此木搬到北門，賞給黃金 10 兩。」

眾人議論紛紛。城外來的人問城裡人，青年人問老年人，小孩問父

母……誰也說不清是怎麼回事。因為誰都沒聽說過這樣的事。有個青年人挽了挽袖子想去試一試，被身旁一位長者一把拉住了，說：「別去，天底下哪有這麼便宜的事，搬一根木桿給 10 兩黃金，咱可不去出這個風頭。」有人跟著說：「是啊，我看這事兒弄不好是要掉腦袋的。」

人們就這樣看著、議論著，沒有人肯上前去試一試。官吏又宣讀了一遍商鞅的命令，仍然沒有人站出來。

城門樓上，商鞅不動聲色地注視著下面發生的這一切。過了一會兒，他轉身對旁邊的侍從吩咐了幾句。侍從快步奔下樓去，跑到守在木桿旁的官吏面前，傳達商鞅的命令。

官吏聽完後，提高了聲音向眾人喊道：「大良造有令，誰能將此木搬至北門，賞黃金 50 兩！」

眾人譁然，更加認為這不會是真的。這時，一個中年漢子走出人群對官吏一拱手，說：「既然大良造發令，我就來搬，50 兩黃金不敢奢望，賞幾個小錢還是可能的。」

中年漢子扛起木桿直向北門走去，圍觀的人群又跟著他來到北門。中年漢子放下木桿後被官吏帶到商鞅面前。

商鞅笑著對中年漢子說：「你是條好漢！」商鞅拿出 50 兩黃金，在手上掂了掂，說：「拿去！」

消息迅速從咸陽傳向四面八方，國人紛紛傳頌商鞅言出必行的美名。商鞅見時機成熟，立即推出新法。第二次變法就這樣取得了成功。

美國 IBM 電腦公司發展迅速，正是靠公司服務人員在產品的售後服務中，具有高度的責任心和持之以恆的辛勤工作以及他們信守諾言的美德。

一天，鳳凰城的一個使用者急需重建多功能資料庫的電腦配件。公司得知後，立刻派一位女職員送去，途中遇傾盆大雨，河水猛漲，封閉了沿途的 14 座橋，交通阻塞，汽車已無法行駛。按常理遇到這種特殊情

第五章　用心做事，謀略深遠立於不敗之地

況，女職員完全有充分的理由返回去，但她並沒有被飢餓和中途的艱險嚇倒，仍勇往直前，巧妙地利用原來存放在汽車裡的一雙直排輪，滑向目的地，平時只用二十幾分鐘的汽車路程，今天卻變成了4個小時的跋涉。女職員到達使用者所在地後，又不顧旅途的疲勞，及時解除了使用者的困難。

IBM公司正是以工作人員認真負責的工作態度和感人的行動，贏得了廣大使用者的讚譽。其電腦產品頓時成了使用者爭相購買的俏貨，很快，這個公司的使用者就遍布全世界。

你要讓你的信用代表你，讓你的名字走進每一個與你打過交道的人中，你要使他們信賴你，覺得你是一個可靠的人。

如果，你以前沒有運用這個祕訣，那麼，你現在便開始吧！

失信是大丈夫所不為

一個人立身處事，信用很重要，這是人的名譽的根本，是魅力的深層所在。信用，即是「使用人言」。能否使用人言，要以那個人的信用度作決定，但信用絕非一朝一夕之功便可樹立。

我們常說的「君子一言駟馬難追」，講的就是人的信用。一個沒有信用的人，是為人所不齒的。現在的生意場上，公司、企業做廣告做宣傳，樹立公司、企業在公眾中的形象，就是想提高公司、企業的信用度。信用度高了，人們才會相信你，和你有來往，成交生意。不過，公司、企業的信用度得靠產品夠佳的品質、優良的服務態度來實現，而非幾句響亮的廣告詞，幾次優惠酬賓便可做到。人的信用也是如此。

吹牛皮的人，可以用自己的嘴巴將火車吹著跑。人的信用，不是靠三寸不爛之舌便可「吹」得起來的，得看實際的行動。說得天花亂墜，而

做起來又是另一套，只會讓人更厭惡，更看不起，何談為人的信用？

獲得眾人的信任，鑄就自己的信譽，不論你採取何種方法，篤誠、守信及勤勞是最根本的要訣。

如果說實現對自己許下的諾言是負責任的表現的話，那麼同樣的，別人遵守諾言也是誠實、負責的表現。

承諾的力量是強大的。遵守並實現你的承諾會使你在困難的時候得到真正的幫助，會使你在孤獨的時候得到友情的溫暖，因為你信守諾言，你的誠實可靠的形象推銷了你自己，你便會在生意上、婚姻上、家庭上獲得成功。

這並不是空話，有許多事實可以證明這一點，國外國內知名度很高的企業無不把信譽推到第一位，受人尊敬的人無不是守信用的楷模。

相反的，有些人隨隨便便地向別人開「空頭支票」，到頭來又不兌現，相信他們無論在哪一方面都不會成功的。

馬來西亞文人朵拉，寫了一篇文章，題目叫《答應不是做到》，作者在總結人們的應酬交際活動時，提出了人們在交往中的一種不誠實，不信守諾言的現象。文章寫道：

很多時候，我們要求別人辦事，他們的反應是：「好的，好的。」年輕的時候，我聽到朋友這樣回答，就非常放心，並且感動得很，因為有些朋友實在是才結交不久的。然而過不了多久，便發現自己的心放得太早了。當人們點著頭說「好的，好的」時，他只是口頭上說好，至於真的去實行，如果十個裡有一個，就是你的幸運了。

文章中說，這類交際者「承諾時，態度看起來非常誠懇，日子走過，把說過的話當成風中的黃葉，剎時便無影無蹤」。

作者在寬慰和諒解朋友的同時自己也陷入這樣的失誤：自以為純純的我，究其實，是蠢蠢的我。在這個大家都忙忙碌碌的年代，居然妄想

朋友聽見你的要求，就拋下自己手上的事務不去處理而特別為不在他眼前的你去奔波。

時常用自己的心去度朋友之腹，結果得到的是自己的誤解。也用不著去埋怨被誰欺騙，欺騙自己的其實正是自己。

大家都說：「答應並不表示做到。」大家可以答應你任何事，但是沒有一次替你做，我們在社會上生存，全都被謊言磨得成了老滑頭。有些原本純樸敦厚的人，幾年間，變得世故圓滑。如果回到過去，可以說，從前的自己也認不得現在的我了。這種現象，是欺騙的畸形產物。

說到底，承諾是一種信譽，一種責任。我們全然忽視了它的重要意義。答應幫助別人做的一點小事，是沒有必要簽訂合約的。承諾的結果是應諾，履踐諾言。真正的應諾有時像美麗的童話，讓人感動得心靈顫抖。

在與人相處中，恪守諾言既然是非常重要的一環，那麼，如何才能做到恪守諾言呢？

恪守諾言要求人們對自己講的話承擔責任和義務，言必有信，一諾千金。許諾是十分鄭重的行為，對不應辦或辦不到的事，不能隨便許諾，一旦許諾，則須認真兌現。一個人如果失信於人，就降低了自己的價值。如果在履行諾言的過程中，情況有變，以致無法兌現，要向請託者如實說明情況並致歉意，這與言而無信是兩碼事。

在工作、學習和生活中，說真話，做實事，做老實人，實事求是，講究實效，勤奮上進，任勞任怨；在人際關係上，光明磊落，坦誠相見，言行一致，表裡如一，虛己待人，知錯必改。

《荀子·大略》中說：「口言善，身行惡，國妖也。」「國妖」者自有其處世哲學：或虛偽奸詐，或陰謀搞鬼，或賣國求榮，雖然得意一時，然而天理昭彰，終究遭到人們的鄙視、唾棄甚至遺臭萬年。

《莊子‧齊物論》載，有個養猴子的人對猴子說：「我早上給你們三個栗子，晚上給四個。」猴子聽了一個個呲牙咧嘴，嗷嗷亂叫。養猴人轉動小腦瓜，馬上欺騙猴子們說：「好了，別生氣了。我早上給你們四個栗子，晚上給三個。」猴子就高興起來了。

　　這些猴子的高興大概只是暫時受矇蔽所致。天長日久，聰明的猴子自然會悟到養猴人的狡詐和卑鄙。從此不再相信他，而且仇恨他。那時候，養猴人可就要自認倒楣了。

　　朝三暮四式的狡詐，最終必然失信於人。失信於人，不僅顯示其人格卑賤，品行不端，而且是一種只顧眼前不顧將來，只顧短暫不顧長遠的愚蠢行為，終將一事無成。

　　失信於人，大丈夫不為，智者不為。

　　恪守信用，是一種可敬可佩的美德，是個人良好形象的外現。人們以講究信用來表達對別人的尊敬，以良好的形象表達對別人的讚美。

與人之交往信為本

　　與人交往必須講信用，這是最起碼的生活準則，這也是最踏實的社交之道。在交際的過程中，要不嫉妒、不猜疑，小人之心不可取。要做一個胸懷開闊、光明磊落、心底無私的人。特別是一個文明的人絕不用嫉妒、猜疑去對待朋友和同事，而把一顆真誠友好的心奉獻給他人。

　　要學會容忍他人的缺點。改變一個人長期形成的行為習慣是困難的，為此憤恨他人更不是解決問題的辦法。寬厚、容忍、善解人意，最能體現一個人的品格。社交中遇事要量力而行，不要輕率地對別人許諾；說了就要想方設法做到。

　　在社交場合最忌諱浮誇賣弄的行為，那種不顧別人需求，一味在眾

第五章 用心做事,謀略深遠立於不敗之地

人面前出風頭的舉止,是一種膚淺、缺乏教養的表現。對一些生活枝節問題要盡量表現出「從眾」行為,與別人採取比較一致的行動更易與人關係融洽,也是對人尊重、信賴的表示。記住不要盡情表現你的聰明才智,讓他人感到難過,相反,應當用你的智慧去啟發別人的思路,讓人覺得和你一樣聰明。

在社交場合,每個人都把自尊心看得很重,公開受人奚落就是在眾人面前自尊心受辱,這對任何人都是難以容忍的。得到別人稱讚的時候,應當表示喜悅,同時,也可以略表自謙,以示謙虛。當受到別人批評時,態度要謙恭,並希望對方以後多提出這樣的批評意見。要尊重、同情、幫助有殘疾的人,絕不可嘲笑、侮辱甚至虐待殘疾人。

與朋友聚會時,不要頻頻看錶,顯出不耐煩的樣子,對主人和客人都不夠禮貌。如果拒絕別人時要特別講究禮貌,減輕對方的沮喪情緒。

向人道歉時,不要把眼睛往別的地方看,應注視著對方的眼睛,這樣才能使人相信你是真誠的。如果你覺得道歉的話不好出口,可以用別的方式替代。譬如可以在事後給對方一個真摯的微笑或握手,也可送一點小禮物或一束鮮花,還可以用書信的形式。該道歉的時候須馬上道歉,耽擱越久便越難以啟齒,有時還會後悔莫及。而接受道歉的人應採取寬容、理解、謙虛的態度,誠心誠意領受別人的歉意,伺時可略作自我批評,以減輕對方的內疚心理。

在社交場合,不要當著眾人的面指責別人。即使別人出了錯誤,也不要當著眾人的面加以糾正。

靠信譽打天下

《郁離子》中曾說:「有人說商人是重財而輕命的人,開始我還不相信,現在我才知道真有這樣的人。」孟子也說:對於商人重利輕信的固

有習性和做法不能不謹慎小心。因此，作為商人在辦事時要符合常規的道德標準。

縱觀已趨合理競爭的商業市場，信譽之戰已成為企業生存的生死之戰。取信於民為企業發展的重要手段，「重口碑，也很重要，凡是應承的，一定都要做到」。這是作為商人所必須做到的。

1968年，日本商人藤田田曾接受了美國油料公司訂製餐具300萬個刀與叉的合約。交貨日期為9月1日，在芝加哥交貨，要做到這一點就必須在8月1日由橫濱發貨。

藤田田組織了幾家工廠生產這批刀叉，由於他們一再延誤，預計到8月20日才能完工交貨。由東京海運到芝加哥必然誤期。

藤田田就租用泛美航空公司的波音707貨運機空運，交了3萬美元（合計日元1,000萬元）空運費，貨物及時運到。雖然損失極大，但贏得了客戶的信任，維持了良好的合作關係，並保證了信譽。

像藤田田這樣的著名日本企業家，將信譽看成是企業的唯一生命，似乎理所當然。

一些企業為了眼前利益，大量製造、傾銷低階產品，把自己很響的牌子砸了，無異於殺雞取蛋，只有愚人才這樣做。

當然，也有一些政客不講信用，並以這種不講信用的詐術為榮，對這種人應該採用防患措施。如秦王嬴政命大將王翦領兵去消滅六國，王翦馬上提出條件，要秦始皇立刻給他晉爵封地賜金子，否則，他就不做。秦始皇不得不依了他。

有人問他為什麼要這樣性急，他說：「大王這個人不太講信用，會過橋抽板，事後不認帳。他想賴帳，我不馬上要，以後就要不到了。」

對待對手的詐術，有的人回敬以詐術，如果對於這種人卻仍用所謂的「信」，這就難免要吃虧。

第五章 用心做事，謀略深遠立於不敗之地

用真誠打動對方

人與人透過溝通達到理解，最根本的方法是要真誠。中庸釋「誠」有幾種含義：所謂「誠則明矣」，就是說無誠不智；所謂「成己成物」，就是說誠通於仁；所謂「至誠無息」就是說唯誠乃勇。這幾層意思不可不深切體會其內在意義。古人解釋智、仁、勇三德，必須以「誠」為依據；誠信乃一體的兩面，甚至可以說是互為表裡、休戚與共的。一個人若能誠信待人，自然可以取得對方的信賴與理解。

生活中常常會遇到這種人，他們嚮往彼此之間具有很密切的交往，絕對地相互依賴和理解，甚至達到「心有靈犀一點通」的地步。

但是，要想引起對方在感情和行動上的共鳴，靠什麼呢？只有靠你出之以誠，如此才能打動人心，使不可能辦的事情，成為可能辦的事情。生活中，語無倫次、結巴口吃的人能感動人心的情形並不少見，言語流利、辯才雄發而無法影響他人的情形亦屢見不鮮。欠缺體貼，不出以誠，怎麼能讓別人理解？

因此，在人際交往中企圖以窮追不捨的方法來達到影響他人的目的是笨拙和不明智的行為。話必須適可而止，提出要點，指出問題的癥結之所在，在對方明白了自己的錯誤或失敗的原因之後，應該就此打住，多費口舌並無益處，說得越多反而越有可能對你不利。在別人遇到挫折、失誤和困難的時候，不需要有口誅筆伐和痛打「落水狗」的精神，有的應是手下留情，讓人一條路的態度。尤其是領導者，即使是勸誡別人，也要注意方法，否則會產生排斥的作用。而引導能夠促進理解，能夠使對方做出積極肯定的反應，達到自己的目的。

在勸慰、開導別人時，一定要具有體察對方心情的本事。首先是要誠懇地聽他辯解，讓他把要講的話講完，把要宣洩的積鬱發洩出來，然後再對他所說的問題，加以好言相勸。如果僅僅想咒罵對方一通，藉以

洩心中之怨氣，亦未嘗不可，不過這種方法一點也不能影響對方，反而會招致相反的效果，其利害和得失，各位自己是不難衡量的。

個別談心是思想政治工作的一種基本方法。說服離不開個別談心的語言技巧。其主要特點和作用是：

心平氣和，雙向交流

個別談心是個人與個人之間的感情交流，具有親近性。

個別談心是雙方坐在一起，心靈上互相碰撞，要求雙方都以平等的身分，輕鬆愉快地以心換心、互相交心，說出真實思想，促進感情融合，增進相互間的了解和友誼。坦誠直率，謙虛謹慎，尊重他人，是談心必須具備的良好心理素養。只有知心，才能達到推心置腹、情感相融的境界。妄自尊大、盛氣凌人、剛愎自用的作風，虛情假意、油腔滑調的壞習慣，是傷害個別談心的毒劑，它必然導致雙方產生鴻溝。

雙方在心平氣和、雙向交流的過程中，應做到洗耳恭聽他人之言，不擾亂對方的思緒；不應避實就虛、隱瞞自己的真情實感；不應強人所難，硬要對方聽你的枯燥無味的說教；不要故意閃爍其辭，使對方難以理解自己的意圖；也不應在對方給自己提意見時就大發雷霆，粗魯地頂回去；更不應出現傷人之語，損人之詞。這樣才能使談心的對方為之傾心，與之共鳴。

靈活機動，適用面廣

個別談心這一語言技巧，形式簡單自然，具有隨機性。內容不受時間空間限制，可以根據需要靈活地進行。個別談心語言技巧對環境條件要求不那麼嚴格，事先準備工作也不需太複雜。個別談心不僅適用於管理層和幹部間，也適用於一般群眾之間以及管理幹部與群眾之間，有利

於消除隔閡，互相學習，取長補短，共同進步，做好工作。

個別談心的方法需要靈活多樣，一般應掌握以下幾種方法：

一是詢問性質的。學會「問」的技巧，在問的過程中注意消除對方的疑慮。對有的人可以直接問，而對另一些人則需委婉地問。

二是批評性質的。對有的人可進行單刀直入的批評，而對有的人則需要啟發其進行自我批評。對被批評的人的成績應該肯定，對其缺點和錯誤要盡快引導其自行察覺。

三是命令性質的。這種情況只有下達組織的重要決定時才適用。如工作職位有所變動之前，主管要找該同事談心，向他交待新任務。這時也要因人而異，考慮個性的不同、新舊同事的不同，採取下達任務的方式也要不同。

四是平等性質的。上級要心平氣和，平等待人，以關心、信任的態度對待談話的對象。

針對性強，效果明顯

個別談心語言技巧符合人的大腦高度個性化的特點，具有針對性。上課、演講、廣播、電影、電視、戲劇等宣傳教育，是面對大多數的，不可能面面俱到，眾口均調。而在對症下藥、解決矛盾上，談心獨占優勢。這種優勢包括兩個方面：

一方面可以做到有什麼問題解決什麼問題。特別是當隨著社會的發展、生活水準的提高，人們思想觀念、生活方式和心理狀態，都發生了很大變化，產生各種思想問題，除靠行政手段外，而對個別性和特殊性的問題，則需要運用個別談心的語言技巧，方能更好地加以解決。

另一方面，構成社會主體的人群，在年齡、職業、文化素養、社會經歷、思想覺悟、各自愛好方面不盡相同。

個別談心要做到有針對性，應做到如下幾點：

一是要考慮對象。對象不同，基礎、需求、愛好不同。應盡可能從對方熟悉的或感興趣的話題入手。

二是要及時消除對方的各種心理障礙。在一般情況下，談心對象的心理活動大體有揣測心理、防禦心理、恐懼心理、對立心理、懊喪心理和喜悅心理等幾種表現形式。在個別談心過程中，各種心情往往不是單一的，常常出現多樣化和複雜化。但每一次談心總有一種心理狀態占主導地位。我們要了解一些心理學知識，及時消除影響談心的心理因素，使談心卓有成效地進行。

三是要從實際出發，因人而異。區別不同對象，提出不同層次的要求，對症下藥。尤其對後進者，「起點」不宜太高，防止他們喪失上進心。對其他人也要有分析、有區別，因人而異地講道理，做工作，盡量調動各類人員的積極性。

不要唯唯諾諾

唯唯諾諾，是退縮、軟弱、依賴、懈怠的象徵。唯唯諾諾，會使下級的才幹被埋沒，會使上級對你的才幹產生懷疑，會使你難以創造出令上級滿意的工作成績。下級當引以為戒。

什麼是唯唯諾諾？它是下屬沒有自信、沒有魄力，缺乏勇氣的一種表現，是一種軟弱的被領導者的心理缺陷。唯唯諾諾者多遵守紀律，樂於服從，但在許多情況下，這種服從對領導者來說是一種無用的服從。因為這種人給人的感覺便是，難當大任，不可能會創造性地展開工作，獨當一面地成為上級的「臺柱」。

所以，下屬要想獲得主管的重視和尊重，使自己成為一個對主管有

第五章　用心做事，謀略深遠立於不敗之地

用、甚至是無法離開的人，就要盡量避免唯唯諾諾這種軟弱的表現。

正如曾在日本電力公司服務，被人稱為「公司之鬼」的松永安左衛門曾經說的那樣：

「人要有氣魄，只要有氣魄，天下無難事。喪失氣魄的人，就沒救了，有氣魄者，地位、金錢，均可紛至沓來。」

也許有人會反駁我的觀點，說那也不盡然，唯唯諾諾固然是一種軟弱的表現，但「守弱」同樣也能發揮某種以弱克剛的作用，正是所謂「天下莫柔於水，但莫能勝於水」。還有人會舉例說，古代有個大臣馮道，歷經數朝而不倒，不就靠的是俯首貼耳、唯唯諾諾嗎？

唯唯諾諾者，或許能夠與上級相安無事，或許能夠在短期內為上級所賞識，但從長遠看，這絕不是什麼進取之道，這樣的下屬很難有所發展。

下屬能夠取信於上級，能夠為上級所重視和尊重，最重要的是要有實力。下級應表現自己的才乾和魄力，能夠替上級解決問題，上級才不會忽視你。而唯唯諾諾靠的則是上級的憐憫，一旦他不再需要你時，你便會變得一無是處，而且，你的軟弱表現還會助長他的侵害性行為。隨意地剝奪你應得的獎賞。

唯唯諾諾，會使下級的才乾被埋沒，得不到上級的賞識。上級說什麼，就是什麼，不敢提出反對意見，你的很好的想法也就不為人知，你的才乾就無法充分發揮出來。沒有對你工作能力的欣賞，上級是絕不會看重你的。

唯唯諾諾，會使上級對你的才乾產生懷疑。唯唯諾諾，是一種消極的行為方式，表現的是人的性格中不進取、不強大的一面。而許多工作的開展，則特別需要人的勇氣、毅力、堅韌、果斷、積極主動的態度和創造性精神。顯然，唯唯諾諾者不會讓上級感到放心，不敢把重擔交付

給你。一個下級，不能替上級辦大事，又怎麼能為上級所重視呢？一旦上級對你產生缺乏才幹、沒有氣魄的印象，你將會失去很多寶貴的機遇。畢竟，每一個下級都是不想一輩子碌碌無為，永遠停留在被領導的位置上的。

　　唯唯諾諾，會使你創造不出使上級滿意的工作成績。唯唯諾諾者有一個特徵，就是比較依賴，不能夠脫離上級的直接指揮和明確指示而獨立地展開工作，工作中也是謹小慎微，膽小怕事，不敢有所創新，不敢越雷池半步。試想，上級之所以把一部分工作交給下級去做，是因他覺得自己的下屬能很好地完成它，如果你仍舊需要事事得到上級的確切命令才能行事，這就等於把他分配給你的工作又踢了回去，他絕不會高興的。而且，事實上，要做好任何一件事，都是離不開人的勇氣和膽識的，許多工作還需要人的創造性，沒有或缺乏這方面的素養，就難以出色地完成工作任務。而一個沒有工作成績，在上級眼中是無能之輩的下屬，想獲得上級的欣賞和重用，這種可能性實在是很小。

　　被稱為「推銷之神」的日本明治保險公司理事原一平就是靠著他的勇氣和膽識獲得了主管賞識並最終獲得了事業上的成功。

　　當原一平在 31 歲時，仍不過是明治保險公司的一名普通業務員。一次，他想進謁三菱財閥的最高負責人兼本公司理事長串田萬藏，請求他寫一封介紹信，以便結識日本各企業高級經營人員，展開保險業務。

　　他走入三菱總公司大廈串田理事長的會客廳，坐了好長時間，竟然睡著了。後來，他的肩膀被人戳了幾下，只聽見串田理事長大聲喝道：「有什麼事啊？」原一平嚇了一跳，狼狽地站立起身來，好半天才說清來意。

　　串田沒好氣地反問道：「什麼？你想要求我做介紹保險對象這種玩意嗎？」

第五章　用心做事，謀略深遠立於不敗之地

原一平聽後，不禁氣沖沖地嚷了起來：「你這個混帳東西！你竟然說保險是一種『玩意』，公司不是一直教育我們說保險是正當事業嗎？虧你還兼著保險公司理事長哩，我這就回去告訴大家。」說罷，他掉頭衝出客廳。

原一平十分沮喪，很晚才回到家。一進門，卻看到串田派人送來的急信，上面寫著：

「今天你特地來見我，我卻白活了這麼大歲數，沒能善待你，實在失禮了。明天是休息日，如不嫌棄，請撥冗到舍下一趟。」

第二天，原一平受到了接見。串田從原一平的暴怒中欣賞到他對工作的忘我的熱忱，認為他是一個盡職的人才，決定予以重用了。

這個例子告訴我們，下級應該在工作中表現出勇氣和熱忱，勇於指出上級的錯以指出，勇於表現自己的才能和自信，從而使上級認識你，欣賞你，信賴你，委以重任，成為上級事業上的助手和知音。

不要恃才傲物

恃才傲上者，不尊重上級，不認真對待工作，不會善待自己的才能，往往與上級的關係十分緊張。下級應以史為鑑，從多方面入手來改善自己同領導的關係。

越是才華出眾的下級，越是應該慎重地處理上級的關係。就好比越是長得高大的樹木，越是應該埋下頭來，才不致於被風吹折。

一些人，自恃有才而驕傲自大，目中無人，往往與上級的關係搞得很緊張，這不但會給自己帶來諸多不利，有時甚至招來殺身大禍。

在《三國演義》中，就有這樣一個因恃才傲物而招來禍患的人，在處理與上級的關係方面，他可以說是一個典型的失敗者。

不要恃才傲物

《三國演義》第六十回稱讚楊修：「博學能言，智識過人」，但由於他「恃才放曠，數犯曹操之忌」，結果是「聰明反被聰明誤，斷送了卿卿性命」。

曹操曾授意建一座花園，建成後，曹操前去觀看，卻不置褒貶，只是提筆在門上寫了一個「活」字而去。大家都不解其意。楊修便說，門內添個「活」字就是「闊」，這是丞相嫌門太大了。於是，馬上進行改造，然後再請曹操來看，曹操十分高興，便問是誰能知道我的心意。有人說是楊修。當時，「操雖稱美，心甚忌之」。

還有一次，有人給曹操送來一盒酥，曹操在盒子上寫了三個字：「一合酥」，便放在桌子上，楊修看見了，竟把一盒酥與眾人一起分吃了。曹操問他緣故，楊修說：「盒上明書『一人一口酥』，豈敢違丞相之命乎？」這時，「曹雖喜笑，而心惡之」。

到最後，即建安二十三年，劉備兵出定軍山，老將黃忠殺死曹將夏侯淵，曹操領兵來到漢中，與劉備兩軍相恃，欲要進兵，又被馬超拒守；欲收兵回，又恐被蜀兵恥笑，心中正在猶豫不決。曹操一天夜裡正在喝雞湯，見碗中有雞肋，感懷不已。此時夏侯惇入帳詢問夜間口號，曹操便隨口說：「雞肋，雞肋」，楊修聽到「雞肋」二字，便命令隨行軍士，各收拾行裝，準備歸程。夏侯惇得知，驚問其故，楊修回答道：「以今晚的號令便知魏王就要退兵了。雞肋，吃起來沒肉，扔了又覺可惜。現在我們進不能勝，退恐人笑，在此無益，不如早早回去。來日魏王定會班師回朝。所以先收拾行李，以免臨行慌亂。」夏侯惇聽了，深為信服，亦收拾行裝去了。於是寨中諸將，無不準備回師。晚上曹操出來散步，得知此情，不禁大驚，有人便把楊修的話告訴了曹操。曹操大怒，以擾亂軍心之名，將楊修斬於轅門之外。

從「操雖稱美，心甚惡之」到「操雖喜笑，而心惡之」，再到「操聞

第五章　用心做事，謀略深遠立於不敗之地

而愈惡之」，以至為曹植出謀劃策對付曹操，曹操便有了殺修之心。究其原因，就是因為楊修「恃才放曠」，不懂尊重上級，更不願「夾著尾巴做人」所致。不把上級放在眼裡，還處處與上級唱反調，賣弄自己的才學，這自然不能為曹操所容，必欲除之而後快。這實在應為「恃才傲物」者所警惕。

恃才傲上，目無上級，最終吃虧的只能是下級，這對下級的成長無疑是極為不利的。

恃才傲上者，往往不尊重上級，喜歡挑上級的毛病。他們是看不起上級的，也絕對不會與之合作。這樣，上下級關係就很難得到正常的發展。上級往往會因其故意損害自己的威信，不但自己不努力還故意洩大家的氣而感到不滿，輕者批評他，重者則把他「炒了魷魚」；做得公道點，便以紀律要求他，做得稍過頭點，便是處處給他找麻煩。這種人，無論走到哪裡，都是不會討人家歡喜，也不會受到歡迎的。

恃才傲物者，往往看不起上級的能力，對其命令更是百般挑剔，不願用心去落實，敷衍了事。這種人存在於組織中，勢必渙散人心，瓦解鬥志，為上級所不容。加之其過分聰明，看事清楚又多愛賣弄，上級也是不願親近他的，更不會把重要的任務交給他去完成，這樣的人，由於很難與上級融洽相處，因此很難做出什麼成績來，往往最後陷入清談，甚至不受同事們的歡迎。所以，人固有才，卻難得重任，最後只能是碌碌無為，沒有發展。

恃才傲上者，往往把精力用在挑剔上級的毛病，賣弄自己的才學上，不願意認真做事，結果使自己真正的才華也得不到發揮，漸漸地敬業愛業之心日益減少，用於「內鬥」之心增多，個人才華逐漸生疏、埋沒，日久，便成為無所用心的庸人。這與其說是「損人不利己」，倒不如說是「損人害己」。

據有人對 400 名幹部的調查表明，有 30.5％的下級，其智力和才幹超過他的上級。在這種情況下，特別容易產生下屬看不起上級的現象。如果下屬不從思想和實際行動上解決這個問題，勢必造成輕慢上級、不服從上級的現象，使上下級關係變得十分緊張。

怎樣解決這個問題呢？

首先，你應該承認與上司之間存在著差異，你不僅要看到自己的優點，也要看到上級的長處。上、下級之間有著分工的不同、職責的不同，可能下級在某一方面比較強，但卻不具備統御全局性的能力。因此，下級一定要以公允之心多看看上司的長處。

記得一位科技工作者曾對我說過，他說：「我原先總是報怨自己的上級是個外行，什麼也不懂，卻來管理我們這些精通專業的人。現在我想通了，許多事情我的確做不了。管理的工作絕不簡單，靠專業知識是解決不了的。現在我對上級很服氣，我得把精力全都用在科學研究上，做出成績。」

在我們生活中的確存在著這種情況，即有些專業人員被提拔起來後，結果是碌碌無為，不僅工作沒做好，自己的專業也荒廢了。這說明，智力再高，也不一定是比領導高明，適合做領導者。

其次，一個下級一旦投身組織，就應該服從上級的指揮與領導，建議可以提，但絕對要對已決定的事負起執行的義務。階層制也許不是最好的，但卻是目前人類最有用的組織形成，是保證效率的根本。下級應該有此覺悟，自覺服從領導者的指揮。

再次，確有才華的下級更應謙虛謹慎。越是謙虛，就越能得到別人的尊重，得到上級的欣賞。在中華文化的氛圍中，表示謙虛以取得一種融洽的人際關係，這是一種十分有用的處世哲學。下級一定要事事謙遜，處處維護上級的尊嚴和權威，才會得到上級的信任，把你的才能發

第五章　用心做事，謀略深遠立於不敗之地

揮出來，做出一番業績。

最後，作為下級應積極主動地與上級進行溝通，坦誠地交流意見，透過幫助上級改進工作來贏得上級的信賴，並使上級逐漸了解自己的才能。

不要過分疏遠

過分疏遠上級，不利於下級推銷自己，不利於影響上級，不利於消除隔閡，不利於做好工作。下級要正確區分與上級接觸同「拍馬屁」「別有用心」的界線。

如何處理好與上級的距離問題，是一門很深的學問。部屬既要尊重上級，追隨上級，又不可過從甚密，甚至是與上級你我不分；既要與上級保持適當的距離，又不能過分疏遠，影響彼此的感情。在許多論述下級與上級相處的著作中，就「保持距離」問題已談論很多，這裡我們將著重討論另一個問題，即下級也不要對上級過度疏遠。

在《智囊補・上智部遠猷卷二》中，馮夢龍曾介紹了一個叫唐肅的人，此人就深諳人情世故，深諳官場中距離之三味的。

唐肅曾與丁晉公是好朋友，兩家的宅院正好相對。丁晉公馬上就要入朝輔弼皇上了，唐肅就把家遷到了一個叫州北的地方。有人問他其中的緣故，唐肅說：「去他家小坐則要行大拜之禮，來往幾次，就有了攀龍附鳳之名。如果很久又不相見，必然又會引起對方在情感上的猜疑，所以還是躲開的好。」

馮夢龍對他的舉動甚為稱讚，評曰：「立身全交，兩得之矣。」

在我們的日常工作中，在如何處理與上司的距離問題上，有些同事的確做到了「保持距離」，不會「事涉依附」，但也有的人過分地疏遠上

司，以至於「情有猜疑」，影響了上下級關係的正常發展，這實在是與上司和諧相處的一大忌諱。

當然，我們說友誼與勢利是兩回事，並不等於說友誼不會帶來利益。抱以一種實用主義的態度，與上司關係很好這本身就是一種利益，對下級大有好處。

總之，與上司的接觸和交往，是一個自然而然的動態過程，切不可過分疏遠，以示保持距離，或者有意與上司接觸，以示縮短距離，這都是不恰當的。

巧用請教獲好感

孔子教導我們要「不恥下問」，按這種道理說，「上問」就更應該理所當然。領導也許學歷不如你，某些方面的能力也許不見得很強，但是他之所以成為領導者，自然有他的長處，多向他請教不但能加強自己的能力，有助於完成好工作，也能給領導留下良好的印象。一舉兩得，何樂而不為呢？

陸和李是同一頂尖大學的畢業生，他們的成績都很優秀。兩人分配到同一家公司。一年以後，陸提升為部門主管，李則調到公司底下的一間機構，地位明升實降，因為沒有任何實權。為什麼？

他們分配到該部門後，主管各交給他們一件工作。陸在分析調查之後，提出了若干方案給主管看，又向主管逐條分析利弊，最後向主管請教，用哪個方案？這時，主管對他的分析已經很信服，當然採取了他所推薦的那個方案。然後，他又問主管如何具體實施。主管說：你自己放手做吧，年輕人，比我們有幹勁。陸連忙說，自己剛來，一切都不熟悉，還得多聽主管的意見。因為陸的態度謙恭，意見又到位，主管很滿

233

第五章　用心做事，謀略深遠立於不敗之地

意，當即向幾個部門的主管打電話，讓他們大力協助小陸的工作。因為有了主管的交代，小陸在實施自己的方案時又時時注意與各部門人員協調，他的工作完成得又快又好。

小李呢？他也做了精心的準備，方案也設計得十分到位。但他一心沉浸在工作的熱情中，完全不記得要向主管請示一下。領導是開明的，既然說過讓他全權處理，自然也不干涉，但也沒有和下面人交代什麼。等到小李把自己的計畫付之於實踐，各部門人員見他是新來的，免不了有些怠慢，小李心直口快，與某人頂撞，這可惹了麻煩，因為這人正是公司總經理的親信。後果可想而知，他的工作處處受阻，最後計畫中途流產。

有人因為害羞不敢向主管請教，有人因為自傲不願向主管請教，有人害怕向主管請教會顯出自己沒本事……其實這些顧慮大可不必，多思勤問的人總是會得到主管的重視，一則，你的提問顯出你對工作的熱情和思考；二則，你的提問顯出你的謙虛和誠懇。這樣的人誰會不喜歡呢？

巧進忠言

在現實生活中，由於上級的一時衝動或不夠理解問題所在，或者本身就自恃權重而決策失誤，使個人、企業甚至國家即將蒙受經濟和信譽上的損失時，應當仗義執言，闡明利害關係，說服上級收回成命。

趙奢原先只是趙國田部的官吏，負責徵收田租的工作。當時，平原君趙勝家不肯照規定繳納，趙奢依法施罰，殺了平原君九個主事的人。平原君大怒，預備殺趙奢以示報復。

趙奢趁機說：「您是趙國的貴公子，今天連您自己也放任家臣不守國法，國家法令的尊嚴就會受損；法令受損，國勢會因而削弱；國勢弱，

則諸侯就會伺機而動，趙國的危亡就在旦夕了。到那時，您如何享受這種富豪的生活呢？反之，以您的富貴之家帶頭奉公守法，則可以導致全國上下一心，國家就會富強，趙國的地位自然穩固了，而您呢，貴為國戚，還怕天下人輕視嗎？」

平原君認為趙奢是一個有遠見的人，就把他推薦給了趙王。

平原君畢竟是自己國家的人，江山社稷也是他們自己的家族的天下，所以採納意見，顧全大局。同時，發現了一個忠心耿耿的擁護者。

在現代社會中，有很多的企業家並不透過調查，而只是透過憑空想像，僅考慮到某些片面，就做了某項決定。造成不利的影響。對於這些情況，不能聽之任之，應當仗義執言，否則一旦出現問題，上司依然會振振有詞地說：「為什麼沒有人反映？」雖然是大家共同的責任，但對於企業和社會將是很難彌補的。

領導者往往都比較自信，而且做事往往會獨斷專行。所以，如果你訴說的僅僅是目前的現象和實情，有時就不能獲取他的認同，而且搞不好，有的領導者還會認為你不理解他的苦衷，甚至產生誤解，認為你是在有意逃避責任。怎樣才能讓領導者充分理解你的苦衷呢？一定要記住：在必要的時候，對這樣的領導者，你可以採用推導可能結局的方式，從領導者準備做出的決定出發，合乎邏輯地推匯出最可能產生的後果，從而引發領導者內心深處對你的觀點的認同，從而達到申說的目的。

小常受聘於一家私立學校，由於學校的宣傳很到位，學校創辦伊始就有很好的開始，這樣一來，倒是授課的老師有些忍受不了了。但老闆認為應該「寧缺毋濫」，決定只用現有的教師力量，提高教師的每週的課時，並承諾按增加的課時給老師們提高薪資。可是小常卻有自己的看法：因為他又特別看重自己的名聲且是一個有高度責任感的老師，如果這樣每天超過負荷工作，勢必身心疲憊，從而影響教學品質，對自己的名譽

第五章　用心做事，謀略深遠立於不敗之地

和學校的長遠發展都很不利。於是他決定向老闆申說一下自己的想法。他從關心學校的前途命運入手，指出教學品質和精益求精的重要性，從而推導出如果按照老闆的方式發展下去，在教學上難免會出現敷衍的現象，而這正是老闆所非常關心的問題。他的申說很自然地引起了老闆的高度重視。

仗義執言也要分清上司的真實意圖，或許上司並不是真正地想請下屬提意見，而是一種向下屬炫耀自己的水準，如果當真的話，不但得不到什麼好感，反而會對自己的前途產生不利的影響。同時提意見也要採用相應的方式，諸如先揚後抑，採用請教的方法都可以達到相應的效果。

小麥曾經在一家廣告公司任職。她工作上能吃苦，且待人熱情、聰明能幹，自然得到老闆的賞識。但有一天，老闆找到她，說自己訂了一份公司經營規劃，想讓她給提提意見，小麥就輕易地把她直率的個性顯露出來了，結果對老闆的經營規劃提出了不少批評意見，而且有的地方還批評得異常尖刻。當然，她的出發點是好的，而且她的很多意見都很有見地，照理說應該得到老闆的賞識。但不足一個月，她被老闆炒了魷魚。因為雖然老闆表面上會擺出一副虛心採納下屬意見的姿態，可能夠真正做到這一點的很少很少。小麥錯就錯在自己說話太直率了，明顯地不把上級放在眼裡，傷害了上級的尊嚴。

我們都知道要想得到別人的尊重，就必須先尊重別人。對於主管和老闆也是如此。尊重老闆的具體表現就是你的言談舉止，尤其在老闆要你給他提意見時，這時你的語言技巧顯得格外重要。比如，你可以採用讚揚和肯定的語氣，先對老闆的計畫讚美一番：「老闆，你的計畫真的很棒，假如付諸實施的話，一定能使公司的業績有大幅度的提高。不過，我想到一個問題，你看在這個方面能不能這樣……」採用這種方式提出自己的意見，既能夠讓老闆開心，還能夠讓他採納你的意見，豈不兩全其美？

增強自己的辦事信心

(1) 改善外表

換一套新洗過的衣服,去理髮店剪個頭髮,使你覺得煥然一新。因而增強自信。

(2) 進行想像練習

想像你正處在最感羞怯的場合,然後設想你該如何應付。這樣在腦海裡把你害怕的場合先練習一下,有助於臨場表現。

(3) 吸收他人的經驗

留心觀察和學習別人主宰情勢的做法。

(4) 逐漸接近目標

可以減少你的焦慮。

(5) 專心傾聽別人的講話

例如在輪到你講話之前,先專心聽別人怎麼講。一來可以分心,不再一心掛念自己;二來當你講話時,別人也會專心聽你的。

(6) 多提「問答題」,少提「是非題」可以使你處於主宰的地位。

(7) 技巧多加演練

例如你要出席一個舞會,就在事前先練習一下當前流行的舞步,可以減少到時出現尷尬。

(8) 多找你不認識的人談話

例如在排隊買東西時,多與人攀談。可以增加你的膽量和技巧,又不至於在熟人面前出醜。

(9) 避免不利的字眼

例如與其自己對自己說：「我感到很緊張。」不如說：「我感到很興奮。」

(10) 確信一個事實

在別人的心目中，你並不像你想像的那樣害羞。

(11) 設法避免緊張時的動作

例如你演講時手會發抖，就把講演稿放在講臺上。

(12) 事情做好了，不忘自己慶祝一番

有助於增進你的自信。

(13) 多多參與

不要拘泥，多參加活動，多與人接觸，對克服羞怯心理很有幫助。

(14) 重要的三大原則

①確信自己一定會成功，摒棄一切不利的想法。
②人無完人，不要因為自己的弱點而自怨自艾。
③相信天下誰都或多或少地有羞怯心理。

凡事要考慮好再做

做決策需要深思熟慮，然而思考的方式卻有很多。由於正確的解決之道只有一個，因此集思廣益是非常必要的。當你需要構思一個新的做法時，像思考如何減少股票投資損失這樣的問題時，你需要知道各種不同角度的想法，不論它是截然不同的看法，是片面的想法，或是富有創

意的思考。

每個人或多或少都有一些創意。而你所要扮演的角色,是建立一種激勵創新的工作氣氛,讓你的小組工作成員在這種氣氛裡能勇於提出新構想。

1. 了解你的職權界限以便做決策工作。假如你不太確定的話,要去問你的上級經理,請他就你的許可權範圍做一番確認。

   例如你在公事上的各項支出,報帳時,其金額在多少錢以內可以不需要單據,你有權給客戶折扣,或是同意退費嗎?假如有,最高的限度是什麼?你可以聘用人員或辭退員工嗎?類似這些的問題,你都需要有一個明確的指示可以遵從。

2. 勿要求你的經理幫你做決策。假如你碰到困難時,把各種可能的做法列一張表,選擇其中的一項,然後與你的部屬商量,將這種方法向你的部屬做說明,訓練他們也能自己做決策。

3. 不要把你所列的那些不同做法,都看成是互相牴觸的,事實上它們很少會有那麼截然不同的分別。最好的做法也許是採用折衷的方式。例如假使你手下兩個最得力的業務人員都想要擔任公司的代表,這時你何不乾脆把他們兩人都派出去,給你的顧客來一個最深刻的印象呢?

4. 在做決定時,要盡可能地收集相關資料。決策的制定是根據事實而不是你個人一時的情緒好惡。

5. 往後退一步,把問題做一番審慎的思考。唯有正確的決策才能解決問題。

不同的人有不同的才能,有些人擅長數字,有些人擅長文字,有些人則對史哲有天分。在做決策以前,要把你小組的人才派上用場。

6. 永遠不要違背公司的政策。如果你認為公司的某一些規定有錯誤，你要在私下會談時向你的上級經理提出質疑，讓他知道不能因為「這是公司的政策」或是說「這些事情公司一直都以這種方式處理的」，就讓一個不好的制度一直持續下去。一個經營成功的公司不會把已經確立的各種制度，都當做是絕對的。創新的構想之所以會產生，往往是因為人們從不同的角度去思考問題的結果。

7. 如果你對上級所做的某項決定不滿意，你要冷靜地與你的經理討論這一個問題。討論之後若仍然不滿意，那麼有三種選擇：一是接受這項決定並給予全力的支持；二是將這個問題透過投訴程序向更高階層反映；三是辭職。不要嘀嘀咕咕地接受這個決定，然後又在你的小組面前大肆批評。你不是拿了薪水到公司來製造糾紛的，或是把你的工作同仁弄得無所適從，而且就算把你和每一個員工都不支持的決策撇清關係，也不能因此便贏得夥伴們的忠誠。

8. 著急並不能解決事情。把事情從頭到尾想一想，如果需要找別人幫忙時，不要覺得很勉強。

9. 當你的工作人員中，有人向你要求一些比較特別的待遇時，你要在同意之前仔細地想清楚。如果你同意讓你的祕書延長他的假期，而卻又拒絕其他人相同的要求，那你會表現得前後不一致，你的員工也會因此而不滿。

10. 你若決定因某些特殊的情況而放員工一天假，那你要把特殊情況的內容向員工說清楚，否則員工可能會將之誤認為是一種慣例。假定你兩個星期因為業務較輕鬆的關係，特准員工提早下班回家，那麼這並不表示員工第三個星期也可以提早回家。

抓住事物的本質

人們常說，有志者事竟成。但這句話有個前提，那就是做事的方式要符合自然的規律。我們周圍經常可以看到，有些人花費了大量精力卻沒有獲得成功，之所以如此，不在於他自己缺乏本領，往往是沒有透過事物的假象避虛就實，揚長避短，使自身的優勢發揮出來。

有一家紡織廠，本來以生產人造纖維見長，且設備和技術都很好。但他們看到當時市場上棉紗吃緊，而人造纖維生產卻競爭激烈，便主動放棄人造纖維生產的改造提升，把資源都投入到棉紡上。結果棉花市場原料吃緊，新轉型的企業更是沒有原料。而此時，人造纖維市場需求重又回升。這樣一來，他們兩頭都沒有抓住，整個企業從此一蹶不振了。

在上面的事例中，市場上棉紗吃緊是虛，而企業人造纖維生產條件良好是實，生產的關鍵是要避虛就實，即發揮自己人造纖維的生產優勢打一場實力戰，但企業負責人沒有看到自己的實力，棄生產人造纖維而轉頭去生產自己不擅長的棉紗，這就注定要失敗。

由此可見，正確理解優勢，發現不足，對於成功是多麼重要啊！

當然，對經濟市場的觀察要善於透過表面現象，而觀察到事物的本質，即在虛假的現象之中，發現市場的潛力，找到突破的重點，要做到這一點，既要有敏銳的觀察力，又要有豐富的想像力。

許多人把想像力歸於畫家、音樂家等從事藝術的人才需要的一種能力，其實這種想法太片面了；要想做好任何一件事，充分發揮想像力是必不可少的。

據說，英國和美國各有一家鞋廠都試圖在太平洋上的一座島嶼開闢新市場。於是各自向該島派去一名業務員作實地調查。這兩位業務員到達後的第二天，各自向本廠發了一封電報。

英國業務員的電報為：本島無人穿鞋，我於明日乘首班飛機返回。

第五章 用心做事，謀略深遠立於不敗之地

美國業務員的電報為：太好了，該島無人穿鞋，是一個潛力很大的市場，我將長駐此地。

面對同樣的現實，兩位業務員卻作出截然不同的判斷。英國的業務員不能夠避虛就實，墨守成規，認為不穿鞋的人便永遠不會買鞋，結果錯失良機。而那位美國業務員卻思路敏捷，想像力強。不穿鞋的人可以改變習慣，穿上鞋，而正因為他們從沒買過鞋，所以正是一個有待開拓的廣大市場。結果，美國的鞋廠打贏了這場競爭，他們的銷售量成長了17%。

請看，識破假象對於商業競爭有多麼大的影響。要識破假象就需要避虛就實，充分發揮想像力。這就好比給人的大腦插上翅膀，能讓我們飛得更高更遠。

一定要把握時間

時間對我們每個人都是一樣的，它大公無私給予每一個人，可如何操縱時間，卻是一個難題。

美國的一位談判專家，在擔任美國某企業的代理期間，曾和日本某企業進行談判。當時發生了一段有趣的故事，從此這位談判專家就對日本的談判術讚不絕口。

他一到日本羽田機場，就幹勁十足地第一個下了飛機。這時，代表日本企業與他談判的兩名職員早就在出口處迎接了。

這兩個人接過他的行李，引導他乘上已等候多時的高級轎車，送他到已預定好的旅館去。日本方面的接待如此周到，著實令他非常高興。

在車上閒聊時，日本職員問他預定哪一天的班機回去？

他受到如此的禮遇，覺得非常感動，他非常自然地從口袋裡取出回

程機票，給日本人看，機票上寫著兩週後要回去的時刻。

這位美國的談判專家無意中洩露了他的時間安排，就決定了他在談判上的勝負。因為日本方面對於自己要與人談判的最後時限，往往視為機密，不願讓對方知道，但是對於對手預定的最後時限，卻總要想辦法去探得。

他不但沒有發現這個致命的事態，而且還沾沾自喜。

以後談判的主動權全掌握在日本人手中了。談判按照日本方面的安排逐步地進行著。在前10天裡，日本方面對於重要的談判內容一句也不說，每天只是招待他到各個名勝古蹟去參觀遊覽。直到他將離開的最後兩天才開始談判，在談判中途又是酒會，又是歡送會，把談判的時間分割得零零碎碎。到談判的最後一天，才真正開始進入主題，當談到最重要問題時，接這位美國的談判專家去機場的小轎車已等在了門口。

於是談判只好在車裡進行，到機場，終於完成了交易的談判。

毋庸置疑，談判的結果，當然是日本方面獲得全勝，而他所取得的談判條件也必然對自己不利。

這位專家失敗的原因是他沒有按部就班在預定時間內進行談判，而日本人卻運用了最後時限的技巧，事前牢牢掌握了對方的行程表，終於獲得了最後的勝利。

一定要先發制人

佐佐木基田是日本神戶的一位大學畢業生，他畢業後在一個酒吧打短工時，遇到一位中東來的遊客，二人說話很投機，於是遊客慷慨地送給他一個很有特色的奇妙的打火機。

這個打火機妙就妙在：每當打火，機身便會發出亮光，並且隨之出

第五章　用心做事，謀略深遠立於不敗之地

現美麗的圖畫；火一熄，畫面也便消失。

佐佐木反覆擺弄、玩味，覺得十分美妙，新奇。於是他向遊客阿拉罕打聽這種打火機是哪裡生產的，阿拉罕回答他是在法國買的。

佐佐木靈機一動，心想要是能代理銷售這種產品，一定會受很多人尤其是年輕人歡迎，肯定還能賺一大筆錢。他一邊想，一邊就行動起來。他想辦法找到法國打火機製造商地址，寫信給他，十分懇切地要求代理這種產品。最後他花 1 萬美元獲得了這種打火機的代理權。

當佐佐木「搞定」打火機代理權時，日本也有幾個商人想獲取法國打火機的代理權，結果讓名不見經傳的佐佐木捷足先登取得了。若佐佐木沒有「先發制人」，他很可能競爭不過其他有代理商品經驗的商人。在推銷打火機的過程中，佐佐木不停地想，受這種神奇打火機的啟迪，他的靈感再次觸動，想到了成人玩具，於是下決心發展成人玩具事業。

他從探究法國打火機的訣竅入手，先掌握其竅門，再進行改造，並由打火機推及到水杯等，設計製造了能夠顯示漂亮畫面的水杯產品，大受日本人歡迎。

他造出的這種水杯，盛滿一杯水時便出現一幅美麗逼真的畫面，隨水位的不同，畫面也發生變化。人們用這種杯子品茶閒談，簡直是一種享受，於是都對這種杯子愛不釋手。

佐佐木累積資金後創辦了一個成人玩具廠，專製打火機、火柴、水杯、原子筆、鑰匙扣、皮帶扣等帶有奇妙特色的產品。這些產品市面上不是沒有，但佐佐木總是先人一步，在某項功能或某種款式上下功夫，做到人無我有，人有我優，總之，要弄得有別於他人。他憑著才氣和靈活的頭腦，赤手空拳闖天下，終於由一個窮書生變成了腰纏百萬貫的富翁。

奇妙的打火機引導著佐佐木走上了神奇的發家之路。

「先發制人」是指比對方搶先一步，也就是「快打慢」的手段。但怎樣打法呢？那就得看看要打的是什麼人，環境怎樣了。

比如你想發展某人為客戶，想與某小姐相識相愛，想引起你的上司的注意，「先發制人」往往勝數要大些。尤其是對偶然性的機遇，你更是要搶先一步，因為時機不會等人。

辦事有條理

一位商界名家將「做事沒有條理」列為許多公司失敗的一大重要原因。

工作沒有條理，同時又想把蛋糕做大的人，總會感到手下的人手不夠。他們認為，只要人多，事情就好辦了。其實，你所缺少的，不是更多的人，而是使工作更有條理、更有效率。由於你辦事不得當、工作沒有計畫、缺乏條理，因而浪費了大量員工的精力和體力，吃力不討好，最後還是無所成就。

沒有條理、做事沒有秩序的人，無論做哪一種事業都沒有功效可言。而有條理、有秩序的人即使才能平庸，他的事業也往往有相當的成就。

大自然中，未成熟的柿子都具有澀味。除去柿子澀味的方式有許多種，但是，無論你採用哪一種方式，都需要花一段時間來催熟。如果你不等一定的時間，就沒法使柿子成熟而除去澀味。這麼說來，叫猴子去等柿子成熟，似乎不可能。因為猴子會經常來瞧瞧，甚至咬一口看看，於是它就沒有希望嘗到甜柿的滋味了。

任何一件事，從計劃到實現的階段，總有一段所謂時機的存在，也就是需要一些時間讓它自然成熟的意思。無論計畫是如何的正確無誤，總要不慌不忙、沉靜地等待其他更合適的機會到來。

第五章　用心做事，謀略深遠立於不敗之地

　　假如過於急躁而不甘等待的話，經常會遭到破壞性的阻礙。因此，無論如何，我們都要有耐心，壓抑那股焦急不安的情緒，才不愧是真正的智者。假若連最起碼的等待都做不到的話，那麼和猴子也沒有兩樣。

　　一位企業家曾談起了他遇到的兩種人。

　　有個性急的人，不管你在什麼時候遇見他，他都表現得急忙的樣子。如果要同他談話，他只能拿出數秒鐘的時間，時間長一點，他會伸手把錶看了再看，暗示著他的時間很緊張。他公司的業務做得雖然很大，但是開銷更大。究其原因，主要是他在工作安排上七顛八倒，毫無秩序。他做起事來，也常為雜亂的東西所阻礙。結果，他的事務是一團糟，他的辦公桌簡直就是一個垃圾堆。他經常很忙碌，從來沒有時間來整理自己的東西，即便有時間，他也不知道怎樣去整理、安放。

　　另外有一個人，與上述那個人恰恰相反。他從來不顯出忙碌的樣子，做事非常鎮靜，總是很平靜祥和。別人不論有什麼難事和他商談，他總是彬彬有禮。在他的公司裡，所有員工都寂靜無聲地埋頭苦幹，各樣東西安放得也有條不紊，各種事務也安排得恰到好處。他每晚都要整理自己的辦公桌，對於重要的信件立即就回覆，並且把信件整理得井然有序。所以，儘管他經營的規模要大過前述商人，但別人從外表上總看不出他有一絲一毫的慌亂。他做起事來樣樣清清楚楚，他那富有條理、講求秩序的作風，影響到他的全公司。於是，他的每一個員工，做起事來也都極有秩序，一片生機盎然之象。

　　你工作有秩序，處理事務有條有理，在辦公室裡絕不會浪費時間，不會擾亂自己的神志，辦事效率也極高。從這個角度來看，你的時間也一定很充足，你的事業也必能依照預定的計畫去進行。

　　廚師用鍋煎魚不時翻動魚身，會使魚變得爛碎，看起來就不會好吃。相反的，如果盡煎一面，不加翻動，將黏住鍋底或者燒焦。

　　最好的辦法是在適當的時候，搖動鍋子，或用鏟子輕輕翻動，待魚

全部煎熟，再起鍋。

不僅是烹調需要祕訣，就是做一切事都得如此。當準備工作完成，進行實際工作時，只需做適度的更正，其餘的應該讓它有條不紊、順其自然地發展下去。

人的能力有限，無法超越某些限度，如果能對準備工作盡量做到慎重研究、檢討的地步，至少可以將能力做更大的發揮。

今天的世界是思想家、策劃家的世界。唯有那些辦事有秩序、有條理的人，才會成功。而那種頭腦昏亂，做事沒有秩序、沒有條理的人，成功永遠都和他擦肩而過。

提高辦事效率的幾種方法

(1) 要掌握讀與記的技巧

對於現代人來說，有時間能盡量多閱讀一些書報和雜誌，無疑是一件美好而必要的事情。其實，只要具備了某些技巧，便可大幅度地節省時間，比較一般閱讀者與速讀者的差異就清楚了。一般人閱讀速度，大約是一分鐘三四百個字，然而，經過速讀記憶法訓練的人，能使書上的文字由「讀」逐漸成為「一躍飛入眼簾」。一分鐘讀20萬字，亦即一分鐘讀一冊書，而且理解的效果等同於、或者超過精讀。這是在現代分秒必爭的競爭社會中，欲把握時間不可或缺的技能。

(2) 要培養隨時記錄的習慣

蒐集創意、數字，以及各類有用的資訊，加以整理後記錄下來，可使自己的生活更加充實，知識更加廣博，用很少的時間學到許多活的有價值的東西。

第五章　用心做事，謀略深遠立於不敗之地

如此看來，創造時間的辦法之一，是應該在會議及重要會談時，帶著筆記本，趁著記憶還很鮮明清晰的時候，把要點趕緊記下來，這樣不但能夠節省時間，還可以避免錯誤。

(3) 要果斷地採取行動

無論建立偉業還是做平凡小事，優柔寡斷的結果就是失敗。明明一刻鐘就可以解決的問題，拖下去就不是一刻鐘能解決得了的。拚事業的人，要時刻提醒自己：把充裕的時間留給特別困難且有意義的問題，不可把大量寶貴的時間耗費在與事業關係不大的一些問題上。

(4) 要善於利用電話辦事

電話是現代文明的產物，可以幫助我們節省時間。當我們忙得無法抽身與對方會面時，只需撥通電話，便能把想講的話講清楚。想得到有關資訊或了解有關情況，電話的確是最直接也是最簡捷的工具。

但是，如果電話使用不當，反而會浪費時間，諸如電話閒談、聊天等，也許是大可不必去費神打電話的。因此，若沒什麼重要事情，就應避免多打電話。此外，打電話之前，要先檢查手邊的資料是否齊全，比如說，電話號碼簿、談話內容的準備、記錄用的筆和紙等。

(5) 要盡量避免與人雜談

談話是人際交往的重要形式。有人估計，人們每天除了 8 個小時的睡眠以外，其餘的 16 個小時中，約有 70% 的時間都在進行相互交往並溝通。談話所進行的直接交往，不僅可以交流社會上的各種資訊和情報，而且交流思想、情感、觀點。交談中往往包含許多生動的細節，如談話

的氣氛、談話的表情和手勢等對於我們了解某些情況是很有幫助的。同時，成功的談話，還有連繫感情，增進了解和友誼，消除疲勞和緊張，使心情愉快的作用。所以對於成就事業來說，適度的交際應酬是不可或缺的。但是也應該有限度，假如交談的盡是些無補於事業與身心的話題，那麼，就應該理智地終止。

(6) 盡量讓郵差去跑腿

寫信的功能是不可計數的，能夠慢一點才辦的事，只要寫封信就解決了。與電話一樣，寫信能幫助我們節省時間，無論是購物還是匯款，都能以投遞的方式來代替。只是要注意對收件人來說，時間同樣是寶貴的，故而寫信時文字應力求簡潔，盡量避免使用容易讓人誤解的文字，下筆前也應思索一下如何表達得更明確，寫得越短越精越好。下筆前，問自己要寫的那句話是否有刪除的必要，能刪則毫不吝惜。

(7) 多多利用空閒時間

當代法國著名的未來學家指出，在未來社會裡，人感到最主要的不是能用於買到一切的金錢，也不是商品，而是業餘時間——這種時間可能給人們以知識和文化。因此，學者們紛紛預言：在人們有更多的時間由個人支配時，必須設立如何安排、利用空閒時間的課程。於是「餘暇消費」的概念應運而生，對餘暇的合理利用和創造性利用已經成了時間專家們探討的專門領域。倘若我們只把人的一生按 70 歲計算，除掉學齡前的 7 年，如果一天利用空閒時間學習或工作 2 小時，就相當於多活了 15 年，該能做多少有意義的工作！

(8) 要留意與工作有關的事

　　珍惜時間並不是讓人們變成只是忙於各種具體事務，而沒有時間對它們的真正價值進行客觀估價的低效率的工作狂。創造時間的方法之一，就是要人們懂得在行動中更多地進行思考，而不是排除思考，尤其是對自己所做的工作厭倦時，容易被其他無關緊要的事吸引。比如，有的人從事寫作，寫作中要查閱某種資料，儘管他的案頭資料很齊全，但他有可能在翻閱資料的過程中，自覺或不自覺地把注意力轉移到某個與目標無關的問題上，分散了精力，這或許不是好現象。自己作為自己工作和行動的主宰，要先把不得不做的工作整理出來，各個擊破，方為上策。

(9) 要先做重要的工作

　　不少人認為，提高工作效率就能避免浪費時間，其實，這是一個非常模糊而且錯誤的觀念。實際上，效率有別於效果或效益，與效能更是不能同日而語。高效率並不一定說明效果好或效益好，更不見得就節省時間。嚴格說來，時間的利用率只能與效能相關，效果和效益兩者加起來才稱為效能。亦即效能＝目標＋效率。這就是說，目標方向正確，再提高工作效率，才會出現效能，在這個意義上，傳統的那種「時間與行為」的分析、試圖把一切事情都用最短的時間、最少的動作來完成的研究未必能提高效能。對我們來說，重要的問題應該是如何利用減少工作中的困難，去做自己一直想做的且確實重要的工作，然後以最佳方式去完成它。這比高效率地去做偶然碰上的隨便一件事情要重要得多。

(10) 要尋找可能的替代者

　　人們從事某項事業，完成某項工作，並不是事無鉅細，凡事都不求人，單憑一個人獨往獨來。高明的時間運籌者，不僅善假於物，而且善於用人。如果可能的話，請他人幫忙，也許會替你找出另一個節省時間的方法。美國某大企業一位年輕的老闆就曾經請求一位效率專家為他諮商，他剛從父親那裡接替工作時，尚能輕鬆地經營，但後來即使每天晚上把公事帶回家，都無補於堆積如山的工作，效率專家跟他一起到辦公室，了解了他的工作方式後，很快將問題的癥結告訴他：任何事情你都嘗試著自己做，別人根本沒有插手的餘地，你花費了太多的時間在瑣事上，反而把重要的經營工作忽視了。真正意識到了問題的癥結以後，年輕的老闆才逐步擺脫困境。這對我們或許是有啟發的。

(11) 要做到休作有時

　　會工作的人往往都是會休息的人，凡是成就卓越者都有獨特的休息方式。很多偉大的、有成就的科學家，他們不僅過著正常的家庭生活，而且還有時間從事業餘愛好。愛因斯坦、普朗克（Max Planck）等科學大師並沒有因為他們的音樂活動而影響其科學工作；數學大師希爾伯特（David Hilbert）、閔考斯基（Hermann Minkowski）等人每天散步大有益。其實，道理很簡單，如果連續工作時間太長，會喪失頭腦的清新和獨創性。大多數人的休息是娛樂或變換興趣，以防止變得遲鈍、呆滯和智力上的閉塞。這比那些忙碌的低效勞動者不知贏得了多少勞動奮鬥的時間，更不要說那些因長期疲累而積勞成疾的英年早逝者！如果平日適度的休息能夠讓他們多活 10 年、20 年，那麼由休息而獲得的這段不算短的工作時間又何嘗不能說是創造時間呢？

第五章　用心做事，謀略深遠立於不敗之地

把握一閃而逝的機會

　　一個人的成功，除了依賴一定的條件之外，機會的作用也是不可忽視的。韓愈的《與鄂州柳中丞書》中云：「動皆中於機會，以取勝於當世。」比如，一顆價值連城的明珠，深埋於沙礫之下，永遠不會放射光芒，一旦被人掘出，才大放奇彩，堪稱瑰寶。辦事成功也一樣離不開一定的機會。

　　譬如你要升官晉職。由於部門的主管因某種原因，或者是工作突出被提拔了，或者到了法定年齡，離休、退休了，或者因工作犯了錯誤被解職了，總之，使原來的職位出現了空缺，這個空缺就為你創造了一個升遷的機會。如果這個機會來臨之時，你卻在工作中犯了錯誤，官運就會與你失之交臂。

　　也許有人對此不以為然，他們總認為自己的提升是因為自己有某些才能。這種說法，帶有很大的片面性。因為誰都知道，一個人被提升時，首先要有職位。沒有空出的位置，任你才高八斗，學富五車，也不會被提拔到一個「懸空」的位置上。當然，我們不否認才能在提拔中的作用，只是說，才能與機會相比，畢竟是第二位的原因。君不見，一些才智很高的人，因為沒有職位的空出而懷才不遇；可是，有些才智一般的人，因為有了機遇，也能順勢被提拔起來。

　　時機對於辦事效果就是這樣，時機不出現，有時任你費盡九牛二虎之力，也辦不好，辦不成功；一旦時機出現了，你不想辦，卻反而歪打正著，當然，這屬於一種非普遍的機會。

　　就正常而言，大多數辦事機遇，都是辦事主體努力創造的結果，如下級主動承擔某項重要工作而獲得了廣為人知的成績和顯露出驚人的才華，從而引起上級的重視、賞識而升遷成功。

　　所以，要想辦事成功，關鍵還是靠自己主觀努力來把握住時機。

學會管理你的時間

每人每天擁有的時間都是相等的,但是不同的人在相同時間內所做的工作卻相差懸殊。不會利用時間的人總是事倍功半,會利用時間的人則可事半功倍。

(1) 對時間進行計畫管理

對時間的使用要確實。把要完成的工作,按小時、按天、按周的先後順序排好,然後按計畫逐個完成。在自己可控的時間內工作安排緊張而有節奏,並盡力把不可控制時間轉化為可控時間,善於在不可控時間內處理事務,使用時間最忌把時間切成零星的碎片,不能把一件完整的工作肢解為幾次完成。要盡量把自己的時間集中起來使用。集中時間多少要依工作的需求而定,集中的過多,也會造成浪費。一般來說,時間集中較多的人,往往是時間利用率最高的人。

(2) 對時間的使用也要計算成本

凡是勞而無功或得不償失的事盡量不去做。計算時間的單位不要用小時,而是用分鐘。越小越有助於督促自己珍惜時間、抓緊時間,充分利用時間。

(3) 善於區分重要工作和一般工作

一個人的精力有限,對自己的工作要分輕重緩急。工作一般分三類:急件,必須馬上處理;優先件,盡量去處理;普通件,有空去處理。應把主要時間花在重要的事情上去,抓住了關鍵性的工作,才能有效地提高時間的利用率。

(4) 利用最佳狀態去辦最難和最重要的工作

一個人在一天的不同時間裡，精力狀況是不一樣的。生物學家透過研究揭示，人和其他生物的生理活動都有明顯的時間規律。人的智力、體力和情感都顯現出一種週期性的變化，也就是人體內「生理時鐘」的作用。管理者應該找出自己在一天中，什麼時間工作效率最高，要充分利用自己效率最佳的工作時間，來處理最重要和最難辦的工作，而把精力稍差的時間，來處理例行公事上。

(5) 把常規的工作標準化

如何辦理經常性工作，它在規章制度中明確規定，照章辦事。同樣的問題出現後，把具體情況和處理辦法寫下來作為日後處理同樣問題的範例。這些範例經過逐漸修訂改進而形成標準化，這可使領導者擺脫瑣事的纏繞。領導者要保持優化的工作秩序，先考慮好先做什麼，後做什麼，使自己的工作有條不紊，逐步規範化，不能東一耙子、西一掃帚，更不能顧此失彼。

(6) 抓住今天

只有當天完成當天的任務，而不是拖延到明天，時間利用率才能提高。日本效率專家桑名一央指出：「昨天已是無效的支票，而明天是預約的支票，只有今天才是貨幣，只有此時此刻才具有流動性。」

立足於「今天」，珍惜「今天」，運籌「今天」，凡今天能做的事，絕不能推到明天。明朝文嘉有《今日》詩：「今日復今日，今日何其少！今日又不為，此事何時了？人生百年幾今日，今日不為真可惜！若言姑待明朝至，明朝又有明朝事。為君聊賦《今日》詩，努力做人今日始。」有些主管上任之後，仍不改平日養成的拖沓作風，導致業績平平。

(7) 有效地利用零碎時間

所謂零碎時間是指不構成連續時段，在兩件事之間的空餘時間。有效地利用零碎時間，可以增加工作密度，加快工作節奏。

(8) 提高單位時間的利用率

做任何事情，都要高度集中注意力，以便縮短時間。有成效的主管並不感到自己肩上的擔子壓得喘不過氣來，自信自己的時間是充分的，總認為自己還可以擠出更多的時間來。

(9) 複合工作法

人的大腦是有劃分區域的，如聽覺區、視覺區、語言區……各個區域有不同的使命，據說可使兩個或兩個以上的區域同時運作起來，因此有些工作可以同時進行。有些應酬或不重要的會議，領導者不去又不行，去了又覺得失去不少寶貴時間。這時一方面表面應酬，另一方面可思考其他工作問題。

(10) 有效地利用節約時間的工具

如個人備忘錄、日曆、工具書、通訊簿、計算機、電話、電子郵件、錄影機等。工具齊全、適用，用起來方便、順手，就有助於提高工作效率。

能分辨輕重

一個人不能事事操心，平分精力。人的精力是有限的，如果處事不分輕重主次，必然徒勞無功，弄不好糾纏於小節、小事之上，反而耽誤

第五章　用心做事，謀略深遠立於不敗之地

了大事。北宋呂端善忍小事，被人稱為「大事不糊塗」。

呂端，北宋初期幽州人。他聰明好學，成年後風度翩翩，對於家庭瑣碎小事毫不在意，心胸豁達，樂善好施。一次，呂端奉太祖趙匡胤之命，乘船出使高麗。突然海上狂風大起，巨浪滔天，颶風吹斷了船上的桅杆，一般人十分害怕，呂端毫無反應，仍然十分平靜地在那裡看書。

宋太宗趙光義時代，呂端被任命為協助丞相管理朝政的參知政事。當時老臣趙普推薦呂端時，曾對宋太宗說：「呂端不管得到獎賞還是受到挫折，都能夠十分冷靜地處理政務，是輔佐朝政難得的人才。」

宋太宗聽後，便有意提拔呂端做丞相。有的大臣認為呂端「平時沒有什麼機敏之處」，太宗卻認為：「呂端大事不糊塗！」

終於，呂端成為宋太宗的宰相。在處理軍國大事時，呂端充分體現出機敏、果敢的才能。每當朝廷大臣遇事難以決策時，呂端常常能較圓滿地解決問題。

淳化五年，歸順宋朝的李繼遷叛亂，宋軍在與叛軍的作戰中，捉到了李繼遷的母親。宋太宗單獨召見參知政事寇準，決定殺掉李母。呂端預料太宗定會處死李母，等到寇準退朝後，便巧妙地詢問寇準：「皇上告誡你不要把你們計議的事告訴我吧？」寇準顯出為難的神色。呂端見寇準沒有把話封死，接下去說道：「我是一朝宰相，如果是邊關瑣碎小事，我不必知道；如果是國家大事，你可不能隱瞞我啊。」

呂端、寇準都是明大義、知輕重的人，所以呂端才敢公開地向寇準詢問他與皇帝議事的內容。寇準聽懂了呂端的話中之意，便將太宗的意思如實地告訴了呂端。呂端聽後急忙上殿啟奏太宗說：「陛下，楚霸王項羽俘虜了劉邦的父親，威脅劉邦，揚言要殺死他的父親。劉邦為了成大事，根本不理他，何況是李繼遷這樣卑鄙的叛賊呢？如果殺掉李母，只會使叛軍更加堅定了他們叛亂的決心。」

太宗聽了，覺得有理，便問呂端應該如何處置李母。呂端富有遠見地回答：「不如把李母放置在延州城，好好地服侍她，即使不能很快招降叛賊，也可以引起他良心上的不安；而李母的性命仍然控制在我們手中，這不是更好嗎？」呂端一席話，說得太宗點頭稱讚：「沒有呂愛卿，險些壞了大事。」

呂端巧妙運用攻心戰術，避免事態擴大，李繼遷最終又歸順宋朝。

敷衍只會壞事

如果你是個比較熟悉環境的人，已經懂得些人情世故，覺得要做一個硬漢，不但是不能而且也不敢，願做個一味敷衍苟且以立身的現代人，玲瓏剔透、八方無礙，反而可以樂得如魚得水，無所不入，賢人社會可以容他，常人社會也能容他，小人社會都能容他。這其中敷衍就是他做人的唯一要訣。你要做這樣的人，當然也必須具有若干必備條件：手腕夠靈活嗎？臉皮夠厚嗎？能夠巧言令色嗎？能夠抹去良心嗎？如果是件件皆能，那麼要做敷衍的現代人，是夠資格了。

可是實際上好敷衍未必就能占便宜。比方我與你只是一面之交，我來請求你代為設法安插一個位置，你很自然地為我寫封推薦函，向某方介紹。我拿到這份推薦函，心裡十分高興，以為你有求必應，真是一尊活菩薩，但是我去求見某方的結果，卻被回得一乾二淨，連絲毫希望都沒有，我當然只怪對方的不賣交情，不會怪你的面子太少。可是近來有人告訴我，你的推薦函根本只是隨意濫寫，有機會也寫，無機會也寫，對方知道你的推薦函，向來只是一種人情，是一種敷衍手段，你的推薦，絕對不會產生效力的。經他一提，我才知道你是個老奸巨猾，專門敷衍人家的人，試問這是好印象嗎？這是好名譽嗎？你是吃虧呢，還是占便宜？

第五章　用心做事，謀略深遠立於不敗之地

當然我與你初次相見，你是不會寫推薦信的，對於我的請求，會說好的一定代為留意，同時安慰我幾句，叫我放心，叫我等幾天等回應。我當然十分感謝，誰知你是有口無心，說過便忘。過幾天，我來討你的回應，你又是一番敷衍，說是前函還未答覆，等再去函催問，我當然信以為真，心裡更加感激，但是臨到最後，你的敷衍，終使我大失所望。我若是性情粗魯的人，耐不住內心的反應，也許要說，既沒有辦法為什麼不早點說，讓我再三的徒勞往返，試問這是好印象嗎？這是好感想嗎？這是好名譽嗎？你是吃虧呢，還是占便宜？

比方我與你是老朋友，我找你給兒子介紹一個職業，你說：「你的兒子，就是我的姪子，你的事就是我的事，當然沒問題！」我也以為彼此是老朋友，必然不會對我使出敷衍的手段，誰知你再三說正在設法，結果卻石沉大海，全無音信，使我反而不便向你詢問。試問這麼一來我對你的印象如何？感想如何？萬一你有事找我商量，我還肯為你出力嗎？

敷衍是經不起考驗的，一經考驗，敷衍的伎倆立即被拆穿，一經拆穿，還有誰來信你？信用喪失，豈不是得不償失！所以敷衍的手段，在不得已時，可以偶一試用，如以敷衍當做做人的唯一辦法，有時要吃大虧，甚至葬送前程呢！

得饒人處且饒人

當你在公司的地位，突然受到一位新來的同事的威脅時，你會如何應付？由於上司特別重用你，以致引來其他同事的敵視眼光時，你該有什麼反應？一位素來跟你很談得來的同事，不知何故對你若即若離，故意把你冷落一旁之時，怎麼辦？你對某位同事的辦事才能與際遇十分妒忌，苦於命運之神似乎特別眷顧他，你實在心有不甘，但上司偏偏提拔

得饒人處且饒人

他，你應該怎樣扭轉劣勢？

每天八小時，你對於辦公室的印象如何？有人形容它為「人間地獄」，有人則視它為實現理想的地方，當然也有人把它當做一個社會的縮影，一切奸詐欺哄，互相傾軋，在辦公室裡司空見慣，就以與同事之關係來說，如果你要認真計較的話，每天你隨便也可以找到四五件生氣的事情，如：被人陷害、同事犯錯連累他人、受人冷言譏諷等等，有人不便即時發作，便暗自把這些事情記在心裡，伺機報復，但這種仇恨心理，不單無法損害對方分毫，更會影響自己的情緒，自食其果。

不管同事怎樣冒犯你，或者你們之間產生什麼矛盾，總之「得饒人處且饒人」，多一事，不如少一事，凡事能夠忍讓一點，日後你有什麼差錯，同事也不會做得太過分，迫你走向絕境。至於如何才能培養出這種豁達的情操呢，讓心思意念集中在一些美好的事情上，如：對方的優點，你在公司裡所奠定的成就等，當你的報復或負面的思想產生時，叫自己停止再想下去！

忍耐，同時也是給自己留下了餘地。

就算是公司裡最低階的一名職員，他處理工作的時候，都喜歡以自己的方法進行，儘管上司發出一道道的命令，下屬在有意無意之間都滲入主觀的思想成分，從而在完成工作的過程中，獲得一點成就感。

如果你在公司裡扮演的是「中間人」的角色，你的上司是個難纏的人物，事事獨斷專行，而你的下屬又往往把你說的話當做「耳邊風」，每天，你都需要耗掉不少精力在這種人事糾紛上，據理力爭，盡量以最冷靜的態度表達你的抗議，但事情的效果卻未必理想，令你產生極大的挫折感，你渴望息事寧人，大家合作愉快，消除各人的誤解與隔閡，問題是，你應該怎樣緩和彼此間的矛盾？

首先，你要搞清楚究竟自己對什麼事情感到不滿？你能否準確地指出問題的癥結所在？你是否真的有理由在生氣？假如你發覺那只是自己一

第五章　用心做事，謀略深遠立於不敗之地

時的偏見或自以為是的弱點作怪，就應該馬上停止這種負面情緒的發展。

無論何時何地，也不管你對著什麼人說話，如果你覺得道理在自己這一邊的話，千萬別抱持「有理說不清」的消極思想，或亂講一些晦氣的話，你應該堅定地把自己的看法簡明道出，培養忍耐力，不要受到別人說話的影響，暴跳如雷，讓人覺得你是個缺乏修養的人。

在你未肯定自己的意見必定全對以前，為人為己留一點餘地，換言之，當你將自己的抗議說出來後，切勿表現出咄咄逼人的態度，你應該停止說話，大家好好冷靜一下，讓真相自己顯露出來。

你會無端樹敵嗎？一個同事不知何故，總不跟你說話，甚至在背後中傷你，你應該以牙還牙嗎？不！那只會令你淪為潑婦罵街的人物，亦妨礙你的事業進展。

首先，你該了解一下對方憎恨你的理由。他只是心胸狹窄，妒忌別人的精明幹練，抑或是你在平日言談之間，曾無意中使他出醜或得罪了他？還是你過分表現自己，構成對他的莫大威脅，他必須反擊；甚至於升職機會只有一個，所以他就要刻意地貶低你，抬高自己，以便順理成章地獲得升遷？任何一種情況下，你保護自己的最佳方法乃是以靜制動。首先，與其他同事保持良好關係，當拍檔忙得不可開交，多花工餘時間助他一臂之力，或利用午餐時間聽一個同事發牢騷。並不斷向上司提議新計劃，永遠顯示你最關心公司的業務。當你自己的基礎打好了，便可以反擊了。當聽到敵人中傷你，跑去請教他道：「我曉得你很關心我，請問問題在哪裡？以後直接告訴我好嗎？」還有對他要溫柔、友善、爭取幫他做額外工作，當贏得眾人對你的好評，還會在乎敵人無聊的中傷嗎？

當你偶然發現某位跟你十分契合的同事，竟然在你背後四處散播謠言，細數你的不是和缺點，你才猛然醒覺，原來平日的喜眉笑目，完全是對方的表面！

晴天霹靂之餘，你會痛心地想，跟他一刀兩斷吧！然而大家是同事關係，你若擺出絕交態度，一定吃虧，一則外人以為你主動跟他反目成仇，問題必然出在你身上，這無形中給對方又多一個藉口去傷害你，太不理智了。

更何況你倆還有合作機會，加上老闆最不喜歡下屬因私事交惡而影響工作。

所以，你應該冷靜地面對。

即日起，暗中將自己跟對方的距離拉遠，因為你曉得這是一個不可信任的人，但表面上最好保持以往跟他的關係，面對狡猾之人，你是忠直不得的！

三思而後行才聰明

辦公室人士就是事情多，有時忙昏了頭，就容易草率行事，不慮及後果。

且慢！為了達到自我保護的目的，奉勸閣下在行動之前一定要思考，特別是對容易給你帶來負面影響的事情，更是要再三思考。

比如，有相熟的朋友請你幫忙介紹職員，而偏巧公司裡有一個適合的人選，這個介紹人應否做呢？在複雜的辦公室裡，一切須小心行事。

你心目中的人選是什麼職位的？要是下屬，首先你要有失去助手的心理準備，並不能讓對方以為你不喜歡他，希望他離去。最好是先試探對方的意願，如果下屬也有意思，你的工作也到此為止，一切條件還是留待你的朋友與他直接商談好了。

這人若是拍檔呢？即使新職的發展確實適合他，你還是不要提出來，因為無論拍檔另謀他職與否，對你與他之間的關係必有損無益。理

第五章　用心做事，謀略深遠立於不敗之地

由是，他大有可能以為你的好意是另有居心，大家各懷「鬼胎」，將來怎能合作？除非讓你的朋友有機會結識拍檔，由朋友直接找他商議，則另當別論。

要是這人是另一部門的同事，就比較好辦，約他午餐，告訴他有這麼一個機會，如果他有意思，你這個中間人就相約他倆自行商討（你不必在場）。日後這位同事離職，你最好忘記自己是中間人。

又比如，一位同事急急跑來請你幫忙檢視一些將要送出去的檔案，但你正忙得不可開交，所以只胡亂看了一下，並沒有細心翻閱，而且你以為對方早已將錯誤改正，找你翻看只是多一重保險，所以一切沒有放在心上。

可是原來同事並沒有小心檢視，結果發現數個錯誤，檔案要重做，招致公司損失不少的鈔票。這位同事遭上司責備，希望你向其上司解釋，錯不在他。那你該怎辦呢？

不錯，你的翻看確是馬虎了點，但不必承擔所有責任，告訴對方：「我當然要為這件事負一些責任，但要將檔案檢視清楚是你的責任，我對我所造成的麻煩感到抱歉。」

要是你真的向上司認錯，其實卻會變成在說他的不是，因為沒有參與事件的上司會懷疑，或者直接問：為什麼他不自己翻閱呢？如此對你們兩人都有害無益。

你加入了公司只有一段很短時間，但發現一個怪現象：就是同事們為了博取「勤勞」的印象，都愛在下班後仍留在公司。即使沒有工作可做，他們也寧可隨便做些瑣事，消磨時間。

看在眼裡，你很不滿意，認為這是虛偽做法，十分不齒，消費勞資雙方的時間。然而獨排眾議，做完了任務就準時下班，既是不合群的表現，又會令老闆不滿，很容易成為被排擠的對象。

這實在是個很惱人的問題，你既不能公開說同事此舉是「多餘」，但更不想自己白白給比了下去，被認定為不夠勤勞。大感進退維谷。

向老闆曉以大義，更是愚不可及，因為所有老闆都喜歡員工無條件超時工作，哪管事實是無此必要。若擺出事實，只會觸犯眾怒。

不妨考慮以下的做法：告訴上司，你下班後要上進修課程，所以必須準時下班，這樣對任何人也沒傷害，你自己也可以名正言順地離去。

大部分上班族會抱怨老闆精明，工作量令人透不過氣來，偏偏你的情況卻是相反，經常空閒不已悶不可當。

奉勸你萬事小心為上！因為沒有工作，等於是多出了你這個職員，絕不能視為美差，因為沒有一個老闆甘心白白付出酬勞的。

所以你應該讓自己「忙」起來，起碼在工作時間內忙得不可開交。切忌公然向其他同事表示悠閒，那等於自掘墳墓；試想，萬一有人敵視你，抓住此把柄中傷你，或向老闆告狀，你要翻身就不容易了，還有，惹來某些人的妒忌，對你肯定有害無益；最重要的是老闆對你有此印象，後果可大可小。

那麼，如何才能叫自己忙起來？

首先，你工作的部門必然還有其他同事，當他們忙得團團轉時，主動伸出援手吧！無論大小事情，投入地工作，你多少可以學習到東西。不妨每天花些時間去翻閱過去的檔案，所謂養兵千日，用在一時，別小看這一著。

別丟因小失大

一天，某同事告訴你，有一份兼職，希望你能夠幫忙，你必然認為是一個好機會，然而，且慢，一時見錢眼開，有可能叫你後悔莫及，因

第五章　用心做事，謀略深遠立於不敗之地

小而失大。

記著，無論你在外面有多少兼職也可以，卻萬萬不能在這方面與任何同事共有，以免有埋下定時炸彈之虞。

世事難料，有時候，在微妙複雜的環境下，任何祕密也會「通天」，即使沒有人蓄意傷害你，你也難逃劫數。所以，步步為營才是上策。

奉勸你以「內外分明」為大原則，即使在外面的行動，在公司裡最好寧讓人知莫讓人見。不妨這樣婉拒同事，「對不起，我下班後回家，尚有很多家務，根本沒空，多謝你的關照。」

若對方契而不捨，你可以耍這一招：「噢，我看倒可以給你介紹一個合適人選，他就是王先生，你好像也認識他……」

若對方有心試探你便會無功而退，即使真的關照你，也沒有開罪他呀。

在辦公室裡一位向來與你為敵的人，突然向你大獻殷勤，應該採用什麼對策？

你或會分析，此君是因某件事而良心發現？醒覺到樹敵的可怕，希望化敵為友？還是另有不可告人的詭計，要拉攏你？

要找出答案，看來並不容易。你平日的工作已經十分繁重，勞心勞力之餘，還花費精神去研究、探察，太虐待自己了吧！

記著，敵人就是敵人，要永遠提防！

對方若事事主動，不惜公然對你阿諛奉承，擺出「求友」姿態，那你總不能扮作又聾又盲，不妨演一齣戲了。否則人家低聲下氣，你卻傲慢專橫，看在別人眼裡，吃虧的又會是你。

所以表面上假作樂於化干戈為玉帛，嘻嘻哈哈，對方就難以摸清你的意向了。

同時，敵意消解了（表面上），並不等於你就跟對方在各方面俱站在

同一陣線，要免除這種誤會，那就得看你的表現和功力了。

公司裡的死對頭，突然向你阿諛奉承，諸般殷勤，時常找你閒聊或者午餐，你一定有點不知所措。

最聰明的辦法是，一方面採取低姿態，對他的飯局有拖無欠，談話也以「應酬」待之。另一方面，不妨向人事部或相關部門打探一下，看看死對頭最近的動態。

如果對方原來已呈辭書，另謀高就，那就易辦，因為他的目的只為化敵為友，以便為未來鋪路，害怕「山水不相逢」也。你的反應也該熱情一些，過去的過節忘了吧，只須記取對方的為人和行事作風，以作規戒就夠了。甚至你可以反過來做東，請他吃一頓，作為餞行也好，連繫感情也好。

要是對方最近將獲升遷，那麼他一定是在為將來打算，或許會與你有更多合作機會，又或者連你也有升遷機會也說不定，總之對方的地位高了，你自然更要帶眼走路。對方既主動對你友善，切勿「拒人於千里之外」，但也不必太熱情，保持你一貫的作風，偶爾與他一聚就夠了，以免被人誤會你在拉關係。

「無功不受祿」這句話在辦公室裡更要遵守，因為一旦接受了人家的恩惠，有可能給日後惹上不少麻煩。

然而堅守此原則又要有一點點手段，因為如果處理不當，就會傷及同事間的感情，直接對你有一定影響，後果堪虞。

舉一些實際的例子。某人為了獲取你通力合作，特別選了一份禮物送給你，並趁你生日那天送上，如何推拒呢？要是禮品是可以吃的，不妨慷他人之慨，當著他的面說：「噢，這糖果最受同事歡迎，這回他們可高興了。」若禮物不能吃下肚子，可以編一個故事。

又或者，有人想拉攏你加入其陣營，則比較簡單，最好是婉拒邀

約，若推無可推，則採取主動，爭取做東。這樣，除非對方是笨蛋，否則必然明白，你是不願接受其好處。

一人計短二人計長，在進行某些任務時，若有人共商大計，是最理想不過的。只是，辦公室如戰場，你要隨時提防有人向你放冷箭，所以無法不遵守戒條。千萬不能貪圖一時省力的「小」，而失了良好形象的「大」。

在上司委以任務時，先小心翻閱一切檔案，向上司詢問某些不清楚的問題，如期限為何時、你可以有多少個助手和財政狀況等實際問題。要是有其他細節問題，最好找公司以外的朋友去探問，而某些與公司生存攸關的問題，最好向比較投機和友善的同事詢問，以保障自己。

友誼和事業，孰輕孰重？孰大孰小？對於一個成功者來說，答案應該是以事業為重。因此，你應該特別注意在這方面進行自我保護。

你的好拍檔，或者多年同事，另有高就，你還得小心處理任何「變化」。

同事若轉到另一行業，問題就不大，人各有志，你應多多鼓勵，而且世界真小，或許他日你倆尚有合作機會也說不定。更大的可能性是，同事是到同行的另一家公司去，所謂同行如敵國，不是說你的同事會蓄意對公司不利，只是你必須保護自己，小心舌頭和避免瓜田李下之嫌。

請注意分析：如果你仍然與以往一樣，終日與此君同進出，別人，尤其是老闆，會怎樣想？要是有關公司祕密洩漏了，你豈非啞巴吃黃連，有苦說不出嗎？

事實是，此君在這時一方面要向公司交接工作，另一方面又要為新工作做準備，所以聰明的你，只應多聽少講。記著，公私要分明，公事上凡事公正來做，杜絕不愉快事件發生，私底下，你當然可以與他保持好朋友關係，但即使在私人約會裡，最好還是別談公事。

另一種情形是你的好友兼舊拍檔，最近當起老闆來，其業務範圍與你的公司相去不遠。站在朋友立場，你當然得恭賀他大展鴻圖，但在公的一方面，你也該向公司負一定責任。無論你與好友多投緣，平日多親密，最好別提及公司的業務。同時減少與他一起出現在同事出沒的地方，避免瓜田李下和讓人有製造謠言的機會。

遇到有同事來試探，問及好友公司的情況，請小心舌頭，告訴對方：「他的公司？我還沒去過，其工作和業務當然也不知道。對了，你什麼時候去探他，告訴我呀，有空我一定陪伴你同去！」對於上司的懷疑態度，除非他親口問你有關情況，否則最好三緘其口，以免被誤認為「此地無銀」。

如果你發現老友的公司在某計劃上可能會對公司造成影響，使你左右做人難，不妨婉轉一點，告訴老闆：「以我所知，外面有間公司正展開推廣，想要從我們手中奪走一些大客戶，我看，公司該要有所準備，隨時應變。」這樣，既表示你的忠心，是為公司著想，又沒有指名道姓，是比較理想的做法。

不給別人當槍使用

你是否有過以下的經驗？一天，一位與你稔熟的同事向你提出建議，不如合作幫助上司整理歷年來的開會記錄，雖然此舉或會增加工作負擔，卻不失為一個表現自己的好機會，可以博取升職與加薪。你對於這樣的提議大表歡迎，甘願每天加班完成額外的工作，甚至沒有發出絲毫怨言，因為確信其他同事工作得一樣辛苦。可是，你怎樣也想不到，對方竟然把全部功勞歸為己有，在上司面前邀功，結果他獲得上司的提拔，使你又驚又怒。

第五章　用心做事，謀略深遠立於不敗之地

為免日後再次被對方所利用，你應該怎樣應付呢？專家的意見如下：

1. 常言道：害人之心不可有，防人之心不可無。如果有一位同事，建議與你一起完成額外的工作，你可以接受提議，但應當把各人所負責完成的工作部分清楚記錄下來，留待日後作為參考。
2. 假如有人向你送高帽，稱讚你的工作能力如何驚人，無非想讓你助他完成工作，你不要被對方的甜言蜜語所動，應當教導他如何處理工作上的難題，無須由你親自動手完成。
3. 若你對於同事的行為與企圖有所懷疑，可以直接找上司談一談，避免徒勞無功。
4. 同事始終是同事，他並非你最好的朋友，你應該與對方保持一段距離。

當你發現某同事原來一直在利用你，你定是怒不可遏，恨不得立刻拆穿他的西洋鏡。但同時，你又明白，衝動行事，肯定不會有好結果。那麼，應該採取怎樣的態度呢？有位同事經常公開讚揚你的工作表現，表示對你的辦事能力欽佩不已，卻原來，他是另有目的，就是努力踩你的拍檔，要把這個眼中釘拔掉。

不肯被此人繼續利用下去，就要有所行動了，不是仗義幫拍檔那麼簡單，最重要是為了自己的清白，和保持精明的形象。因為長此下去，容易遭人誤會，以為你與這同事是站在同一陣線，甚至連拍檔也敵視你。

你的行動可以是：

當對方再次故意公開讚揚你，不妨中斷他的說話。

你可以這樣道：「奇怪，你對我特別捧場。其實這個任務不是由我負責的，我的好拍檔才是真命天子，我認為你的讚美詞十分適合他。」

既教他無可奈何，又對拍檔表明了心跡，情況準可以改善。

在大公司裡工作，難免碰上「人事問題」。

例如，別的部門主管向你下命令或諸多留難，應以什麼「招數」去招架呢？

對方既是主管，比你級高別，你當然得罪不得，切勿跟他爭辯，或者不加理睬，如此令對方對你有惡感，日後必會有後遺症的。不過你若是言聽計從，也大大不妙，一則對方相信你是個膽小鬼，缺乏主意，會得寸進尺，叫你無地自容；二則你是應該向上司負責的，若胡亂聽別人吩咐，等於不尊重上司，甚至惹來有異心的懷疑，你以為上司會怎樣對你？即使不立刻發作，日後也有得你瞧。

正確的態度是無招勝有招，當對方在你上司不在時，向你無理取鬧，大發雷霆，請冷靜、客觀一點，記著，你只需要向上司負責，而你與這位仁兄是全無關係的，即是說，對方發脾氣是不必理會的，待對方靜止下來，你才淡淡地告訴他：「這些事我無權過問，一切還是請你與我上司商議吧。」輕巧地就把他打發掉了，然後待上司回來，立刻向他報告一切，讓他去處理這些棘手事件。

在權力傾軋遊戲氾濫的環境，你應該有自己的立場，才能夠「生存」下去。

例如，兩位經理互鬥，你是中間人物，應該如何應付呢？

最大的可能性是，兩人都希望拉攏你，卻又不能太露骨，在言詞上表達，或在工作上給甜頭，聰明的你當然明白其用意。但同時，你是不可能一直裝蒜下去，必然要表明立場，否則會被視為兩面派，那就更不妙了。

那麼應如何抉擇呢？要順利地踏上青雲路，你當然也得選擇自己要走什麼路，例如決定了朝業務發展的方向走，自然是倚向業務經理那一邊了，他把你當心腹，自對你好的。但你的難處就是，要令另一位經理

第五章　用心做事，謀略深遠立於不敗之地

不至於把你視作眼中釘，給自己樹大敵，埋下定時炸彈。所以，你在業務經理眼前，最好只著重聽他的指示，不隨便提意見，尤其是不要講另一位經理的壞話。同時，在後者面前，要有意無意間表現你只是人在江湖，並非針對他本人。

舊上司親自來找你，表示希望你回歸。你本來與舊上司合作愉快，所以立刻心動起來，但奉勸你先分析清楚。

你必須現實，因這是保護自己的唯一方法。例如對方給你的條件怎樣？薪水是否比現在高出百分之十或以上？職銜是否比你現在的要高？權力究竟怎樣？有名無實是最要命的！

要是以上問題的答案俱是正面，則可以進一步考慮。

例如，其工作環境怎樣？將會跟你緊密合作的會是哪些同事？

他們是哪一類型的人，工作作風怎樣？你可以跟他們融洽相處嗎？而他們又會願意與你合作嗎？

此外，還有一個因素必須觀察：舊上司此舉的動機是什麼？是真的欣賞你，要你為他效勞，還是純為權力之爭而拉攏你？經過這些考察後，看來，你是不會甘心被利用的吧。

遇上人事問題，你的態度最好是保持中立。

例如有別的主管犯了大錯，公司的高層人員大為震驚，又開會又討論的，而且老闆還可能私下召見你，問你各方面的意見，就是其他部門主管（受牽連的與不受牽連的），也有可能找你傾談。這種種情況，你都不能夠一一迴避，你還需認真地面對。

老闆一定牢騷甚多，大指某人做事不力，某人又能力欠佳，目的只有一個，就是要看你和哪方面關係良好。聰明的你，最好是耍太極，這樣不明，那樣不知，最後還補充說：「老闆，你究竟對整件事有何高見？我倒想跟你學習去觀察觀察。」這樣，既保護了自己，又沒有傷害別人。

至於其他同事，找著你無非是探口風或想見風使舵，這類人也是得罪不得，但千萬別說真話，來一招模稜兩可吧，以防被出賣也。

要想不被他人當槍使，上面說的中立態度確實很重要。

平日與你關係密切的某部門，其中幾位同事突然發生內訌，弄得十分不愉快，成為公司上下的話柄，甚至有些人以為你必然對此事了解甚多，紛紛向你打探。

「什麼？他們究竟發生了什麼事？」你這一招堪稱絕招，但在大耍太極之餘，有必要決定日後的對策。

既然你與他們有一定關係，必然就有人會對你進行拉攏，或者各人分別向你述說他人的不是等煩得要命的情況，你明白「避之則吉」是最佳妙法，但如何去避呢？而且要避得漂亮。

即日起，盡量減少與該部門的接觸，可能的話，一切連繫交由祕書小姐去做。既然沒有直接接觸，那麼，你對事件的前因後果自然是不大了解了。因此，即使有人訴苦，也等於是「對牛彈琴」了。

記著，冷眼旁觀，比加入聰明得多！

一天你因公事與某同事一起出差，對方突然問你：「你跟拍檔間似乎有很大的問題存在，你如何面對呢？」天地良心，你一直覺得與拍檔相處融洽，公事上大家都很合作，私人間也是客客氣氣的，何來問題呢？霎時間你彷彿給澆了一盆冷水。

冷靜一點，世事難料，這當中可能發生了不少問題，有直接的，有間接的，總之不簡單。

表面上，你必須表現得落落大方，微笑一下，反問對方：「你看到了什麼？」或者，「你是聽到了什麼？」對方必然是支吾以對，你可以繼續說下去：「我們一直相處得好好的，我從未察覺到有什麼問題，亦不會因公事發生過不愉快事件！」這個說法，可收連敲帶打之效。

第五章　用心做事，謀略深遠立於不敗之地

若對方是有心挑撥，或試圖獲取情報，你的一番話就沒有半點線索可讓他查到，間接地還拆穿了他。對方要是真的要透過某些蛛絲馬跡，或小道消息，希望明白一下而已，你的表現，也就等於怪他過於敏感了。

不過，很多事情並不如表面那樣簡單，背後可能有不可告人的目的，精明的辦公室政治家必須提防陷阱，小心被人暗算。

當有一天，公司突然向你作出一項提議——譬如調派你到另一部門工作，或把你派駐分公司——千萬別太快高興，因為這很可能是一種陰謀，一個託詞，最終目的是要消減閣下的權力或影響力。不少人員不虞有詐，欣然接受，到後來知悉事情真相時已經太遲。

虛榮心是人的致命傷。當公司告訴你有意調派你到另一部門工作，讓你開闊視野時，可能是清除你的第一步棋。如果你被虛榮心矇蔽，覺得這是公司重視你的表示，坦白說，你很容易便會掉進別人精心設計的陷阱裡。

有一則忠告很值得大家聽取：無論公司的提議是如何有吸引力，在接受之前必須三思。否則的話，你會發覺自己吃了一個有毒的蘋果，到時悔之已晚。

缺乏「心機」的人，永遠不會成為出色的企業家。其實你只需要問一個問題便可看清楚事情的真相：若你接受了公司的提議，哪個人會得益？

公司給予你的條件也許十分不俗，但切勿被表面的現象——如更寬敞的辦公室，豪華的房車，多一名私人助理——迷惑，要考慮的是，接受了這份新職務後，工作的重要性是否提高了，你的權力有沒有增加。職務的頭銜很多時候是騙人的，獲得一個有名無實的職位有什麼用？為什麼公司會採用這類手法去對付處於較高職位的員工呢？無他，這是一種明褒暗貶的方法，目的是要令這名職員在新職位上無所作為而自行辭

職。公司內有著一些看似很悠閒的職位，如果公司派你接管這種職務，千萬不要以為公司關照你，這不過是「雪藏」你的手段。若你一時不慎接受了公司的提議，閣下便好比一名沉船的水手，在討價還價上只好任人宰割。

不當和尚不撞鐘

什麼是辦公室兵法？

它是在一個看似和諧而實際上競爭激烈的環境中，使你能夠運用機智創造有利的條件，逢凶化吉，激發潛能，一飛沖天，在無須踐踏他人，又無損自尊的情況下，穩步邁向自己目標的祕訣。

很多人為求自保，不惜耗掉龐大的心力於人事關係上，誤以為將對手打倒，自己便能「平安大吉」，扶搖直上，這其實是很無知的想法，唯有不斷充實自己，替事業打好穩固的基礎，立於不敗之地，令自己變成難得的人才，處處受到重視，對手便無計可施，不戰而降。

辦公室裡真正的敵人，究竟是誰？

答案是：自己。如果你懂得「一天的工作一天完成」之理，否則便不下班回家吃飯，常常為自己定下一些目標，時而反省自己的處事方式或待人態度方面，有沒有還須改善的地方，避免惡習形成，令自己保持一貫的作風，言行一致，慢慢培養對工作的投入感，使工作與生活結合，充實地度過每一天，如此你自能將心魔消除，發力衝刺，百夫莫擋。

「不招人妒是庸才」，有人對你的才幹看不順眼，也就表示你有了一定的斤兩。不過鋒芒盡露，許多時會自掘墳墓。

下屬和其他低階職員，認定你高不可攀，又是個「厲害」的角色，多少就對你產生了「敬而遠之」的心態，做起事來便生硬不已，因為他們並

第五章　用心做事，謀略深遠立於不敗之地

非對你信服，只是畏於你的權勢。這樣，你一朝失勢，這班人對你肯定沒有依戀，甚至還幸災樂禍。

同級的同事，由於你處處顯得精練過人，等於是要把他們比了下去，直接影響著他們的前途，所以妒忌之餘，更大的可能是他們不會放過任何貶低你的機會！

至於上司，雖然職權凌駕你之上，但他亦會有這樣的恐懼，怕你青出於藍，把他的飯碗搶走。所以，他絕對不會在老闆面前讚賞你。

既然處處受敵，你就有檢討的必要了。凡事採取低調，勿太暴露鋒芒，有功勞就歸於團體，避免過於突出自己，才能減少自己的銳氣。

不錯，不招人妒是庸才，事實證明，你是有一定的實力，信心方面大可加重。然而，不斷有人因妒而中傷或誣陷你，對你自是有很大的壞影響。

首先，請自我檢討，你是否事業得意，以至於常常得意忘形，無意中得罪了人家？又或是工作太忙，把同事忽略了，致被誤會為「傲氣」？有這樣的情形，當然要改過來，沒有的話，也要加以警惕。

或許，一切純是人家敏感，與你的態度無關，但請你仍堅守「凡事過得了自己，過得了別人」的大原則，這可以避免不必要的麻煩。

例如，面對別人指責你「目中無人」，不必解釋，但可以表示：「對不起，我的缺點是一心不能二用，許多時集中了精神於某工作上，其他的事就顧不了，即使有人叫喚，也會不知曉的。」

反省自我，有兩種辦法，一種是閉門思過，另一種是透過分析他人對你的態度，了解自己在別人心目中的形象，從而間接找出問題的癥結。

你感到若有所失，十分不安，因為一位向來跟你頗為契合的同事，突然對你變得冷淡，平常一起午餐的習慣，他也藉故避開。

是否有人從中離間你倆的感情？有可能是平日你跟他過分相好，無形中造成一種勢力，令某些人不安，於是設計分散你倆。

是否你與同事俱在爭取一個升職機會？這樣，有可能是他已經取得上司的默許，將你比了下去，所以他有點不好意思，下意識要跟你保持距離。

公司裡是否有很多勢力陣營呢？同事對你一反常態，大有可能是他已加入另一陣營，上層示意他不能跟你太接近。

還有的是，對方可能從某些方面獲得了額外的好處，不希望讓你知道，所以表現冷淡，避免你追根究柢或自己無意間洩露了祕密。

不要直接探問對方，以免造成緊張氣氛，那於事無補，只宜默默觀察，找出原因來，從而知道應如何對付，同時亦可作為待人接物的經驗好了。

突然之間，你陷入了極不利之境地——遭到眾多同事孤立和冷落，如何才能扭轉這種情況？首先，請坐下來反省一下，是否你最近的態度有問題？過分自信？容易發脾氣？對人冷淡？不近人情？

不妨改變一下自己自掃門前雪的舊習，多跟同事們接觸，尤其是公事以外的，可以縮短固有的距離，工作上合作起來，會更順暢的。

要是問題並非出自你身上，那麼是否最近你太受上司重用，或上司對你特別關照，以致某些人心生妒忌，於是惡意中傷你，大部分人不知就裡，認定你是「奸人」，所以心懷芥蒂？

即使你經過私人查探，曉得這是誰人的傑作，但萬勿拆穿其西洋鏡，令事件愈搞愈大，多少對你的聲譽有損，只要你心中了解，日後對此人多多戒備，並且小心別再讓他抓著把柄就是了。

謠言止於智者，以一貫的態度待人吧，公道自在人心。

第五章　用心做事，謀略深遠立於不敗之地

最近你的權力遭到削減，而且是在逐步進行中。原因是什麼？

純粹是因為上層的權力鬥爭，以至於你做了祭品，與你的表現無關，理想的對策是既保持原有實力，又另謀他職。

權力的傾軋，朝夕不同，如果你一下子放棄，不再集中精神工作，可能會讓大好機會溜走，同時，一個精明上司是不會喜歡沒有韌力和遠見的人的。但是，為自己留一條後路，也是必須的，所以請利用多餘時間去了解外面的情況和搞好關係。

如果原因是上司對你不滿，那麼問題就不妙，請先檢討一下自己的工作方法，明白了自己的問題所在，然後才好向上司查詢。直接問上司不滿你什麼地方是個好辦法，如果與事實不符，你可以立刻解釋，以免誤會更深。

要是根本是有人從中教唆，你更有必要請某人一起對質，不要怕麻煩，更不要覺得是小題大做，否則，你必定成為失敗者，後悔也來不及了。只是態度要表現友善，使大家都好下臺。

放完大假重新投入工作時，發現許多東西變了，例如權力給削減了，有某些親密同事的態度似乎跟以前不一樣……面對種種困難，你必須「整裝待發」。

首先，你應向助手或下屬（當然不是那些背叛者）探詢一下，在你的假期內，究竟發生過什麼大小事情，不要放過芝麻綠豆的小事，或許那正是關鍵所在，細心分析，理出頭緒來，然後私下小心部署。

哪些事情已令你沒法翻身？有哪些要點可以反敗為勝？或者有哪些人必須搞好關係？當你有了全套的腹稿，就可以逐步行動。但最重要是要老闆弄清楚你的真正實力，不妨似有還無地向他表示：「老闆，這兩個星期內，有什麼我要補救的任務嗎？向來由我管理的計畫，我想我已準備妥當，隨時能從×××手裡接收過來，還有，×××的表現極佳，

我想我要請他吃飯，多謝一番。」簡短的幾句，已表明心跡，這場仗肯定能贏。

有人向你的上司批評或抗議你。應該如何處理？最重要的是冷靜。

請分析一下，問題的癥結是你自己一時疏忽，情緒不佳，還是有其他導火線，使你水準大失，闖下禍端？不過，在任何情況下，錯的確是你自己，唯一補救方法，是對症下藥，避免有同樣事情發生。

如果幾番反省，發現錯的不在自己，可能是對方弄錯了，也可能有其他人煽風點火，那麼，你更要再反省，你在什麼時候得罪了別人？對方何以會誤將馮京作馬涼呢？弄清楚了這些，對你日後的事業大有裨益。因為誤導和人際關係不佳也是強人的大忌。

既然有人抗議你，有關的負責人一定會找你「談話」去，你的態度亦有要注意的地方。若是錯在你自己，最好道一聲歉：「對不起，我已經再三反省，以後一定不會再犯。」若錯不在你，也不要大發雷霆，告訴對方：「對不起，給你添了麻煩，不過問題的關鍵確不是因我而起，請你再查清楚。」

這是一種情況，另一種情況則是，你當真犯了錯誤。

在辦公室裡犯錯，必須小心處理。

例如你弄錯了報告書上一項重要的分析，錯過了一個重要的限期，或者忘記告訴上司他的行程將有改變……是否要認錯？還是希望神不知鬼不覺，讓事情過去？

認錯是比較理智和聰明的做法。但請注意要用適當的方法。

在上司發現你的錯誤之前，自己請罪，但切忌只是頻頻道歉，而應提供一個解決辦法。例如：「計畫並沒有如我們所預料的進行，因為我忽略了一些細節問題，如……但我相信我們現在這樣補救，一定可行，成績是不會差的。」

第五章　用心做事，謀略深遠立於不敗之地

這樣，你的罪惡感會消退，否則，將事實隱瞞，可能更糟，因為問題出現了，人人都想知道誰是罪魁禍首，當他們發現正是你，你的過錯就會永遠被記著。

那麼是否有可能將事情隱瞞下來？那也不一定，如果你可以將錯誤矯正，而不必驚動上司，自然無需自揭瘡疤了，而且省得上司傷腦筋。

一位客戶所訂的貨物遲來了兩天，因為你一時大意，沒有向有關人等強調需要二十四小時送貨。如今闖的禍是：這位客戶依照一切正常手續向你公司提出抗議，你的上司和公司總裁均已接到正式的通知。其實，你確實犯了錯誤，但對方也似乎過分了點，逼人太甚。在這樣的情況下，你以為總裁一定會開除你，但他只是平和地詢問你這方面的經過，那麼，你應該說些什麼呢？

最理想的做法是，將責任完全肩負起來，告訴總裁：「我犯了一個錯誤，就是沒有特別要送貨部門二十四小時送達，我保證這樣的事不會發生第二次。」切勿將責任推給送貨部門、你的上司和任何有關人等。如果你硬要與總裁爭論。只會一敗塗地，但完全承擔了責任，你也許不會被開除，因為犯錯誤是難免的。

你可以要求寫信或親自與客戶斡旋，道歉之外，還應提出一些補償辦法。你的對策焦點應該放在這宗交易上，不是為保自己的飯碗，不過，做得成功，通常你可以兩者兼得。

如果不是你的過失，而是純屬一些人的謠言，你又該怎麼辦？

「謠言止於智者」，記著，大部分人都愛說長道短，所以你不必耿耿於懷，以免氣壞了自己。請冷靜地分析一下造謠者的動機。同時反省一下自己的行為，是否易於惹人閒話，然後才去「判決」造謠者。

有些人純是喜歡講壞話，不存惡意，那麼，大方的你就放他一馬吧！

如果造謠者正是你的拍檔，大概他在心底裡妒忌你，又怕你的才華蓋過他，才有不理智的行為。那你最好在他面前收斂一下鋒芒，又不時向他戴高帽，相信他再沒有造謠的藉口，即使重施故伎，其他人自會小看他。許多時造謠者是想激怒你，要你出醜，你當然不能讓他得逞，你必須技巧地追查謠言的來源，卻永不公開這個祕密，只讓對方曉得你已拆穿他，擺出你不是弱者的姿勢。

當你面對失敗時。又該怎麼辦？

你經過長時間的籌劃和多方蒐集資料，而定出的一套自信是完美無瑕的計畫，竟給上司推掉，甚至在眾多同事面前批評你，霎時間來自各方的壓力令你喘不過氣來，女士則淚水即將奪眶而出，男士則怒火即將奔突而燃，且慢，快找個藉口走開一下！

跑去洗手間，洗一個臉，擦擦鼻子，深呼吸一下，對著鏡子說聲：「你必須冷靜！」

待情緒轉穩，才回到辦公桌去，若無其事地繼續做你的工作；若是會議在進行中，切勿要求重提前面的議程，就讓一切過去吧！何必再喚起別人對你剛才失態的印象呢？如果老闆問你何以有失常的表現，索性這樣說：「近來有點麻煩，但我已把壓力解除，謝謝你關心。」好了，表面上事情已過去，但回到家裡，請你三思！

不妨再詳細地把計畫研究一次，被擱置的原因在哪裡？不夠全面？公司根本欠缺資本？還是只欠一點說服力？又或者因某人妒忌你，故意作梗？

找出了正確答案，聰明的你自然懂得如何去補救。

你習慣了節奏緊迫的工作，在完成一件重大任務之後，突然間覺得壓力全失，甚至無所事事，請小心，如果有人在這時中傷你，無論上司原本如何器重你，恐怕也會動搖。

第五章 用心做事，謀略深遠立於不敗之地

所以當你發覺自己在這種境況下，最聰明的辦法，是立刻翻閱你的工作日誌，是否所有目標均已達到？有什麼專案需要加上去？例如你對自己的表現滿意嗎？需要向某些人學習新技巧，使自己的工作領域擴大和充實嗎？

如果腦海裡浮現「你該主動一點」的意見，你不妨告訴自己：懂得適當休息的人即是懂得控制自己的人，一定是成功人士；或，我相信自己在休息的同時，也可以幹勁十足。

在短時間無事一身輕，不妨盡量去給有需要的同事幫忙，尤其若你是上司的話，更應提醒下屬盡力而為。但切勿透支過度，鼓勵他們等於幫助自己賺取支持。

不少白領人士有這樣的抱怨：「我的工作範圍早已超出原本的職權，可是職銜沒改變，薪水也是老模樣，真氣人！」

於是，你在盤算，向老闆提出抗議，要求升職加薪，不同意就另謀高就好了。

這樣做似乎太衝動，也非成功人士所為，那麼，正確和聰明的做法是怎樣？

凡事請先以積極態度處之。記著，職位愈高者，其責任必更重，即是說，你要有負重責的能力，才有可能擔任更高的職位。

所以，不妨這樣假設：老闆正在觀察你的能力，並已另有安排，升職只是時間問題。就是說，你現在是在預習新職，辛苦一點自然值得。

退一步來想，有實力之人，必有好出路，所以你必須爭取充實自己的機會，千萬別怕「吃虧」，有了足夠的經驗和能力，正是海闊天空，還愁什麼呢？

反省自我的同時，你還應該多多注意觀察身邊的人。比如說：

每個人都有自己的祕密，而這些祕密只會向極少數的知己傾訴，旨

在發洩心中一時之忿。不料，你認為是個人祕密的某件事，竟然被大部分同事知曉，而且成為茶餘飯後的話題。你當然老大不高興，究竟是誰出賣了你呢？

然而，奉勸你即使怒不可遏，也請耐著性子，無論如何，表面上你一定要若無其事，對待這件事，可以視若無睹，置若罔聞，而且切勿表現得十分介意、緊張或憤怒，否則，你定力不夠的短處就暴露無遺了。

當然，你一定要查出這個背信棄義的人來，以便保障自己日後的利益和避免重蹈覆轍。能夠知道如此祕密之事，與你之交情定非泛泛，有道：「愈親密的人，對你威脅愈大。」所以你應從身邊的人推算起，但一切只宜靜靜地進行，即使找出了「真凶」，也請你將他記在心裡好了。能夠清楚一個人的操守，你自然知道日後該如何對付。

你的部門擴充，多聘了一位新下屬，此人十分醒目，才上班幾天，已跟上上下下混得稔熟。新下屬的舊上司，正是你舊日拍檔（也是你的舊死對頭），所以，他對你這位拍檔的近況十分了解，也可能因此，他為了博取你的歡心和信任，頻頻爭取單獨與你相處的機會，大肆揭露舊上司的種種不是，由小缺點，以致私人恩怨，俱成了他向你「獻媚」的本錢。

姑且勿論你是渴望聽到舊死敵的種種是非，請你冷靜地分析，你聽了是非，確能一洩心頭之忿，但事實上，反而落得「與小人為伍」之名。

下一次，當他再要細數是非，請中斷他道：「閒聊確可調劑枯燥工作，但公私要分明，公司上下的同事，也清楚我的工作作風，是對事不對人，你以為這種態度如何？」他若仍不明白，不妨再提醒他：「工作這麼繁忙，我壓根就沒有時間再去想過去之事，未來的工作才是最重要。同樣，我十分注重下屬的工作表現。」沒有了是非作橋梁，距離就不易拉近，你亦不易中他的「感情圈套」。

第五章　用心做事，謀略深遠立於不敗之地

　　人與人之間的關係十分微妙，有時候，會在不自覺的情況下，良好關係霎時間變得惡劣，而你竟然不明所以！

　　有些人表面功夫十足，平日跟你有說有笑，甚至表現得很關心你，其實是在探你的虛實，對你的行動、思想作一個蒐集，而這些「情報」則會視他的利益而「分發」出去，有時候是當做人情，有時候則可能是某些計畫的交換條件。

　　好了，當一種有利他的情勢出現，其真面目便暴露無遺了。例如，原本言笑兮兮，突然會倚傍另一勢力，對你出言不遜。

　　令你最痛心的是，此人專拿你的私事來作話柄，使之成為公開的祕密。

　　精明的做法是，不妨見了他就擺出不友善態度，不加理會，冷淡對之。你不必惡言相向，有失尊嚴，你可以向其他同事表示：「老天，我過往竟視敵為友，笨得驚人，可幸今日醒覺。」往後的日子，請謹記公私分明，切勿視此類同事為知己！

　　所謂「空穴來風」，必然有其原因，對別人的批評，請客觀對待。

　　讓自己遠離事件，或許你能夠看清楚更多層面。請試從不同角度去觀察同件事，再回頭看看人家的批評，或許就有另一種感受了。

　　當然，請勿讓批評困擾自己，才不致讓那些另有圖謀的人奸計得逞。

　　你的拍檔搖身一變成為你的上司，你要好好堅守「公私分明」這一原則。

　　首先，你倆平日午飯必然共同進退，但今時不同往日了，請減少單獨與老友吃午飯的次數，或者索性請其他同事加入行列。

　　這樣做，不是說要你與老友劃清界限。

　　其次在工作上，這位新上司發施任何命令，都請你依言遵行，切勿有調笑或者諸多意見的情況。總之，他是上司，你是下屬，大家之間應

有一定的「大小」之分。與新上司談話時，不要對其他同事諸多批評，更不要打些無謂的小報告，即使問及你的意見，最好避重就輕，讓他自己去作最後的決定。至於私人方面的交道，還是留待下班後吧。這也是你自我保護的一個祕訣呢！

能耐放在桌面上

有句口號叫做「向效率要時間」，即是說，良好的工作效率可以爭取到更多的時間。

反過來，浪費時間，或者不善於安排時間，又會出現工作效率低下的現象。如此看來，時間與效率的確是相輔相成的，下面介紹一下，成功的辦公室人員如何把握住有限的時間去完成更多的工作。

要理解按時完成任務的重要性

作為一個能幹的職員，對許多不成文的「規定」，即一般上司認為下屬「想當然」會遵行的事，應該清楚。

你的職責是要在指定時間內完成工作，不管出了什麼問題，上司最不喜歡下屬凡事找藉口。好好兼顧每一份差事，別等人來提醒你，尤其是職位比你高的人。

如果你的公司是採用生產線作業的話，當同事將完成了一部分的工作交給你接手時，可要小心檢查一遍，一旦有錯漏，請對方先辦好，同時要清楚了解你需要完成的那一部分。遇到難題時，最好自己解決，或請教同事朋友，盡量別將問題帶到上司面前。若權力範圍不足以解決問題，當你向上司報告時，提出自己的意見吧，好讓他知道你具有隨機應變的能力。還有，小心別在辦公室樹敵，在決定某件事情是否值得爭論

第五章　用心做事，謀略深遠立於不敗之地

之前，請考慮它對工作的影響，它造成的損害是暫時的還是長期的？值得因此而與對方交惡嗎？你有必勝的把握嗎？最後，切勿在公眾場所高聲談論公司業務，就是私底下，也萬萬不可故意透露業務方針。

要樹立良好的時間概念

上班遲到，他們的理由多是塞車，甚至覺得自己經常超時工作，遲到也是應該的。

這些想法永遠不會存在於強人腦袋裡，要躋身強人之列，必須克服上班遲到的壞習慣。

塞車，永遠不是理由，只要肯推測一下交通情況和選擇適合的工具，除非是遇上意外，否則你必能準時抵達公司。

超時工作，確是責任感的表現，但相對於遲到的話，就等於打個平手，任你工作至深夜，老闆也只會認定你遲到的事實，這樣太不划算了。

要學會遲到的補救

與客戶相約午餐，你卻因某些原因遲到了足足三十分鐘。此時該如何補救。

如果這位客戶是你的長期對象，過去又曾合作過很多次，即是說他對你的工作已有一定了解，遲到只是偶爾為之罷了，那你倒可以輕鬆點，一見面就告訴他：

「對不起，陳先生，碰巧途中遇上了車出故障，一拖再拖。所謂光陰即黃金，今天損失真大。」解釋遲到的原因，同時將氣氛弄輕鬆些，不必顯得尷尬，就用行動來表示你的歉意。

若客戶是初相見或不太熟絡者，對方的心意，你只能察言觀色。可

能的話，最好在出事地點打一個電話到餐廳去，告訴對方你將會遲到，好有一個心理準備，但事情壞透，無計可施，你必須抵達目的地才能作出補救，那麼，這樣說吧：「陳先生，真對不起，一些意料之外的事發生了，讓你久候，請原諒。」不必將事情再三解釋，但必要對方在口頭上原諒你。其實商業人士永遠不應遲到的！奉勸你不要約客戶站在街上等，改為室內，有地方坐的就較為保險。

利用有限的時間

事業成功的人士永遠可以用有限的時間，做無限的工作，請謹記以下的提示：

在你工作繁忙的時候，總是有許多不必要的電話來找你，擾亂你的思緒，最好的辦法，自然是請一位祕書替你過濾，如果你還沒有資格請祕書，買一部電話錄音機吧，連這一個方法也有困難，可以請公司的接待員幫忙，替你把訊息記錄下來，又或者，請比較空閒的同事接聽電話。

當你的工作告一段落，抽一點時間去回電，當中或許有重要事件。你可以按重要程度去回覆，對囉嗦人的最佳策略是，開頭一句就說：「我只有五分鐘時間，有重要事情嗎？」又或者，索性在午飯前或下班前數分鐘再回電給他們。

除了電話，不長眼的同事在你最忙的時候來煩你，有祕書自然可以處理，有獨立辦公室，當然可以掛個「不見客」牌子在門外；但如果你的辦公桌是在一處大空間，你可以放一個大鐘在桌上，告訴來訪者你只給他幾分鐘，對方仍死纏爛打，索性離開座位表示有事辦；或利用便條與其他同事連繫，省卻多講無謂說話的時間。

在辦公室裡「講私人電話」，這種事究竟對工作的影響有多大？

第五章　用心做事，謀略深遠立於不敗之地

　　答案是難以有標準的，因為要將私人事務完全摒諸公事以外，並不容易；我們亦難以將公事從私事裡劃分出來。比較理想的做法是將私人電話好好安排一下。

　　首先，給你自己一個限制，就是談私人電話不要超過十分鐘，這樣一來不會阻撓自己的工作進度，也不致影響他人。試想想，你的上司來找你，而你正抓著電話，在與友人大談昨晚狂歡之事，你的上司會有什麼感受？

　　他一定認為你在「盜用」公司的寶貴時間，間接要他多付了工錢！所以下一次見到上司前來，而你又仍抓著電話的話，請立刻表現得嚴肅一點，並扮作在寫著筆記，這樣，起碼令氣氛好些。

　　更積極的做法是將私人電話全安排在固定時間裡去撥，如剛上班、午飯後、下班前等，或者在完成一個任務後。還有，告訴你的親朋戚友，在什麼時候打電話才最適合。

能夠盡快解決的事務絕不藉故拖延。

　　做人做事均要有原則，不過堅守原則並不等於絕不讓步。

　　你一早決定某件事的行事方式，下屬完全依照辦事，但到了某一階段，發現有些問題，那麼，你就應站出來，好好將事情解決，切勿拖延。

　　有人抗議這樣做費時費事，有人指出那樣做不科學，總之，眾說紛紜。不必動氣，而且切勿立刻認定有人要造反。先冷靜下來，觀察觀察整件事。

　　找出當日你下決定時，各方面提供的數字與條件，再看看計畫一直進行以來的報告，有什麼變化。有哪些是出乎意料之外？有哪些又是人為的因素？把整件事從頭到尾串連一次，撇開以往的掣肘，重新將計劃

草擬一次，然後找來各方面的工作人員，詳細研究一下，請他們多提意見，耐心的聆聽、分析。千萬別擺出上司架子，否則人家有意見也不願提，那豈不白白放走了好意見？何況一個肯接受下屬意見的上司一定受到歡迎，因為表示你開通和平易近人。

綜合了所有有益有建設性的數據和意見，再做出新企劃書，就保證紕漏不多。

站得高才看得遠

工作中有一些棘手的問題，費了很多時間也解不開疙瘩。這是很多人都會遇到的情況。

奉勸你對難題要有另一套解決辦法，才能高效率地完成任務。

如果遇上一時想不到解決方法的問題，最好暫且擱置下來，改在午飯後，或翌晨再重新分析吧。

你不妨將這死結放在另一個角度去看，例如嘗試想像問題是發生在某人身上。這樣做你就可以抽離事件，在解除壓力之下，以更客觀的態度去重新觀察事件，而且不會有失敗感。再想像一下，某人會怎樣去處理這問題呢？以他人的立場出發，或許可以有另一種發現。

要是難題牽涉到另一個人，試試從他的角度去觀察。

甚至由你一人扮演雙方角色，這樣，既能設身處地為他人著想，又可更深入地了解事件的關鍵所在。最後，可以將所有可能性寫下來。

例如：「要是我這樣做，最壞會發生什麼事？最好又是怎樣？如果什麼也不做，情況又如何？」逐一分析，正確的答案自然就會出現。

無論公事，還是私事，在進行順利之際，突然給中斷、打擾，當事人自然大大不悅。

第五章　用心做事，謀略深遠立於不敗之地

在正常情況下，人們對打岔者的印象是、「他一定是有急切需求」，可是，當發現事實並非如此，就會產生「豈有此理」的想法，甚至以為你故意捉弄人。事實上，你同時會被認定為不懂得控制自我或沒有組織能力。

要是你本來就是如此，那麼實在有必要去進行改善，否則平步青雲與你無緣。

若你本性非此，就是你的表現方法有問題了。

下一次，當你要衝入上司的房間，中斷他與另一位主管的談話，詢問他有關難題時，請先反問自己：「為什麼我這個時候會這麼心急如焚？是否自己太懼怕出錯？事情是否不可以再拖延？」

如果每一個問題能夠有一個正面答案，或許，你已取消衝入的行動。

有沒有發現自己許多時是有理的，卻在討論之中節節敗退？

據專家們指出，一般人士與別人爭論時，起初會據理力爭，理直氣壯的，可是，一旦念及恐怕傷害別人或惹怒別人，氣勢就會自然消退，甚至瑟縮一隅了。

要克服這種棘手情形，自有妙法。

首先，請你認定可與自己站在同一陣線的人：祕書、上司、搭檔，如果一旦發現自己語塞，可請這些人接著替你發言。

其次，是爭取主動地位，如果討論氣氛不愉快，或者你相信自己快要控制不住自己，可以向主持者提出：「王先生，既然我們意見不一致，大家暫時又沒有中肯的意見，不如改天再開會討論吧。」讓自己有更多時間去「充氣」、「充電」，是最聰明的做法。無論你是否被圍攻，一定要小心言詞，切勿用道歉的語氣說話。

為了增進信心，請用筆記錄下討論時你想到的辦法，待有發言機會

就一一講出，甚至你可寫些鼓勵性話語在旁，或許會有意外的效果。

你是否常常在進行會議時，感到不能好好控制自己的情緒？或者是不夠冷靜呢？那是你缺乏自信心的表現，要設法改善。會議前，先猜想一下有哪些問題將困擾你，列一張清單，逐點想出一個正面解決辦法來。

平日多做開會的練習，例如請一位朋友與你對講，由他扮演對方，對你諸多刁難，著重於資訊和意見的查詢，而你就設法用最直接的方法交出最佳的答案。

或者具體點來說，你正在準備一份與財政預算有關的工作，千萬別說：「我從未主持過一樁超過五十萬元的計畫。」應該說：「過去我曾做過共四個五十萬元的計畫，全部都在預算之下完成任務。我想，我對財政預算有很好的控制能力。」

當處理一些私人事務時，請弄清楚你要處理的問題，別讓熟悉你的人，利用你的私人事件恐嚇或擊倒你。

當你的聲音放軟，雙肩頹然下墜，或雙眼顧盼左右，請注意你正在談論些什麼話題，以後就針對這些話題多做練習，以便今後控制自己。

花了不短的日子，費了無數心血寫成的企劃書，老闆只看了一個下午就復示：不接受。教你的一顆心直往下沉，甚至連工作也提不起勁來。

有些人對自己信心十足，所做的事一旦不被接受，就十萬個不服氣，找出一大堆保護自己的藉口來，什麼被排擠，老闆必已有內定人選……諸如此類。

成功人士都不會胡亂推卸責任，所謂知己知彼，對自己的實力必須有明確的了解，才能武裝好出征去。從失敗中學習，是很必要的。

重新翻閱企劃書，把問題逐點勾出來。

計畫是否夠全面？細節是否夠詳盡？實際的數據是否具有說服力？

第五章　用心做事，謀略深遠立於不敗之地

採取策略夠實際嗎？除了企劃書的本身，其他方面，如呈示的方式、同事間的關注程度、公司的發展現況等等，都是影響結果的因素，務請多加留意。

讓自己站在老闆的位置來看看整件事，或許你會有新的體會。

好鋼使在刀刃上

面對堆積如山的工作，你可能感到心情煩悶，情緒緊張，無法擺脫工作的陰影，終日憂心忡忡，就算與朋友一起飲茶聊天，也不能開懷大笑，只想躺在床上什麼事情也不管，消除身心上的疲憊困惑。你或會埋怨說：「我的辦事能力太差，不管我如何努力工作，事情總是無法做完，反而日漸累積起來。」

其實每個人的辦事能力差不多，在於他們如何處理事情，如果你想用最少的時間，發揮最大的工作效能，你要注意下列各點：

1. 為每件工作定下最後完成的期限，除非在很特別的情況下，否則不要拖延。
2. 對於不是自己分內的工作，學習堅決地說個「不」字。
3. 假若你整天的工作安排得滿滿的，應把一些必須馬上完成的事情抽出來，專心處理。
4. 假若你覺得自己的心情欠佳，應暫且放下一切的工作，讓自己有放鬆的機會，待心情好轉時再投入工作。
5. 中午時間，不要安排太多的午餐例會，你可以利用早餐時間會晤客戶，盡量利用每一個機會。
6. 如果你可以用電話直接處理事務，無須浪費時間寫信。
7. 把檔案整齊排列妥當，這樣你便無須費時找尋資料報告。

如何發揮最高的效率是攀上成功階梯的重要一步。以下是一些基本步驟：

定時整理檔案。你的腦袋不是電腦，記憶力最好的人也沒有可能將所有東西永遠記憶著，所以檔案是非常重要的。如果你的部門本身不重視，或者你已有祕書代勞，但仍奉勸你應設一個私人檔案櫃，幫助記憶，也便於有需要時翻閱。

手袋裡必備備忘錄。工作繁忙的你，除了呆在辦公室，亦必經常要出外，無論大小約會或有關事項，最好用筆記下來，已經辦妥的就刪掉，每天翻看，以確保萬無一失。

不要讓案前堆積信件、便箋。每天起碼清理一次，因為許多事情是必須立刻進行的，不宜擱置，一旦遺漏就後悔莫及。同時拆閱時，應立刻分類，可以棄置的、應該入檔案的，或者編入辦事日曆……工作便能一天接一天順暢地進行了。

初出茅廬的上班族，終日埋在檔案堆裡，卻又發現根本沒有完成任何大任務。

請坐下來檢討一下，並非你的能力有問題，只因為能力根本未獲發揮！因為若你的組織力欠佳，以致被瑣事圍困著，奉勸你參考以下的方法：

買一本小型的記事簿，最好可以放到口袋裡去，在任何時間，下班、開會、午飯甚至坐車時，只要想起有關工作上的細節、意念或行動，都要立刻記下來，然後每天晚上上床前，重溫一下，按事情的重要性編排成翌日的工作順序表。第二天，你不是就可以按照先後順序辦事？

其次，令你煩擾的無非是日常的報告、備忘、信件和刊物等，它們往往會堆積在你前後左右，令你備感鬱悶，何不嘗試以下的辦法：

第五章　用心做事，謀略深遠立於不敗之地

每一張經過你辦公桌的紙張，只能有四種命運──丟掉它、送予另一位同事、存入檔案或立刻行動。

這樣，你的辦公桌才得以好好清理，你才可以專心做應該做的工作。

要將計畫變成事實是有法可尋的。首先你自己要清楚你要得到怎樣的成果，並反問：這目標是否不切實際？對公司有無好處？對你的前途有沒有壞影響？答案非負面的，就表示你選對了。接著是找尋適合人選，或許你有不少下屬，但每個人有其長處，而且一個任務並不需要所有人去做，擇人而委任之才是有效之法。

目標鮮明，又有適當人選，你的下一步便是清楚地讓執行者知道你的要求，好讓他正確地朝目標邁進，並請他多提意見，尤其是工作時遇到什麼困難，以便靈活地有所改動，迎合需求。

訂立行動進度表，可以令你有系統地了解整個計畫，亦是累積經驗的好辦法，而且，請別忘了考慮一下其他的成果，做到一舉數得，才是真正的好計畫。

根據進度表，穩固你的控制，雖然小節不需你費神，但知道全盤情況則是領導者之責。還有，請多多考慮各方面的反映，並對下屬的表現表示欣賞。一件任務的成功，不可能歸功於一個人的！

要防止檔案堆積，你必須在收到檔案的當時，立即決定其「去向」，當所有檔案「歸其所屬」，辦起事來就容易，亦不會掛一漏萬了。

例如：把檔案分成兩類，第一類是可以立即拋掉的。如果你是那種穩健人物，未行動前，不妨問問自己：「拋掉這份檔案，最壞的結果是什麼？其他部門會有影印本嗎？如果再有需要，可以找回這個資訊嗎？」有了答案，你就應該知道怎樣做了。而某些檔案與你沒有直接關係的，盡快把它轉交相關部門或同事。

第二類是必須立刻處理的檔案，把它們一一放到「待處理」的檔案架，不要隨便扔在辦公桌上，否則容易出錯。同時無論多忙，亦應花時間去「招呼」它。有些檔案必須保留，以便將來翻查的，如果你暫時沒有時間，也該把它放入註明「資料」的檔案架上。

　　還有，平時要連繫的人，如老闆、祕書、客戶等，亦最好設計一系列的資料夾，把與他們有關的檔案放入，準備隨時取用。

　　許多商業人士優柔寡斷，又不知如何去克服它。以下是一些解決辦法：

　　例如，一項計畫是否值得投資？首先，寫下所有好的與壞的可能性，不妨加點想像力、邏輯，甚至不合邏輯的，慎防掛一漏萬。

　　小心將每一個可能性詳細分析，要是想來想去它只有一個好處，那麼它就不值得你再傷腦筋了。

　　計算每一個可能性。翻看過去類似的經驗，你有什麼新看法或新體會？寫下究竟你希望藉此計畫得到些什麼利益，再研究一下每個可能性可以達到你需要的何種程度？經過以上的區別，這時就可選出最具價值的可能性了。

　　這時候不妨讓選擇變成你的決定，並將其他可能性忘掉，把你的精力全放到這個決定上。

　　有時候，一個可能效能否付諸實現，往往與你對它的信心程度有絕大關係，以及你如何去實踐。如果你不起來行動，什麼大計也只是空中樓閣。

　　在你放假的日子，工作應如何分配？那些重要工作應否交給下屬去做？

　　請先將工作分門別類。那些檔案工作、入檔案等瑣務，交由同事去辦吧，反正都是小事，與權力無關，也對職位無直接影響。

第五章　用心做事，謀略深遠立於不敗之地

　　然而，一些重要事務，如某任務的企劃書，下年度的財政預算等，則最好留給自己去做；如果假期比較長，不可能留待放完假後才做，可將它假手於得力助手，但最後的擬閱仍由自己控制。

　　假期完了，當你發現已交出去的工作全部做妥，而且某同事似乎把工作當做分內事，沒有交回給你的意圖，又該如何是好？

　　如果對方是你的直屬部下，爽快地問他，做過一次有什麼困難，並順便告訴他，謝謝他的幫忙，下次由你自己做好了。要是他並非你部下，可以間接地向他的主管要求收回任務，但切記要表現得自然客氣：「方主任，多謝你讓李小姐替我做好了那份報告書，有些地方還是我日後要學習的，希望下次可以讓你看到。」

　　總之，若要在事業上發展順利，得到上司的信任，委以重任，你需要有出色的工作表現，達至事半功倍的效果，顯示出你過人的魄力，對工作應付自如。

　　如果上司交給你的不是普通的工作，而是一個對公司日後發展舉足輕重的研究計畫，你需要專心處理一切事宜，把握時間，準時完成老闆交付給你的任務。怎樣才能在短暫的時間內，把工作做得最好？

1. 不管你所面對的工作如何艱鉅，你要保持心平氣和，集中精神，把自己需要完成的事情，一一記錄下來。
2. 把整件工作劃分為幾個獨立完成的部分，每部分又分成多個容易處理的步驟，使工作變得條理分明，方便自己著手進行。
3. 每天為自己定下應完成之工作目標，並且分先後次序，一切依照計畫進行。
4. 把較為複雜而艱鉅的工作，放在最先完成，此舉可助你減輕工作的壓力，發揮你的潛能。
5. 把你已完成的步驟寫下來，再看看還有什麼需要改善的地方。

6. 為每一個獨立步驟定下最後完成之期限，無論在什麼情況下，也不要讓自己拖慢工作的進度。
7. 不要只顧著工作，而忘了時常反省一下，須知自己一味埋頭苦幹，可能迷失方向也不知道。

工作要深思熟慮

　　在為升遷而戰之前，你首先要做的，是仔細審視一下公司的情況。

　　你應該堅守自己的工作職位，把它視作終生的職業，還是視它為步向成功的踏腳石？在目前的情況看來，你在公司有沒有晉升的機會，還是你已看到事業發展的盡頭，現在該是另謀高就的時候？像以上的問題，相信是很多薪水階級最感矛盾的事情，假如你對於職位的去留感到很矛盾，不知應否拚盡全力，把現今的工作視為終生職業，你要用心讀讀下文所提到的各種因素，免得白白浪費了你的精力與時間，悔不當初。

　　對於公司的財政情況，你了解多少？它的盈利是否年年上升？公司在管理方面，會不會鼓勵下屬創新求變，讓人盡其才？公司內部的升職制度辦法，你是否感到滿意？工作表現出色是不是就能得到上司的賞識，獲得升職加薪？如果以上的問題，你都點頭答是，這顯示你的公司是一個頗為完善的組織，你大可放心全力以赴，努力發展自己的事業。

　　此外，你與上司之間的關係是否良好，對你的去留決定也具有深刻的意義。在一般情況下，當你提出一個建議時，上司能否客觀地聽取你的意見？假若你遇到任何工作上的疑難時，上司會不會很樂意告訴你解決的方法？相反，當上司遇到工作上的問題時，他習慣獨斷專行，還是把自己的憂慮說出來，大家討論應變的對策？一個理想的上司，應該像

第五章　用心做事，謀略深遠立於不敗之地

一個開明的君王一樣，虛心納諫，懂得欣賞下屬的長處。

其次，你要反躬自問自己是不是具備了升遷的條件。

世界上最悲苦的人，莫過於那些自不量力，卻又永遠不能虛心學習的人。很多「上班族」只會妒忌人家身居要職，殊不知想成為一位老闆很不簡單，他必須具備許多外在條件與內在才能。如果你不希望自己永遠只是一名小職員，你要避免犯以下的毛病：

1. 在沒有十足把握之前，我不會做任何投資生意，我是一個不喜歡冒險的人。
2. 我對每一種生意都不太了解，卻又沒有什麼興趣尋根究底。
3. 我覺得與陌生人聊天是一件很吃力的事情，所以我不會主動去交朋友。
4. 我害怕失敗，所以往往採取按兵不動的策略，也不敢嘗試做自己不太熟悉的事情。
5. 雖然你也覺得工作缺乏新意，時常發出怨言，但你還是忍受下去，以流水帳作業的方式度過每一天，換言之，你是以薪酬的多少衡量工作的價值。
6. 你不敢向上司提出任何的要求，唯恐他會把你辭退。
7. 每天下班回家，你什麼事情也不願做，只想倒頭便睡，就算偶爾與朋友暢敘，也要提早回家。

如果上面這七種情況你有其中的大部分，那說明你離一個主管的距離還比較遠，暫時不要急於去謀求升遷，先把自身的功夫做足才是當務之急。只有具備了一定的條件，升遷才能夠水到渠成。

許多商業人士不明白為何遲遲沒辦法升遷。你必須要自我檢討一下究竟上司對你滿意與否。

只完成分內工作是不夠的，上司大多比較賞識肯找尋額外工作的職

員。同時不管你如何超時工作來彌補遲到，當上司在需要的時候找不到你，什麼也補償不了。

當上司對你說：「這件事應該問題不大……」那就表示：「這件工作由你去做……愈快愈好。」如果你能常常善解他的意圖，上司對你自然另眼相看。

對公司各方面都要有一定的了解。例如，在過去一年，公司最大收益和損失是什麼？今年的目標又是什麼？各部門將面臨怎樣的工作？與你的工作有關係嗎？以上都有助於你如何著手處理自己的職務。

還有一種情況：

上司另謀高就，你滿以為機會來了，可是，得到的卻是個不好的消息──老闆決定另聘人手，讓你仍留在原職位。

要是就此沮喪，你準會踏入一敗塗地之境。

你應該積極地想想：老闆不拔擢你，是為你著想，因為經驗不足，一旦肩負重任而不能完成，等於害了你。此刻，你應該坐下來檢討一下自己的長、短處。

對上，你是否能夠表現你過人的領導才能和幹勁，贏得一致的信任？

對下，你能夠在與各部門的同事相處融洽之餘，又能令他們視你為領導者，樂於追隨你，並尊敬你，既有長者風範而無架子嗎？

個人處事方面，你是否能獨立處理重要事務，可以有效地分發各種任務給適當的人選，是否可以準時完成任務？

若你能夠客觀地逐點分析，捨短取長，日子久了，各方面有了進步，升職機會就會到來。

所以，成功的職業人士，時刻視工作如上戰場，他們的腦海中常檢討：有什麼事項是我一直疏忽，而可能會對我的部門有幫助呢？又有什

第五章　用心做事，謀略深遠立於不敗之地

麼任務是我一直做，卻是徒勞無功的？

大公司都有獨立的人事部，但這個部門只是對各部門的工作情形有一般的了解，卻對你的工作細節和困難不大了解，所以別以為他們會有何建議。

如果你「不安於位」，最簡單直接的方法是，自己創造一個更高的職位。把你觀察到的問題（對部門有好處的問題）寫下來，花時間去做資料蒐集，想出適當的解決辦法，然後呈到上司跟前。另一方面，一個人不可能做所有工作，平日你就該替自己打好基礎：多主動向同事們伸出援手。別以為這是紆尊降貴，同事們對你的支持，在日積月累的情況下建立起來的，何況大家形成默契，他日合作必定事半功倍。

第六章
本領精練，
時局掌控以智慧闖天下

　　練本事馭時局，用智慧闖天下老狐狸說：當今世界是一個競爭異常激烈的社會，如果你不想被淘汰，就必須有本事，沒有本事就不好生存。即使活著，自己不體面，別人也看不起。讓自己多一些生存技能和智慧，比什麼都重要，你說呢？

理性面對價格競爭

在為產品訂價時，很多人為了能使產品暢銷，把售價降得很低也在所不惜。當然，如果你只要把售價訂得稍高於成本價，用於薄利多銷的方法就能獲得高額利潤，那自然就謝天謝地了。

但是，這種想法只有在企業生意有起色以後，才可能成為現實。否則，就只有一廂情願了。

目前，你只有盡可能地把價格定得有競爭力，但是不能把價格定得太低，否則，當顧客的數量小時，你連最低的收入也維持不了。

隨著企業的發展壯大，可以給一些大客戶打一些折扣。

這樣做的結果可以把市場上的競爭對手擊潰。

但是，在開始時千萬不要期望有大額銷售，也不要依照這一期望定價。

如果強而有力的競爭對手以降價來誘惑，切記不可捲入，應採取獎勵等辦法，來保住你的老客戶。

可能有時候你會感到完全絕望——原因是你看到有人推出的產品同你的產品極為相似，而價格卻更低廉，品質和外形似乎更完美。實際上，你沒有必要因此而太悲觀失望。如果你的產品定價合理，而且富於競爭性，就不必讓這種情況擊垮你的意志。

別人的商品的定價比一般低，可能是臨時用來吸引顧客的權宜之計，也可能是「失之東隅，收之桑榆」的商場策略。

為了使你的產品擺脫因此而造成的困境，你可以設法不讓價格太引人注目，而是突出別的方面。

很多成功的企業家都刻意避開競爭者的強項，而專攻競爭者做得不好的方面。比如選擇更好的顏色、送貨上門、特殊包裝、在產品上刻上購買人名字等等各式各樣的辦法。

透過這些辦法，他們繞過了價格不利造成的障礙。

培植自己的「當家」商品

做生意有一個「80：20」的規律。也就是說，門市經營業績的80%來源於20%的商品。這也是做事情抓重點的體現。

仔細分析一下門市商品的銷售資訊，就會發現特定時期內，有幾種商品特別暢銷，幾乎每天都是門市銷售排行榜上的前幾名。如果缺貨，一些顧客還提前訂購。

這些暢銷的商品就是門市的「當家」商品。經營門市只要掌握這些「當家」商品，就可以維持門市基本的營業額與利潤，門市生意就可以平穩進行。

特定階段門市如果沒有「當家」商品，很快就會陷入麻煩的境地。門市一切都很好，就是不熱賣，幾乎找不出經營業績下降的直接原因，各種促銷措施也沒有太大的作用。如果出現這種情況，多半是門市沒有「當家」商品。

牢記一點，「當家」商品一定要有，而且貨源還必須充足。

精打細算降低成本

做生意的成敗，不以顧客多少論成敗，最重要的是有盈利，成本越少，利潤越高，那就越是成功，換言之，成敗與否，要看利潤和成本之間的關係而定。因此，計算成本方面，任何一家公司都要計算得準確，以成為作為利潤賺蝕的準繩尺度。

最直接的成本，是貨品的進價、員工薪水、店鋪或辦公室的租金、公司設施、水電費等，把毛利扣除這些開支後，還有剩餘，那就是利潤。但計算下來，若毛利不足以支付成本，就是有虧損。

第六章　本領精練，時局掌控以智慧闖天下

每家公司都想買入一些銷路佳的貨品，低價買入高價賣出也好，或是薄利多銷也好，最緊要是有錢賺。不過，一家店購入各種貨品，也不能保證每種貨品皆有好銷路，成衣如此，唱片、書籍亦如此，如果能拉上補下，暢銷貨的銷路甚至能抵消滯銷貨的損失，那還是可以繼續經營下去，但吃一塹，長一智，知道哪些貨種滯銷，以後就不要入這些貨，或是減少入這些貨了。

位卑懷遠，積微成多

海之所以成為汪洋，是由於一點一滴的積聚；高山之所以巍峨，是由於一堆一堆的泥土的堆積。經濟競爭也是如此。成功者都是從一點一滴做起，積少成多，積小勝大。在市場角逐中，有時要「見小利不動，見小患不避」，但切不可疏忽大意。如果小的較量屬於策略中的一個環節，就要每利必爭，每戰必勝。許多企業家正是採取「避實就虛，化整為零，積少成多」的策略，最後戰勝強大的對象。

實行積微成多的謀略，必須做到位卑而心懷大志，對前程充滿自信，如果自慚形穢，怯戰卻步，胸無大志，很難躍過龍門。

實行積微成多的謀略，還要具有堅韌不拔的意志和扎扎實實、埋頭苦幹的精神。

摒棄一夜暴富的心態

現在許多人，普遍有一種傾向：總想做一夜暴富的生意。

結果呢？因人而異，情況大不相同。但不論個別的情況如何，大凡要想一步登天的薪水階級，終究會付出不必要的賭注。不但沒有賺錢，

反而血本無歸，一敗塗地。

由於虛榮心作祟，一些人經商後只要稍微賺一點錢就想裝修門面，擴大營業，當然這是人之常情，但結果往往是弄巧成拙。公司沒有一點以備不時之需的錢，一遇到生意不振，就無法支持下去了。

一年的生意好壞，並不能決定生意的利與不利，也許恰巧進了流行貨物，也許附近還沒有競爭的店，也許……原因很多，一兩年的生意實在看不出應如何擴大投資。貿然把資金全部投入，甚至還舉債投資，對小生意來說是非常危險的。

做生意千萬急不得，充實自己，細水長流，穩紮穩打地前進才是正確的做法。棒球九局之中，第一局得分而以後各局都吃鴨蛋的很多。人生是漫長的，何止九局？只要每一局都保持得分，就是沒有全壘打，總分合計起來，也還是會贏的。

小錢不肯賺，光想大錢，到頭來不但大錢沒賺到，甚至連小錢都賠精光。奉勸「門外漢」，做生意切忌操之過急。

構築堅固的經營「水壩」

維持企業的穩定成長，是天經地義的事。為了使企業確實能夠穩定地發展，「水壩式經營」是很重要的觀念。

修築水壩的目的是攔阻和儲存河川的水，適應季節或氣候的變化，經常保持必要的用水量。如果公司的各部門都能像水壩一樣，一旦外界情勢有變化，也不會大受影響，而能夠維持穩定的發展，這就是「水壩式經營」的觀念。設備、資金、人員、庫存、技術、企業計畫或新產品的開發等等，各方面都必須有水壩，發揮其功能。換句話說，在經營上，各方面都要保留寬裕的運用彈性。

第六章　本領精練，時局掌控以智慧闖天下

譬如生產設備。如果使用率未達100%就會出現赤字，那是很危險的。換句話說，平時即使只運用80%或90%的生產設備，也應該有獲利的能力。那麼，當市場需求量突然增加時，因為設備有餘，才可以立即提高生產量，滿足市場的要求。這便是「經營水壩」充分發揮了功能。

另外，經常保持適當的庫存，以應付需要的急增，不斷開發新產品，永遠要為下一次的新產品做準備，這些都應該考慮到。不管怎樣，如果公司能隨時運用這種水壩式經營法，即使外界有變化，也一定能夠迅速而適時應付這種變化，維持穩定的經營與成長。這就好像水壩在乾旱時能借洩洪水來解決水源短缺一樣。

各種有形的「經營水壩」剛才已經說過，而比它們都重要的則是「心理的水壩」，也就是要先具有「水壩意識」。如果能以水壩意識去經營，就會配合各企業的情況而擬定不同的「水壩式經營」方法。只要能遵循這種方法，隨時作好準備，能寬裕地運用各項資源，企業不論遇到什麼困難，都能長期而穩定地成長。

盡量避免發生意外

一失足成千古恨，這不單是交通安全或體育運動的經驗，也應是經營者的座右銘。經商者特別是小商人，受不起意外的打擊，一次失足即致命。

這裡不單是說火災、工傷等意外，而且包括在毫無準備的情況下，出現周轉不靈。

經商者一定要眼觀六路，耳聽八方，杜漸防微，防患於未然，在問題尚未發生時，或尚未為患之際，就把它解決掉。

財政上的問題，往往出於會計系統不完善，資料不足或不及時，確

有很多小商人都有這樣的缺點，就是討厭會計數字，這樣的人一定會吃不少虧的。希望你早為之計，每月都整理好經營情況的數據，起碼要知道哪裡賺，哪裡虧。

與人有關的問題，不論供應商、顧客還是職員，通常都是由於小商人們忽略了他們，忽視了他們的需要而引起的。人的態度通常不會一下子改變，問題必定累積了好長時間才爆發。許多情況，其實明擺在我們眼前，只不過我們視而不見。

問題發生後，除了趕快解決外，更重要的是建立一個制度，以防止同樣的問題再發生；並且要有一套應付同樣問題的辦法，以免問題一旦重演時，手忙腳亂。

時刻保持危機感

睿智的創業者應該時刻保持危機感，具有憂患意識，對明天可能出現的不利因素有所警覺。對於意識到的問題，要及時處理，絕不拖延。創業者應該時時刻刻處於備戰狀態。

面對激烈的競爭，面對殘酷的淘汰機制，每一位創業者都要有危機感，有憂患意識，同時也要有所準備，隨時處於臨戰狀態。商場上只有積極進取的常勝的贏家，沒有故步自封、恃才傲世的常勝的贏家。胸無憂患意識，掉以輕心，很可能要栽觔斗。經營之神松下幸之助曾感慨地說：「今天商場上的勝者，誰都不敢保證他明天還是贏家。睿智的創業者應該時刻都保持危機感，警覺到明天可能出現的不利因素。對於此刻就能充分準備以應付競爭的任何工作，都要立刻去做，不要猶豫。須知延誤片刻工夫，就可能造成莫大的遺憾。」

第六章 本領精練，時局掌控以智慧闖天下

追求奢華享受是經商的大敵

大家都知道利潤等於銷售總量減去費用，利潤和費用是呈反方向運動的。如果費用低，利潤就高；如果費用高，利潤則低。費用與資金控制緊密相關，而現在許多老闆腦子裡不知道如何管理資金，忽視對資金的控制，造成費用節節上升，而利潤卻不斷下降，直接影響了老闆的艱苦創業，以致半途而廢。

著名的風險資本家弗雷德·阿德勒說：「我的一個『定律』是：成功的可能性與經理辦公室的大小成反比。」一味地追求豪華舒適的辦公室、辦公桌，乘坐豪華汽車，在高級飯店裡擺宴，再加上一些。名譽性的花銷，開支巨大，將寶貴的資金用在消費而不是用在生產上。資金管理盲目，成本高，銷路縮小，利潤不可能提高。

一位女老闆在她第一次創業失敗時說：「我如果再次創辦企業，駕駛的會是一輛小型貨車，而不是賓士。」簡單的話語中卻包含了一條道理：節約資金是創業的第一步。

牢記古訓，不可露富

生意場上的成功通常是寂寞的成功，很少有人會講真話實話。老闆剛剛獲得創業成功，一定要牢記「不可露富」的古訓，因為這個階段的老闆，儘管建立了一個開始賺錢的事業，但並沒有真正賺到多少錢。如果過於張揚，將使自己處於十分不利的位置。

首先，企業內的員工會提出自己的利益要求，因為他們通常會根據老闆的情況來判斷企業的情況。這樣，老闆就失去了低成本累積現金的機會。同時，提薪容易降薪難，甚至會使一個可以賺錢的事業因為大幅

度提高成本變成一個虧損事業。

其次,張揚的老闆會在個人私事方面大量投入,追求一步進入中產階級,這個行為也會抽走企業大量的現金,影響剛剛獲得立足之地的事業。

第三,張揚的老闆容易頭腦發昏,做出一些費力不討好的事情。一個老闆在第一次賺到 200 萬元時,居然僅僅接聽了一個電話,就答應參加一個花費 20 萬元的公關活動,而這個活動對公司的事業毫無意義。要知道,社會上有一大批賺張揚老闆錢的人,什麼公關活動、公益活動,每天都會有新的名目。

老闆應當隨時牢記自己的身分,僅僅是一名事業有成的老闆,而不是富豪排行榜上的風雲人物。

建立以人為本的管理模式

當代管理的趨勢是什麼?是將管理的「柔性」和「剛性」結合在一起的方法。

企業管理逐步由以物為中心的剛性管理,走向以人為中心的柔性管理。企業要走向人本管理,第一步是學會尊重。

不少的管理者常常感嘆:現在企業中的快樂員工越來越少,其根本原因就是管理者對員工缺乏應有的尊重。許多員工很努力地工作,卻總是得不到老闆或主管們的認同。在這種工作環境下的工作效率可想而知。

要做好一個企業,固然必須擺平自上而下的利益關係,讓處於企業內部各個層次的人,在發揮自己的企業中作用的同時,有一個相應的回報。但是建立良好的勞資關係,取得相互尊重,享受人與人之間的溫暖

第六章　本領精練，時局掌控以智慧闖天下

和快樂同樣是企業管理的大事。從人性上說這是一種需求，從經濟角度上講，則更加有利於企業獲得穩定的利潤和長久的生存空間。

現代最新經濟理論研究顯示，經濟系統的知識水準及人力素養已經成為生產函數的內在部分，而其外在的表現則受到人際關係的制約。

從某種意義上說，企業管理就是人際關係的總和。剛性的「哲學商業」制度管理和柔性的「親和商業」親情管理各有所長，而歷來重視人際關係的東方要以贏得對方的尊重為追求的目標。

比如馬來西亞的企業家郭鶴年，他的管理控制經驗就是嚴格標準與情感投資的結合，努力做到以法服人，以情感人，把家和萬事興的家訓推行到企業中去。在公司創造一種家庭式氣氛，互相尊重。他認為經營管理不能只靠制度，更重要的是靠人。只在上上下下有感情，合作得好才能調動每個人的才能，發揮他的最大潛能。

工作應該是有趣的、充實的、讓人激動的。這些都存在於人獲得尊重的前提上。樂趣意味著挑戰，也意味著工作的成長，自由與成就。如果你尊重別人，他們將會還你尊重，甚至會以責任來回報你。因此，如果員工因為責任而擁有對企業的一種使命感，他們必須會充滿幹勁。

美國心理學家馬斯洛（Abraham Maslow）在《人類動機的理論》一書，闡述了人類生存五大需求層次理論，其中第四層就是地位和受人尊敬的需求，這是人類維護人格的起碼要求。人與人之間的共同語言，只有建立在相互尊重的基礎上，才能產生「你敬我一尺，我敬你一丈」的效應。

一本《第五項修練》（The Fifth Discipline），給企業提供了超越混沌，走出雜亂，以人為尊，再造組織的指引。其實，懂得欣賞，既是一種享受，也是一項核心的修練。這裡所說的「欣賞」，有對他人能力和成就的欣賞，也有對自我超越的欣賞。人自賞容易，難能可貴的是懂得欣賞別

人。一個組織，一個企業，學會了尊重別人，還只是邁出了人本管理的第一步。懂得相互欣賞，在欣賞中互相激勵提高，則是建立人本氛圍不可或缺的第二步。

從投入的角度看，所有的人都可以成為比爾‧蓋茲，只要這種投入的方向是正確的。從成功人的經驗來看，每個人的生命不過是與周圍的環境進行交易的過程，如果這個交易的過程好，那成功的機會就大。因此經營好一個人的工作和生活空間對一個人的事業成敗至關重要。

如果經營者只重視現在的勞動力，而忽略他們未來的發展布局，那經營者永遠都在尋找勞動者，當然最後的結論是企業缺乏人才。

欣賞你的下屬吧，千萬不要吝惜你的語言。去真誠地讚美每個人，這是促使人們正常交往和更加努力工作的最好方法。因為每一個人都希望得到稱讚，希望得到別人的承認。在人們的日常生活中，你會驚奇地發現，小小的關心和尊重會使你與群眾關係迥然不同。

假如你的同事或下屬今天氣色不好，情緒不高，你要是問候了他，表示你的關切，他會心存感激的。再推進一步，假如你的同事或下屬感到你在真誠地欣賞他，他會以最大忠心和熱忱來報答你和你的企業。

對一個組織來說，感情留人、事業留人、待遇留人，這三點缺一不可，但感情更為重要。雙方只有在感情上能融合溝通，公司員工才能對管理者有充分的信任，這是留住人才的最大前提，也是企業邁向人本管理的核心所在。

多角度考察員工

當你需要新鮮的血液補充公司的血脈時，應徵的面試就成了你所必須的工作。面試時，你的提問就該有針對性，盡力獲得有關應徵者個人

資訊，了解他們到底是一個什麼樣的人？是否滿足你的要求？至少你可以從以下幾個方面去了解他們：勤懇還是懶惰？忠心耿耿還是自私自利？是否十分機警。心胸開闊還是固執己見？積極主動還是隻按指令行事？是否滿懷熱情？為什麼他丟掉了從前的工作？等等。

當然，應徵人員的外表衣著，個性特徵等也都是重要的考慮因素。外表整潔，儀態端莊也是我們對應徵人員的一個基本要求。求職者在應試時穿著整潔，大方得體，這顯示了他的自信，並表明他以後的工作也如他的衣著一樣令你滿意。另外個性特徵對個人發展和公司的協調十分重要。固執己見，死板苛刻的人都是難以駕馭的劣馬。因為你無法促使他們進步，並作出改變。試著問一些他們事先無法準備的問題，看看他們是否緊張。有些情況下這點似乎無關緊要，但有些時候卻舉足輕重。另外，對性別、年齡，不要過於挑剔。

一個成功的公司，應該找到最好的員工，一個成功的管理者，應該擁有傑出的助手。作為一名領導者，必須不惜重金去找一些最好的員工，這當然需要花費一定的時間、精力和資金。這種付出的結果是極為有利的。換句話說，你不能在僱傭員工方面削減開支和保持節儉，否則，你僱傭的只是那些不大中用或根本無用之人。應徵員工是一件具有很高風險的事情，不要完全指望第一次面試。第一印象往往具有某些欺騙性。你可以帶上你挑選的候選人員，帶他們參觀一下公司，觀察他們對公司的興趣程度，詢問他們一些問題，讓他們介紹一下自己所做的事情，讓他們每個人表述一下自己，最後，你就可以知道哪些人員是合適有，哪些人可能比其他人更合適。

企業管理工作日趨重要

隨著科學技術的發展和社會的進步，科學管理的地位越來越重要。科學、技術、管理已被公認為發展經濟的三大要素，管理則占有重要地位。現代科學管理已經成為發展經濟和科技的關鍵因素，已形成一門新的學科。整體而言包括兩大趨勢：

管理越來越專業化

管理人員是實施科學管理的決策者和執行者，是科技團隊的重要組成部分。經濟和科技方針、計畫的制定、物資的購置、保管和調配，人才的培養和使用等等關鍵，都離不開管理人員的努力。因此，從某種意義上說，管理工作者才是科技團隊的核心。

管理方法要不斷更新

在近代管理史上，隨著生產的發展，管理者所發揮的作用日益顯著，管理者的組織功能愈發重要。管理者僅是組織中的一個有組成部分，再也不是主宰一切、橫行不羈的獨裁者；被管理者再也不是管理者手中有生命的工具，再也不是管理者頤指氣使的奴隸；被管理者在組織中的主動性、自主性越來越大，管理者受到的制約越來越多。高層管理者的組織形式，由個人發展到集團，越來越重視「智囊團」的參謀作用。精明的管理高手將會發揮出更大的潛在能力。

第六章　本領精練，時局掌控以智慧闖天下

創造良好環境，激發員工潛能

你團隊裡的每一位成員都有各自不同的才能和資質。如能讓他們發揮各自不同的潛能，將可以做出更大的貢獻。

1. 你只能把工作分派給你的直屬部下。要求你的上級主管也同樣不把工作分派給你的工作人員。

2. 工作應分配給個人而非幾個人。

3. 不要只把工作分派給小組中那幾個能力較強的高手。不要低估人員的能力，要與你小組的每一位成員保持密切接觸，以了解他們承擔多大的責任。

   有些能力很強而且富有野心的人，天生就很保守，你要有慧眼才能看出他們的潛在能力。不要讓他們沒有發揮的機會而離開你的公司，然後在別處一展大才。

4. 對那些懷疑自己能力的人，你要加強他們的信心，並逐漸增加他們的責任，但是不要強迫他們接任太過繁重的工作。很多有能力的人選擇在他們的能力範圍內，做好他們的工作，如果他們已經排定某項決策事項後，你在此時優先指派他們去執行別項工作的話，那是很不公平的。

5. 不要擔心你小組人員的工作負荷會太重，但是如果你的小組人員正處於一種不合理的工作壓力下時，你就要向你的上級經理請求增加新的工作人手。你千萬不能去做那些應該由初級人員負責做的工作。

6. 不要為了讓你自己上班的日子好過些，就壓制那些能力強的工作人員的發展。你如果讓有能力的員工眼睜睜看著能力不及他們的人來指揮他們的話，你是在自找麻煩，總有一天這個問題會爆發出來。

7. 對你自己的繼任人員要加以訓練，但是不要承諾他一定能獲得升遷。如果你確信沒有人能接任你的工作，那麼你不妨想想看，你能接任上級主管的工作嗎？你的答案幾乎百分之百是肯定的；尤其如果你早已磨拳擦掌準備要接任他的工作的話，那更是沒有問題。因此我們大概可以肯定的說，在你的小組工作人員中至少必定有一個人可以接任你的工作，而這一個事實也使得公司在考慮提升你的工作職務時，容易處得多。

有的放矢選擇領導方式

所謂「適應屬下性格能力」，換句話說，就是要依照個人的性格來加以領導。

領導方法有專制的、民主的、自主的這三種型態，這是眾所周知，你必須針對對方的情況，選擇適當的領導方法，才能提高員工的士氣。

針對性格加以領導

「因材施教」是最佳的教育方法，管理者在領導部屬時，也要依照部屬之性格來斟酌領導方法。個性軟弱與剛強的人，如果一視同仁，對士氣定毫無效果，我現就舉個性格領導的例子吧！

1. 面對性格軟弱的人時

①傾聽他們的意見，令其自由發言；
②稱讚他們的長處，使他們深具自信；
③不要老是嘮叨、責罵；
④當他不安時，安慰他；
⑤先賦予責任輕的工作，並不忘稱讚他；

⑥時常與他們在一起；

⑦在未培育自信之前，絕不讓他們決定自己的工作；

⑧對於艱難之事應有「慢工出細活」的心理，勿過分催促。

2. 面對強硬派人物

①以指示命令性之方法，吩咐他工作；

②對方有草率現象的，以斷然的態度對待；

③隨時注意他，勿使搗亂；

④使他高興、心甘情願地從事事務性工作；

⑤令他從事有責任性、較艱難的工作；

⑥對方爆發不滿情緒時，應和氣說明，設法解決；

⑦幫忙設計工作；

⑧無需隨便徵求他們的意見；

⑨勿逢迎他們，也無需過分客氣。

3. 怠惰型 —— 這種人一定別有原因，設法了解原因

①令其負起某些責任，使其對工作有興趣；

②誇讚其長處；

③令其從事有興趣的工作；

④令其明白自己的怠惰；

⑤指示目標，使其完成工作；

⑥令其單獨完成工作；

⑦命令嚴格；

⑧使其從事腦力工作，發表對工作的意見。

這裡列舉了上述三個例子，每個人都有不同的性格，最好依照他們的性格研究對待之道。

針對能力來領導

現在再來談談針對能力來領導的方法，這又可區分為下述各種方法：

①對工作未致熟練的人採取專制的領導作風；

②對不很熟練的人採取民主領導作風；

③對那些資深、工作標準化、士氣高昂的人則採用民主的領導方式。

這種方法主要是決定於個人對工作的純熟度。在能力發展上而言，要使他由倚賴心漸轉變為獨立性。不論個人或團體，先要由指示、專制的作風轉變為民主、自由式作風才好。

斟酌情況改變領導作風

除了以性格、能力的管理外，更要學習斟酌情況改變領導作風。

①一旦決定了某項判斷，發個命令即可，若自以為具有民主作風事事要徵得部屬的同意，很可能得不到結果；

②開會無法獲得最後結論時，此時無論如何商量都沒用，管理者應以自己的理想做最後的決定，但不能讓人說閒話；

③發覺錯誤時應盡量舉出例項，使其強制改善。但若當事人已察覺並能加以檢討時，令其做自主性的改善就可以了；

④欲培養員工們之責任感時，最好採用自主性的領導法；

⑤在緊急情況下處理罕見問題棘手的事情時，必須採用專制的領導作風；

⑥要變更已決定了的工作程序，或者修改法規時，或是呼籲遵守安全規則時，須以強制性的命令來執行。

以上是分別就當時情況及所遇對手的不同而說明了各種應急的處理方法，但也勿過分拘泥於專制或民主，過於意識化也不好，只要啟發部

屬以自動自發與你合作即可。只要秉持著這種想法，無論何人面對何事都能處理得井然有序。

話雖如此，在領導方式上決不可胡來，仍須有個強而有力的領導方式。

最重要的領導方式，必須尊重部屬的意見，自己也須有準確的判斷以決定意志，也就是說要用個明確的指示來領導部屬。

管理中的激勵程序

管理中的激勵要有一定的目標與計畫，制定可行的實施程序。激勵一般要按以下程序進行：

第一，了解需求。管理者必須要知道員工有什麼要求、需要的強度如何，才能採取相應的激勵措施。否則，激勵措施便沒有針對性，難以取得滿意的效果。

第二，分析需求，制定計畫。對員工需求的性質、結構等因素進行深入分析，抓住關鍵問題，也要對影響個人行為的環境因素進行分析，並據此制定激勵員工的方案。

第三，實施激勵措施，調動員工積極性。

第四，資訊回饋。根據激勵措施實行情況，對員工的需求和激勵的有效性進行分析，對激勵措施進行適當改進，並進一步發現員工的新的需求，為新的激勵準備條件。管理中的激勵是一個不斷進行的過程，透過激勵，原先的需求滿足了，又會出現新的需求，就要進行新的激勵。組織要在不斷進行激勵的過程中提高管理水準，增加組織效益。

激勵的多種手段

在組織活動過程中,能夠影響人的行為的因素多種多樣,管理者可以針對員工的各種需求採取相應的激勵措施。根據激勵方法的性質,管理過程中出現的激勵方法主要有以下幾類:

工作激勵

工作激勵是透過工作安排來激發員工的工作熱情,提高工作效率,包括三個方面的內容:

第一,分配工作要考慮員工的愛好與特長。每個人都有自己的優勢和劣勢,程度再高的人也難免有自己的不足之處,程度再低的人也總會有某些獨到之處。分配工作時,要把工作對知識和能力的要求與員工的自身條件結合起來,即根據員工的個人特點來安排工作。每個員工都是一個不同於他人的個體,他們的需求、態度、個性等各不相同。安排工作時要認真研究每個人的特點,用人之長,避人之短,充分發揮每個人的才能。在使工作的性質與內容符合員工的特點的同時,還應盡量照顧員工的個人愛好,使個人興趣與工作更好地結合起來。員工對工作有興趣,才容易發揮,去提高工作的水準和效率。

第二,充分發揮員工的潛能。工作安排要有一定的挑戰性,能激發員工奮發向上的精神。在工作所需能力與員工能力的匹配方面,應使工作的能力要求略高於員工的實際能力。如果員工的能力遠遠高於任務要求,就會感到自己的能力沒有充分發揮出來,日久天長會對工作失去興趣,產生厭倦情緒。如果員工的能力遠遠低於任務的要求,開始會努力去做,希望獲得成功,但經過幾次失敗以後,便會喪失信心,放棄努力。如果把任務交給略低於要求的員工,只要他積極努力,則既可以順

利完成工作任務，又可以在工作中不斷提高自己的各方面能力。

第三，工作豐富化。在行為科學的理論中，諸如挑戰性、成就、讚賞和責任等都被認為是有效的激勵因素。工作豐富化不是職務內容的簡單擴展，而是要改善工作的性質，提高工作與生活的品質，在工作中建立一種更高的挑戰性和成就感來提高員工的工作熱情。可以透過以下措施使工作豐富起來：在工作的各環節中給員工更多的自由，盡可能多地賦予他們解決各種問題的權力；鼓勵下級員工參與管理；讓員工對個人的工作任務有個人責任感；使員工了解自己的工作對組織所作的貢獻；改善員工工作條件。

報酬激勵

報酬激勵是對員工的工作成果進行評價，並給予相應的獎罰。對員工的考評應客觀公正，要有系統的考核指標與嚴格的考核制度，防止管理人員憑主觀印象評價員工工作。應主要從工作成績、態度、個人能力等方面對員工進行考察，以對員工的個人業績和發展潛力等問題得出正確的結論。報酬的內容分兩種：物質報酬與精神報酬。物質報酬主要是指薪資、獎金或物質方面的獎罰；精神報酬是指各種榮譽表彰或批評。物質或精神方面的獎懲都會直接影響人們的行為。

為了持續有效地調動員工的積極性，應正確使用報酬激勵，關鍵是要注意兩個問題：第一，做到合理付酬。亞當斯（John Stacey Adams）的公平理論已非常清楚地說明了員工是如何評價自己所得到的報酬是否是公平的。要使員工感到公平，就必須真正做到確實分配，將員工的報酬與其勞動成果緊密結合起來。而且報酬的標準應該統一，同樣的工作用同樣的標準來評價成果，用同樣的標準付酬。第二，處罰合理。有效的處罰同樣可以產生明顯的激勵作用。當員工在工作中出現錯誤或失誤

時，應及時給予必要的批評教育。對員工的批評要出於良好的目的，對事不對人，要有說服力，使人容易接受。必要時應給予懲處。不管是口頭批評還是懲處，都要注意把握分寸，合理運用技巧；否則，可能造成適得其反的效果。

業務技能培訓是提高員工素養的重要手段。業務素養與員工的進取精神是相互促進的。強烈的進取精神可以促使員工努力工作，取得良好的業績，提高業務素養；較高的業務素養能夠使員工有更多的成功機會。因此，應十分重視對員工的業務與技術培訓，提高業務素養，培養進取精神。業務培訓應根據組織的需求和個人特點進行：對管理人員應培訓其現代化管理的理論知識及處理實際問題的能力；對普通員工則需要進行企業文化教育及職位操作技能的培訓，提高工作能力。針對員工特點的教育與培訓切實提高業務素養，有效激發勞動積極性。

人才是用之不竭的資源

一個企業能夠取得巨大的成功，並不僅僅在於擁有高品質的儀器設備和先進的廠房環境，更不在於它擁有暢銷的產品，更重要的是取決於人的智慧。

人是靈活多變的，人可以隨機應變，也只有人，才可能在複雜多變的艱險環境中，尋找最理想的對策和解決方法，披荊斬棘，排除萬難，把經營風險、生產風險、盡最大努力減到最低最合理的程度，從而在荊棘叢生、坎坷滿途的商業路上「殺」出一條光明大道，在波濤翻湧、濁浪排空、暗礁林立的商海中乘風破浪，一帆風順。

日本著名的松下電器公司前任總經理山下俊彥便曾經這樣說：「歸根結柢，企業是人的集團。無論總經理和一小批幹部多麼出色，

第六章 本領精練，時局掌控以智慧闖天下

倘若其餘90%的人員只會消極地唯命是從，那麼這家企業就難以發展，若不是人人都有向新事物挑戰的氣魄，企業就不可能前進。」

一個成功的企業領導者，同時也必須是一個開發人才資源的「總工程設計師」，必須具有用才、育才、引才的競爭思想。

不要小看人才的管理，企業是人的集團，人聚集到一起，形成公司，形成企業，形成集團，競爭也便越來越激烈，越來越艱難，人與人的競爭，無非是人的智慧和聰明才智的較量。人的大腦是一個神祕的裝置，掌握了知識的頭腦便成為了神祕的「寶盒」，成為一座取之不盡、用之不竭的「金礦」，成了「聚寶盆」。沒有誰能夠清楚，擁有一個人才，會給企業帶來多大的好處。

無論是白手起家的創業者，還是轉虧為盈的改革家，沒有哪一個是單單靠著先進的機器和設備發展起來的。最根本的便是人，人的智慧。聰明的企業家往往首先意識到這一點，並在這一點上入手，大作文章，掌握這些有形而無價的人才，去發掘他們無比巨大的潛力，必將使企業一步步騰飛起來。

規章制度必不可少

一些人把公司的規章制度視作是官僚作風的象徵，並且極力避免討論這個問題或者把它視若瘟疫。一些見諸於報端的證據表明了有幾家較大的公司儘管沒有規章制度也一樣可以取得成功。

儘管如此，如果你沒有制定出一些公司的規章制度，那麼不久你就會發現自己處於這樣的境地──在這樣的境地下你才知道規章制度對你的重要性。規章制度能使公司的僱員知道哪些事是可以做的，哪些是不可以做的。

衣著打扮不能太隨便

　　如今，工作時的衣著正變得越來越隨便。許多公司甚至把一年或某個季節的某一天定為隨意著裝日。而有些公司卻又浪費了大量的時間去規定在隨意著裝日裡哪些服裝是可以穿的，哪些服裝是不可以穿的。

　　如果你在公司裡並不需要接待顧客或客戶，你也許可以穿得隨便些。但你的衣著不能隨便到讓人看起來不舒服。當然，這種開明的政策也有可能導致部分員工的衣著打扮達到隨心所欲的地步，但一想到尊重員工的態度給你帶來好的好處，這種作法還是值得的。

　　如果經常有顧客或客戶到你的公司來，那就對這些要經常和顧客或客戶打交道的員工的衣著定幾條標準。

遵守上班時間

　　制定固定的上班或換班時間表。為了滿足某些員工的特殊需求，你可能想給他們把工作時間安排得靈活一些。例如：某位職員為了安頓孩子需要上下班的時間都要晚一點。你可以讓她的工作時間安排與別人有所不同。但這只是一個例外，你還得堅持讓所有的員工必須遵守統一的時間表。工作時間安排得合理化，可以體現出你是公平地對待所有僱員的，同時還可以避免花時間去記大量不同的工作時間表。

　　即使某位員工加班，你也應要求他每天準時上班。除非情況非常的特殊，否則就必須按所制定的工作時間表嚴格執行。

不許亂打私人電話

　　沒有必要制定有關私人使用電話、打本地或長途電話的專門規定。沒有有關電話的專門規定的後果會在你的電話費裡反映出來，而有專門規定的後果卻從員工態度裡反映出來。大家會覺得你這人心胸狹窄，沒

有肚量，並對你產生不滿。

當然，如果哪位員工卻因此而濫打電話，那你也可以對他採取一些行動。有時發現某個員工在電話裡只是在閒聊你就可以讓他以後很難再接近電話。當然，如果他在其他方面的表現還不錯的話，那麼解僱此人不是你的選擇。

警惕私人公司的「家族式管理」通病

私人公司在用人問題上，長期以來陷入了「先家族而後企業」的惡性循環，不少公司首先考慮的是家族成員怎樣安置，但從不認真考慮這種安置對公司合不合理，對公司有不有利、能不能調動全體員工的工作積極性等。這種用人機制上的僵化性特點，具體表現如下：

用人只講求忠誠而非表現

忠誠成為用人的標準，只要你在公司中對老闆忠誠，對家族成員忠誠，對企業忠誠，你就會得到任用，至於你有沒有才，工作能力怎麼樣，則是次要的問題。這樣，忠誠而少才的人也就有了走上重要工作職位的機會，成為掌握企業命運的關鍵人物之一。

這種用人準則既是似是而非的，又不是科學的。忠誠固然是一個優異的品質，是公司所必需的，但如果到此為止，除了忠誠這一資本外，就無什麼資本奉獻於企業，才能平庸，空有熱情，而無能力把事情做好，更不用說具有創造性了，那麼，用這樣的人是弊大於利，在某種情況下甚至無利可言。當然，如果能把忠誠和才能結合起來，做到才能優先兼顧忠誠，那就是再好不過的事了。但很少有私人企業能夠較好地做到這點。

人們不敢公開批評老闆，而老闆的指責多於商量

一般說來，私人企業奉行的家長政治、專制作風，家長在企業中享有至高無上的權威，他的命令就是絕對命令，他的主張就是絕對主張，他的話就是金科玉律，就是聖旨，你作屬下的只能貫徹、服從和執行。你必須主動扼殺自己的想法，不能頂撞他、批駁他、指責他，否則你就是大逆不道，不尊重一家之長，因為他任用了你，你就得感激他、服從他，而他批評你、指責你，則是天經地義的，甚至是關心愛護你的表現。

這種狀況的惡果是顯而易見的，在「家長」的壓制下，沒有民主，意見不能表達，堵塞了員工的「進諫」之路，難以調動員工的積極性，難以培植起企業主角的責任感和歸屬感，致使人才遭到壓制或人才外流。

注重內部的人際交際、權力鬥爭。而忽略外界的大環境

私人企業最大的損耗是人際關係問題和權力鬥爭。一些老闆為了維護企業的團結與和睦，常常疲於協調、平衡各方關係，解決人際關係上的矛盾和衝突。尤其是家族成員之間爭奪繼承權或要職時，老闆更要分散有限的精力。然而，正當自己的企業陷入人力內耗時，其競爭對手則團結一致、眾志成城地向你「進攻」，致使你成為競爭中的犧牲品。

因此，私人企業在重視內部人際環境建設時，也應重視外部人際環境建設，這樣才能走出「內憂外患」的困境。

人情關係至上，「濫竽充數」者眾

由於是家庭成員，雖然能力不夠，但仍擔任某一高職，工作效果不好也難以請他辭職，於是隻好留下成為閒人。這類現象在家族企業中相

第六章　本領精練，時局掌控以智慧闖天下

當普遍，只要是家族企業中的家族成員不論他的職位或級別如何，甚至也不論他擔任哪種工作，都擁有一種權威和權力的地位。他作為老闆的兒子、兄弟或姻親，就擁有一條通向最高層的內線。不管是什麼級別，他的實際地位都屬於高階管理層。

正確的作法絕不應是這樣的。如果他不能以自己的品德和成就贏得作為高層管理成員所應有的尊敬，他就不應在公司中工作。

也許某位確實應該受到老闆的幫助，但如果他確實不夠進入管理層的條件，那麼，你寧願給他一份管理層的薪水，也不應讓他擔任什麼工作，因為這樣做你雖然損失了一份薪水，但卻避免了更大的損失：他如果名不副實地在你的公司工作，對家族的地位、吸引力並留住能人、升遷能人等各個方面，都會產生不利影響。

很難吸收非家族成員進入管理層

表層原因在於管理層職位多數由家族成員所把持，深層原因則往往是老闆或家族成員不信任外人，或對外人缺乏足夠的信任。「安內攘外」可以說是私人企業在用人上的一大痼疾，根治起來非常困難。這需要老闆不斷開闊胸襟，走出狹隘的封閉性老套思想，把自己企業用人機制的建設納入現代企業人才競爭機制建設中去考慮，做到用人不疑，廣納天下賢士，為企業發展注入新鮮血液。成功的家族企業，無一不是重視引進非家族成員的賢能之輩，或在家族企業員工中提拔佼佼者。

不願意放權和放手

「專權」是私人企業的一大特點，是造成用人機制僵化的根本原因。其實，你作為老闆，儘管你確實能力超群，一枝獨秀，但你也必須承認，個人的能力畢竟是非常有限的，而一個人如果去做能力以上或以下

的工作，都容易遭到失敗。

為了避免能力發揮上的缺點，你應當下放一些權力，把自己的權力和責任適度地交給員工分擔，讓員工盡最大努力去取得好的成績，這才是提高工作效率最科學的方法。但還不能到此為止，放權還不等於放手。有的老闆形式上放了權，把權力授予某人，實際上卻並沒有以放手讓他去做，在決策上、具體問題上都去進行干預，結果導致權力放而不到位，當事人並沒有多少自主權。因此，如果你放了權，還應同時放手，盡量能讓他獨立地、自主地去運用手中的權力為你的公司事業服務。

一般沒有長遠的用人計畫

最集中的反映是沒有人才培訓計畫，不能對員工進行分期分批的培訓，或組織參觀、學習和考察，致使企業人才匱乏，員工素養和技能普遍不高，難以達到企業發展所必須的要求，從而導致企業發展實力不足，在同現代企業以人才為核心的競爭中敗下陣來。

老闆往往不能正確應用自己

老闆的僵化思維通常是考慮怎樣管理別人和任用別人，卻並沒有把自己的管理和任用考慮進去。諸如自己怎樣才能合理利用有限的時間完成盡可能多的任務，並不被一些老闆所重視。他們常常感到遺憾沒有時間去做想做的事情，卻很少關心利用有限的時間去做這些事情。似乎總也忙不完，總被各種事務纏住，千頭萬緒，結果卻莫衷一是。

其實，世界上不少成功人士，短暫的一生卻有輝煌的成就。更有一些人行事有條不紊，從容之間就完成了了不起的事業。

可見，你不能被時間牽著走，應當緊緊抓住並把握住時間才是上

策。私營公司老闆要調整思維，不要像你在人群中點數一樣，記住了別人卻記了清點自己，結果總數中唯獨沒有自己。因此，你管理、任用他人的時候，也別忘了有效地管理和使用自己，充分發掘自己的潛能，提高自己的工作效率。

以上 10 個方面的問題，私營公司老闆必須正視並加以解決，你的企業才會充分有效地利用人力資源，調動起家族成員，特別是員工的工作積極性，激發起他們的主角責任感、使命感和創造欲望。

克服使用人才的種種盲點

韓愈在《馬說》一文中談到：用才不當，原因有三：一是「策之不以其道」，即駕馭千里馬不根據它的特性，不掌握其所長。二是「食之不盡其材」，因為千里馬能跑能吃，把它和普通的馬一樣餵，普通馬吃飽了，它吃不飽。三是「鳴之而不能通其意」，當千里馬發出呼叫，馭馬人也不能理解它。對馬有種種偏見、誤用和不理解處，對人才何嘗不如此呢？真正做一個能辨才用才的人是何等不易。

克服照顧關係的盲點

在用人上講關係，是歷代歷朝官場的一大流弊。一人當官，雞犬升天；一人罷官，株連九族；子繼父業，世襲祖爵；夫賢妻榮，光宗耀祖。這種惡習在今天雖然不很明顯，但仍在扭曲著少數用人者心理。在用人時，往往不是以看這個人的能力水準為主，而是看這個人與上下的關係怎麼樣，特別是與他個人的關係怎麼樣，人緣不好關係不行再大本事也不用。

克服印象感覺的盲點

企業家如果只靠印象感覺心理衡量人，在選人用人上往往會目光短淺，不能啟用真正的能人，還很可能被心術不正的「小人」鑽了漏洞。有這種心理的廠長經理一是有戴著有色眼鏡看人的毛病，所選用的人都是同一種色彩的、同一種風格的、同一個調子的。這種清一色的人聚合在一起，形不成有力的群體結構，阻礙著效能的發揮。二是患又選才近視症。以印象感覺看人，就不可能放寬選用人才的視野，從全企業甚至大的範圍內定人才，而只能滿足於從身邊好幾個老熟人中間「矮子裡面拔將軍」。

克服大才小用的盲點

據說千里馬從西北沙漠地帶跑到古代江西豐城，其間雖相距萬餘里之遙，但千里馬須臾即至。但是如果把千里馬困在小庭院裡，那麼它只能艱難地緩步行走。出現大才小用的原因有三：一是大才者往往恃才傲人，清高自詡，企業家又沒有「倒履相迎」的愛才之心；二是廠長經理存有武大郎開店，高於我者不要的心理；三是人才的才能沒有發揮施展的機會，所以不被認識和理解。能夠發現有才能的人並且大膽地啟用，是企業家的必備用人素養。

克服用非所長的盲點

《水滸》中的李逵陸上功夫十分了不得，兩把板斧舞動起來，威風凜凜，但被浪裡白條張順誘下水去，別說施展拳腳，連自家性命都難保。一些企業家們往往忽略了用人之道理，經常做出些硬逼「李逵」下水，非要「張順」上岸的蠢事。清朝魏源在《洛七篇》中寫道：「用人者，取人之

長，避人之短。」不知人之短，不知人之長，不知人長中之長，則不可以用人，不可以教人。」企業家在用人時，若不能用其所長，則不可以用人，不可以教人。」企業家在用人時，若能用其所長，則下屬工作積極，管理效能倍增。如果用非所長，使人才勉為其難，即使再做大量的準備工作，其效果也不會好。

克服愛而不用的盲點

人才都有個最佳時期，即學識、閱歷和年齡都處在「黃金時代」。善於駕馭人才的領導者，就乘其精力旺盛，雄心勃勃之際，大膽使用。若等到人才銳氣已盡，稜角已平時，即使委以重任，也不可能有大作為。企業對人才不可搞「葉公好龍」，口頭上說愛護人才，實際把人才閒置不用，或者用而不當，許多公司都存在這種情況。企業家對人才一定要愛用一致，切不要口是心非。

選賢任能效果顯著

企業最高領導人在選擇企業基層領導人和管理者時，應特別注意研究和實行恰當的選人程序和方式。美國汽車裝配工廠在這方面的做法頗為獨到。他們把招賢選才的程式和方法概括為八個方面。

1. 初選。企業需要哪一類領導幹部和管理人員，首先由企業人事部門張貼布告公布。有興趣的職工可「毛遂自薦」，向人事部門提出申請，為了便於全面了解，申請人提供的情況越詳細、越準確、越有說服力越好。
2. 複查。由申請人所在職位的直接領導人對其工作情況提出評語。
3. 平衡。人事部門根據申請人的「自述」和其他直接領導人的評語，提

出初選名單；同時對被淘汰的人提供幫助，使之在不久的將來能夠成為合格的應徵者。

4. 面談。由幾個業務領導人和人事領導幹部組成選拔委員會，以面談的方式來考察獲得初選資格的員工。並根據每次面談所獲分數的高低決定對該員工的取捨。

5. 訓練。面談評分達到標準的員工，才有受訓的資格。訓練內容包括：「熟悉工廠整體情況，在相關業務科室接受業務訓練。

6. 實習。訓練結束後，根據工作需要和學員的志願到相關部門、工廠實習，由富有經驗的基層領導者負責指導。

7. 課堂實習和案例實踐。組織學員學習管理理論知識和有關法規以及各種技術裝備原理。然後根據授課內容分別組織專題案例實踐。

8. 考評。上述各個步驟完畢，由領導者對其為人秉性、判斷能力、理論水準、機智程度、思想觀念、工作品質、領導能力、服務態度等進行綜合評價。再由接收笨門的人事部複查，正式確定後啟用。

上述做法的效果是不言而喻的，有人羨慕美國汽車裝配工廠的高、中、低層領導層人大都精明。的確，以這種獨到的方式推選出的人才，他們在各自的工作職位上，忠實而又全面地履行自己的職責，成為企業名副其實的中堅，不少人還逐步步入了企業高層領導者的行列。

令員工心悅誠服的 40 種細膩手法

如果老闆在日常活動中給人留下馬虎、漫不經心的印象，就會遭到員工的輕視；反之，老闆以精明強幹的形象出現在員工面前，則會增加他們對你的敬畏。顯示精明強幹，不妨從日常的一點一滴做起，透過一些細小的手段來「包裝」自己。以下手段可供老闆參照。

如何給員工精明強幹的感覺

開始講話之前，將要講的內容擬定好幾個要點，可以使員工產生老闆頭腦清晰靈敏的印象。

凡事歸納成三個要點，可以顯示你具有優越的歸納能力。

把一件事情在三分鐘內敘述完畢，這是精明幹練的老闆的說話祕訣。

在會議的最後作好總結性的發言，可以給員工留下老闆具深厚才能的印象。

使用極其明確的數字，可以讓員工覺得你思慮周密。

探討自己專業範圍的話題，不使用專門術語比較會使員工對你產生好感。

對於一些暢銷書籍可以不必詳看，但必須表示出予以關注的態度，可以給員工留下你緊跟時代潮流的印象。

與員工共餐點菜時，如果猶豫、遲疑不決的話，很容易被認為是沒有決斷力的人。

在約定下次見面時，先看看記事簿後再決定時間，可以顯示你的細心周到。

為了讓人看出自己是個從容不迫的「人物」，盡量放慢動作可以達到效果。

背著光線面向別人時，可以使對方對自己看得比實際上更高大。

老闆的業餘特長遠離自己的工作範圍，會給員工留下深刻印象。

為了使員工看出自己能力不凡，在宴會等場合與要人相鄰而坐。

坐著的時候，保持挺直端正的姿勢，可以顯示你是個「意志堅定者」。

一面注視著員工的眼睛一面交談，能使員工覺得你誠懇正直。

老闆與人約定時間時，不約定「幾點整」，而約定「幾點幾分」，更容易被認為是有魅力的人物。

如何提高員工對你的信賴感

　　為了表現正直的個性，可故意暴露一些缺點。
　　對自己不知道的事，誠實地說不知道可以得到員工的好感。
　　對群眾發表講話的時候，注意講話速度要比平常慢一些。
　　打電話的時候先詢問對方情況，可以吸引住對方聽話的情緒。
　　對自己不利的事情無須開場白，直截了當地將事件原由說出，可使人注意到你有強烈的責任感。
　　犯了過錯時，與其辯白，不如以彌補過失的行動作出表示，如此較能強調出你的誠意。
　　為了提高屬下的忠誠態度，有時不妨叱責小錯誤，而忽視大過失。
　　會使對方感到不痛快的談話，一開始就事先表明，則可使對方不痛快的感覺淡化，甚至轉化為對你的好感。
　　對一個正在惱怒的員工提出批評意見時，最好是在稍後的「空檔」裡。
　　重述對方所提的問題，可表示對員工的問題抱著相當認真、重視的態度。
　　對員工提出相反意見時，不要給員工造成你持有質問態度的傲慢的感覺。
　　和員工喝酒的隔天早上，比平常更早到公司，可顯示你的責任心。
　　對一個情緒低落的員工表現出聆聽的態度，能夠增加他對你的信賴。
　　即使在假日的時候拜訪員工，也要儀容端莊，可向對方強調出老闆的一片誠意。

對不在現場的員工表示關心，能給人留下領導者心思細密的印象。

當員工向你彙報工作時，即使你不贊同對方的意見，也不可把視線轉移到別處或下垂，以免給員工不愉快的感覺。

如何讓員工覺得你親切隨和

強調與員工的「共同目標」，可以顯示你是一位很容易親近的老闆。

對初見的對方，採取並肩而坐的方式，可以使彼此很快地親近起來。

製造機會使自己在不經意中靠近員工，可縮短彼此距離，消除相互的對立情緒。

尋找和員工性格中的共同點，並強調一些細微的部分。可以給人留下坦率爽朗印象。

把員工所說過的一些細微小事記下來，日後再提出來，可表示出對員工的關心程度。

任何事都事先徵求一下別人的意見，可以顯示你的民主作風。

指出員工外表服飾上的細微變化，可以顯示你對屬下的深切關心。

「請教你一個問題」、「想請你幫一個忙」等滿足對方自尊心的話語，可以幫助你樹立親切隨和的老闆形象。

經常用「我們」一詞來強調與員工的同樣意識。

在會話中頻頻呼叫員工的名字，可以增加你與員工親密感。

記住員工的結婚紀念日或生日，很容易給員工留下好印象。

見面的時候隨便讚美一下對方，這是贏得員工好感的最佳捷徑。

贈送禮物給員工的家人，可以加強員工對你的好感。

為了使員工覺得你是個朝氣蓬勃的老闆，偶爾不妨和年輕的屬下一樣，穿著比較時髦的服裝。

時常親臨屬下的座位談話，可以給屬下造成你「很好說話」的印象。

對於自己的長處藉助「第三者」的說法來表現，則不會讓員工產生反感。

為了表明和公司已融合為一體，在服裝打扮上應與公司的氣氛相配合。

即使是普通的出差旅行，回來時也要買一些土產送給同事或員工，這樣較容易給人留下好印象。

在談論自己個性的時候，與其宣揚自己的成就，不如談談自己以往的失敗。

把眼睛盯在大公司難以進入的市場

公司可分為大公司和小公司。此外，尚有個人獨資的小商店，也具有私營公司的特性。

如果以船來比喻，大公司就像航空母艦，中小公司是驅逐艦，而個人商店和個人私營公司，就是砲艇。航空母艦雖強而有力，但卻缺少機動力，砲艇則行動敏捷，狹小的地方也能進入。

一現在的大公司不見得穩如泰山，依然在瞪大眼睛尋求新事業。所以，即使中小公司熱衷於新路線，如果不能別出心裁，一旦讓大公司侵入，辛苦開發的市場就會被搶走，而淪為大企業的附庸，甚至被擠出。

因此，想要開發某一和大公司相同的產品，或拓展大公司很容易侵入的行業，一定沒有能力競爭，所以盡力做大公司不易滲入的生意，才是生財之道。

生產大公司不能滲入、特殊而有個性的產品，不但能成功，而且可以長期穩定市場。如生產動物膠、特殊裁切機、碳酸鈣等，這些特殊的產品，雖然市場不大，但因競爭對象少，是值得一試的行業。

第六章　本領精練，時局掌控以智慧闖天下

小公司宜重點突破，不宜分散經營

　　小有成就的經商者，一旦成了強人便飄飄然，除了自以為一貫正確外，還有一種通病，就是認為自己是萬能的。在這裡，萬能不僅是什麼工作都能做，更是做什麼行業都能成功的意思。

　　大公司分散經營，自有它的道理，那就是要維持成長。分散經營，可避免某一行業某一市場的起落對公司不利的影響。投資別的公司，目的是使資金永遠活躍。要使公司不斷成長、不斷有盈利是困難的，分散經營是解決這些困難的捷徑。

　　小公司無須分散經營地發展，如果真的一帆風順的話，最自然的做法是不斷擴大經營，不斷滲透市場。

　　當市場上遇到阻力，往往就是小公司分散精力的第一個引誘，在這種情況下，則公司可直闖下去，也可繞過問題，另闢戰場。許多小公司會選擇後者，因為不打硬仗，看來是個聰明的方法，殊不知，無論你如何聰明能幹，步入一個新行業時，必定要重新學習，重新吸取新的知識和技巧，重新培養新的供應商和客戶關係，這都需要很多的時間和精力以及其他人力物力。如果你能狠下決心，將同樣多的資源投於現在的戰場上，其成果未必比開闢新的戰場小。

　　大公司有時會遇到市場衰老停滯的困境，欲進不能，但小商品市場海闊天空，距離這個困境遠得很，即使處於衰退之際，只須設法降低成本以增加競爭力，改進產品，加強促銷活動，也是可能逆流而上的。試想，在衰退的環境下，開闢一條新戰線，是多麼可怕的一件事！

不要盲目分散投資

小有成就的經商者，還有一種通病就是以為自己是萬能的，不願意在一棵樹上吊死，總想在別的行業上也大顯身手。殊不知，無論你如何聰明能幹，步入一新的行業的時候，必定要重新學習，重新吸取新的知識和技巧，重新培養新的供應商和客戶關係，這些都需要十分多的時間和精力，以及人力物力，特別是需要投入一定的資金。這樣一來有可能竹籃打水一場空，原有的事業受到損害，新興的專案有可能收不到任何收益。

一般人都有一種錯覺，以為成功之後一定要分散投資。其實不然。大公司和小公司有著截然不同的情況。市場上的大公司要分散經營，有它們的道理，那就是要維持成長。同時，分散經營，可避免某一行業、某一市場的起落對公司盈利的影響。總之，投資別的公司，是使資金永遠活躍的簡單方法。然而作為小公司和小商家就無須這樣。因為資金畢竟有限，如果再分散使用就更加顯得不夠。如果你的公司或小店現在有明顯的收益，你最簡單、最好不過的辦法就是不斷擴大，不斷滲透市場，把現有的經營規模稍加擴大，你就能達到事半功倍的效果。

多角化經營不可貿然行事

多角化經營是多數成熟期企業的共同作法。鋼筆製造公司生產機器人，汽車業者進出不動產市場，意外地發現「某某公司在製造某產品」之類事，早已屢見不鮮。

多角化經營是彌補主業發展不足的有效手段。但是，基於「本業產品銷路不好，所以採取多角化經營」的動機，突發奇想地進行多角化經

營，日後必有隱憂。

認為某個市場正在成長，貿然加入而失敗的例子很多。與本業有關的市場還好，如果是一個新的領域，就必須從頭開始，成功的可能性也就大大地降低。況且，既然是成長中的市場，其他企業必然也會前來分一杯羹，這就增加了冒險機會，一旦失敗恐怕只會血本無歸。所以，在開發另一個新領域之前，必須作好相當的市場調查，訂立周全的計畫，同時還得適時覺悟才行。

在此必須強調的一個原則，是「不可因本業不振而任意走上多角化一途」。在走向多角化之前，首先必須重新徹底地反省本企業，如果改進之後結果依然不見好轉，才可開始考慮多角化經營。

與眾不同是經商的訣竅

賣同樣東西的商店到處都是，要使顧客上門，非得有一些特點不可。

商店的特色，好比每個人的特點，商店沒有特色，就變得不值得品味。陳列的商品雖然相同，但若服務不同，則會使商品顯得不同，這就是因為發揮商店特性的關係。

商店的特色，當然要配合顧客的需求。至於如何去發揮，則要個別考慮。除了要注意地域性和開店條件，還要考慮該地區的收入水準、教育程度等等。

如果在上班族集中地區，最好在星期天或假日也照常營業。必要時，還可開店到深夜。

但有時候，難免受到空間、人事、技能、資金等現實因素的限制，因此，應該先從可能事項著手，一步步去發揮特色。例如，把重點放在

自己比較熟悉、較有競爭性的商品上，由較內行的經理，親自介紹給上門的顧客，也是一種很好的辦法。

其實，特色並不限於商品，其他如良好的服務，華麗的店面、誠懇的員工等，只要發揮其中一兩項特點，就足以吸引顧客上門了。

專業化經營，市場縫隙別有洞天

現在的世界，人們對產品和服務的需求日益多樣化，這就為小本生意的發展提供了廣闊的天地。但是，與大公司相比，小公司無論在資金、設備方面，還是在人才、技術方面，都處於明顯的劣勢，如果你自不量力，盲目與大企業爭奪市場，一次虧本足以使你傾家蕩產。但大企業再大，也無法一手遮天，小本生意只要充分發揮靈活多樣、更新更快的特點，瞄準邊角市場，見縫插針，就可能在大企業的夾縫中生存，在激烈的市場競爭中立於不敗之地。

既然「邊角市場」為你提供了一條生存縫隙，那麼你應採取怎樣的經營戰術呢？很多成功的例子證明，專業化經營是有效的策略。

專業化的形式和內容，視企業各自的實力、經營品種、規模、特長的不同而各異，一般有以下幾種形式：

1. 產品生產單一化。這種企業只生產一種產品或設立一條生產線。如日本有家叫尼西奇的公司，只生產嬰兒紙尿布，已成功地占領了日本嬰兒尿布市場。
2. 特色產品或服務專一化。這種企業（或商號）專門生產或銷售某一類型產品，或專門提供某種特殊服務，力求產品（或服務）別具特色。例如專門的「襪子商店」、「鈕扣商店」等。

3. 產品訂做專門化。這種企業專門生產顧客訂做的產品，如特大碼鞋子、特大衣服等。
4. 特殊顧客專門化。這種企業專門承做一個或幾個大顧客訂做的產品。在美國，就有很多企業專門為大企業生產零部件。
5. 價格品質專門化。這種企業針對不同消費者階層，或致力於低收入消費者市場，或面向高收入消費者市場，如一間特價舊書店，或一間高級西裝店。

薄利多銷，老套不可輕視

有些人認為，在其推出一個新產品時，其訂價越高，身價也越高。他們把新產品的試製成本和利潤都加在一起把價格訂得很高，想一下子都撈回來。其實事情往往相反，主觀上想厚利多銷，實際上只能是「厚利難銷」，甚至是「厚利滯銷」。你生產的東西再好，由於價錢太貴，無人買，你就一個錢也賺不到。而且生產得越多，積壓也就越多，包袱也就越重。會做生意的人，都懂得「薄利多銷」是一條可取的生財之道。俗話說：「三分毛利吃飽飯，七分毛利餓死人」。這是生意人經過實踐總結出來的經驗。

有一種鐵鍋，從一公尺高的地方摔下來在地上蹦三蹦，卻不見絲毫損傷，並且耐腐蝕、耐氧化，比一般鐵鍋使用壽命長3倍，這本是一件好事，卻帶來了三愁：廠家為積壓貨物而發愁，商業部門為貨源而發愁，群眾為買不到鍋發愁。造成的原因就是因為這種鍋的價格太高，商業部門拒絕進貨。而一些生產鐵鍋的廠家改行生產新產品，致使老鐵鍋供應不足，而新鐵鍋又不能上市，市場上出現了供應緊張的景象，消費者反應很大。後來經過協商這種鍋的價錢調到了一個合理的價格，供銷管道

疏通了，顧客爭相購買，薄利多銷，皆大歡喜。

由此可見，我們不要希求「一口吃個胖子」，而要一點一滴慢慢累積。薄利也能賺大錢，你若執意要抬高價，追求迅速致富，有時可能會適得其反。

互惠互利，共同發展

商業管理學認為，當貿易的雙方都遵守互惠原則時，就會演變成自由貿易的關係，反之若有一方不遵守互惠原則就會形成保護主義。向對方敞開大門，既有利於吸收對方的有利方面，也有利於發揮自己的優勢，可以說，這是一個十分有效的商業原則。

從商業的發展來說，企業結盟的最大一股推動力是市場和技術。在過去，不同的技術各自獨立發展，很少重疊。今天，幾乎沒有一門技術還是這種情形，即使是大公司的研究部門，都沒有辦法供應公司需要的一切技術。所以，製藥公司必須和遺傳學家結盟，電腦硬體和軟體公司結盟。技術發展愈快，企業也就愈需要結盟。在這種結盟的背景下，技術和資訊的交流，資金和人員的滲透都會給自己的公司和夥伴公司帶來巨大的活動，並極大限度的降低自己的經營成本，所以說，商業合作的魅力就在於此。

商業合作要共享共榮

商業合作應該有助於競爭。聯合以後，競爭力自然增強了，對付相同的競爭對手則更加容易獲取勝利。但是，有許多公司之間的所謂聯合只是一種表面形式，在利益上並沒有達到共享共榮，這種情況往往就容

易讓對手從內部攻破而導致失敗。

戰國時，魏國在選擇聯合對象時所注意的一點是「遠交近攻」。韓、魏、齊三國結成同盟，打算進攻楚國。但楚、秦乃是同盟，不小心謹慎行事，秦國就會出兵。因此三國先向楚派出了使者，表明了友好的態度，提出進攻秦國的建議。三國的提議，對楚國來說是收回曾被秦國掠奪的領土的好機會。楚國答應了這個建議的情況被傳到了秦國後，韓、魏、齊三國先向楚發起了進攻，但秦國卻坐視不管，於是獲得了全勝。楚、秦二國就是在選擇合作夥伴時不慎，付出了沉重的代價。

由此可知，商業合作必須有三大前提，一是雙方必須有可以合作的利益，二是必須有可以合作的意願，三是雙方必須有共享共榮的打算。此三者缺一不可。

捨近求遠建立銷售網

當今世界摩托車銷售中，每 4 輛就是有一輛是「本田」產品，從這個數字裡可以看出「本田」銷售網之大。但如此龐大的銷售網卻是從日本的腳踏車零售商店開始起步的。

1945 年，第二次世界大戰結束。本田宗一郎弄到了 500 個日本軍隊帶動野外電臺的小引擎。他把這些小巧的引擎安裝到腳踏車上。這種改裝的腳踏車非常暢銷，500 輛很快就售完了。

本田從這件事上看到了摩托車的潛在市場，成立了「本田技研工業株式會社」，決定開創摩托車事業。

一批批可以裝在腳踏車上的引擎生產出來了，光靠當地的市場是容納不了的。本田宗一郎面臨著如何將產品推銷出去的問題。

本田找到了新的合夥人，他叫藤澤武夫，過去是一位對銷售業務自

有一套的小承包商。

當本田與藤澤商量如何建立全國性的銷售網時，藤澤建議說：「全日本現在約有 200 家摩托車經銷商店，他們都是我們這樣的小製造商拚命巴結的對象，如果我們要插入其中，就要損失大部分的利益。」

「但同時，你不要忘記，全國還有 5 萬 5 千家腳踏車零售商店。」藤澤接著說。「如果他們成為我們的經銷商，對他們來說，既擴大了業務範圍，增加了獲利管道，同時又能刺激腳踏車的銷售。加上我們適當讓利，這塊餅他們不會不吃吧？」

本田一聽，覺得是條妙計，請藤澤立即去辦。

於是一封封信函雪片般地飛向遍布全日本的腳踏車商店。信中除了詳細介紹引擎的效能和功效外，還告訴經銷商每個引擎零售價 25 英鎊，回扣 7 鎊給他們。

兩星期後，1300 家商店作出了積極地反應，藤澤就這樣巧妙地為「本田技研」建立了獨特銷售網。本田產品從此開始進軍全日本。

摩托車經銷商離本田雖然「近」，對銷售摩托車業務熟，並有廣泛的業務網路，但是近而不「親」。

腳踏車零售商距本田雖然「遠」，對本田產品銷售業務不夠熟，大多是腳踏車客戶，但是遠有「意」。

在「本田技研」的起步之初，捨近求遠以腳踏車零售商為基礎躋身摩托車市場的策略，取得了顯著效果。

「阿姆卡」聯姻拔頭籌

現代電氣科技的迅速發展對電氣材料不斷提出新的要求；大量的新材料應運而生。製造節能變壓器鐵芯的新型低鐵的矽鋼片就是其中一種。

第六章　本領精練，時局掌控以智慧闖天下

剛開始，美國電氣產業的美國奇異公司和西屋電氣公司，以及實力不很強的阿姆卡公司都在研製新型低鐵矽鋼片，而競爭的結果卻被阿姆卡公司拔了頭籌。

這正是阿姆卡公司十分重視資訊情報工作。在研製新型低鐵省電矽鋼片的過程中，發現「通用」和「西屋」也在從事同類產品的研製。遠在地球另一端的日本鋼廠也有此意，而且準備採用最先進的雷射處理技術。

阿姆卡公司分析形勢後認為，以自己的實力繼續獨立研製，可能落在「通用」、「西屋」之後，風險極大。若要走合作研製之路，應必須選擇好合作者。

與「通用」、「西屋」聯手，未必有利於加快研製過程，再者將來只得與之分享美國市場，還得考慮崛起的日本鋼廠。

與日本鋼廠並肩合作，生命力旺盛，研製過程自然會加快，而且將來的市場大，可以太平洋為界。

於是，阿姆卡選擇了日本鋼廠作為合作夥伴，結果比預定計劃提前半年研製成功。

阿姆卡採用「合縱連橫」的策略，最後終於戰勝了「通用」、「西屋」兩大強勁的對手。

「一網打盡」的連鎖經營方式

在海外的零售業中，有一種經營方式頗有成效。這就是處於同一地帶的一些商店經營互相有關連的產品，比如你經營成衣，我經營領帶、胸花、襪子、內衣等；或者你專營炒賣，他專營菸酒等，從而形成連鎖經營。

這種連鎖經營的優點就是「關門捉賊」，即能吸引顧客，滿足顧客的各種要求，使顧客在連鎖店控制的區域內，完成購買行為。

生活中，我們都有這樣的體驗：購物都喜歡到商場集中，能連環購買商品的商業中心。一家商店並不能滿足顧客的所有需求，只有商業區才能吸引眾多的顧客，這種道理是顯而易見的。

例如，顧客在一家成衣店買套西裝，如果能夠在隔壁的鞋帽店買一雙皮鞋，然後再在附近買到領帶、胸針等，不但方便，而且也是易於滿足。當然，幾間商店要熱情地為顧客互相推薦生意。

連鎖經營的幾家商店之間，儘管也會有所競爭，但更多的卻是相互依存。因此，一旦其中一家經營不善時，其他各家需要全力幫助其度過危機。這樣彼此照顧，互相合作，同舟共濟，才能形成一個強而有力的購物圈，吸引更多的顧客。

李包聯手，「怡和」痛失「九龍倉」

李嘉誠是香港 70 年代崛起的地產商，他幾乎把整個香港的每一塊土地、房屋都思量過了，幾乎把每個上市公司的股市行情都分析透了，加上李特有的挖「牆腳」絕技相配合，他能獲得許多公司的絕密情報。皇天不負苦心人，他終於掌握到一項重要絕密情報：英國在香港最大的英資怡和洋行，果然是九龍倉有限股份公司的大東家，但實際上他占有股份還不到 20%，簡直少得不成比例，這說明怡和控制九龍倉的基礎薄弱。尖沙咀早已成為繁華商業區，其旁邊的大量九龍倉名貴地產實際地價已寸土千金，而股票價格卻多年未動，股票面值低得不成樣子。這些都是爭奪九龍倉的有利條件。如果大量購入九龍倉股，即使脫票也可與怡和公開競購。持股的百姓，在相同的出價下，當然更願意賣給自己人。因

此，有把握早日購足 50%股票，取代怡和成為大東家，這樣就有權運用九龍倉的名貴土地發展房地產，堪稱一本萬利。

李嘉誠得到這一資訊，當即決定：分散吸進九龍倉股票。從 1987 年起，他悄悄地分散戶名，吸進 18%的股份。

由於李大量吸進股票，使每股 10 港元的九龍倉股票，飛速上漲到了 30 餘元，引起怡和洋行警覺。兩軍對壘，李的實力大大弱於怡和洋行，硬拚實難取勝。

李嘉誠不愧為一流商賈，他決定以退為進，化險為夷，他的金蟬脫殼之計是尋找一個代替自己向怡和作戰的人，將全部股票高價賣給他。

1978 年 9 月的一天，李嘉誠與包玉剛在中環文華閣高級隔間裡，進行了一次短暫而神祕的會晤。決定了價值 20 億美元的九龍倉脫離英資怡和洋行的關鍵性交易。

李將 2000 萬股票全部轉賣給包玉剛。包將幫李從滙豐銀行中承購英資和記黃浦股票 9000 萬股。

李嘉誠退中獲利的另一招是另闢一必勝戰場。當時在港的頭號英資企業是怡和洋行，第三號是英資和記洋行。李的實力雖不如怡和洋行，但想盤壓和記銀行卻很有可能。包將手頭 9000 萬股黃浦股份有限公司的股票偷偷轉手賣給李，從而使李如虎添翼，轉身便勝和記洋行。

另外，李嘉誠成功地為幕後的包玉剛打了個掩護，當李被怡和發現之後卻停手不做了，使怡和誤認為已化險為夷。而包接上來吸收九龍倉股票，怡和又誤認為是有人盲從李，順勢搶購而已，還譏笑他們自找倒楣，料定九龍倉股票不久即會下跌。等怡和發現九龍倉股票持續上漲而不回落，值得警惕時，包已大刀闊斧，僅用一個季度就吸收了另外 1000 萬股，占有 30%的九龍倉股份了。時值 1979 年初，股票價格已達 50 港元，怡和才知上當，心急如焚，立即研究對策，出高價回收九龍倉股票，準備決戰，然而大勢已去。

同舟共濟，各得其所

在商戰中，企業與企業之間，他們既是競爭關係，也應是夥伴關係，就像生物鏈一樣，只有這樣才能維持自身的存在與發展。

有對手，才有自身發展的動力，蓄意毀滅對手，自己最終也會被毀滅。

企業之間的競爭，應該在競爭中互滋互補求團結，在團結中取長補短求發展，「同舟共濟」，共獲利益。

在尋找商業上的合作夥伴時，其目標首先應該是取得我方利益，但這絕不意味著要去損害別人的利益，即使其中一方不得不作出重大犧牲，整個格局也應該是各有所得。

而且在合作過程中，要有長遠的策略眼光，也就是要基於企業的長遠發展的利益，那種短視、勢利及一錘子買賣的想法是要不得的。

「商品告罄」，屢試不爽

人都有一種心理：商品越緊張，購買者就越多；商品越充足，越無人問津。有些商人把握住消費者和使用者的這種心態，人為地製造緊張局面，達到了很好的促銷效果。

經營皮箱的法國路易・威登公司僅在巴黎和尼斯各設一家商店，在國外的分店也只有 23 家。他們嚴格控制銷售量，人為地製造供不應求的緊張空氣，即使客戶要貨量再大，也不予理會。有一名日本顧客 8 天上門 10 次，每次提出要買 50 個手提箱，但銷售員聲稱庫存已罄，每次只賣他兩個，這個公司透過這種限量供應戰術，獲得了銷售上的巨大成功。

為什麼製造緊張的銷售法會如此成功呢？人們有一種心理，貨源充足，商店裡到處都可以買到，即時是很需要的商品也不願意立即去買回家。這是由於拖延、等待、懶散的思想在作怪。反正商店裡有的是，今天沒有買，明天也來得及。另一種就是與之相反的念頭了，某商品現在緊張，聽說今後不可能再有了，或是今後要計劃停止供應了。一旦這消息傳播開來，不管是否需要這種商品，都會湧進商店，把它搶購一空。有時故意製造緊張氣氛，從中混水摸魚，其效果極佳，值得一試。

布販促銷有手腕

　　隨著市場消費的變化，一些商品由滯轉俏，一些商品由俏轉滯，都是十分正常的事。然而有些商人絞盡腦汁，盯住那些滯銷商品，以低價買進，透過精心策劃，再以高價售出。

　　一天，薩耶下班回家，看見桌上放著一塊布料，他知道是妻子買的，心裡很不高興。因為這種布料自己的店裡都賣不出去，幹嘛還去買別人的呢？

　　妻子任性地說：「我高興嘛！這種衣料不算太好，但花樣流行啊。」

　　薩耶叫起來了：「我的天！這種衣料去年上市以來，一直賣不出去，怎麼會流行起來呢？」

　　「賣布小販說的。」妻子坦白了，「今年的遊園會上，這種花樣將會流行起來。」

　　妻子還告訴薩耶，在遊園會上，當地社交界最有名的貴婦瑞爾夫人和泰姬夫人都將穿這種花樣的衣服。妻子還囑咐他不要把這個消息說出去。

　　原來，小販送了兩塊布料給瑞爾和泰姬夫人，不但在她們面前讚

美，而且激發她們帶領服裝新潮流，並請了當地最有名氣的時裝設計師為她們裁製。

遊園那天，全場婦女中，只有那兩名貴婦及少數幾個女人穿著那種花色的衣服，薩耶太太也是其中之一，她因此出盡了風頭。遊園會結束時，許多婦女都得到一張通知單，上面寫著：「瑞爾夫人和泰姬夫人所穿的新衣料，本店有售。」

薩耶暗暗驚訝，他不得不佩服那小販的推銷手腕。

第二天，薩耶找到那家店鋪，只見人群擁擠，爭先恐後地搶購布料。等他走近一看，才知道這個店鋪比他想像的更絕，店門前貼著一行大字：衣料售完，明日來新貨。那些購買者唯恐明天買不到，都在預先交錢。夥計們還不斷地說，這種法國衣料因原料有限，很難充分供應。薩耶知道這種布料進貨不多，並非因為缺少原料，而是因為銷路不好，沒有再繼續進口。看到這個小販如此巧妙的利用缺貨來吊顧客的胃口，薩耶從心裡折服。

小販的高明之處在於他故意製造緊張氣氛，變滯為俏，從中漁利。他充分利用了顧客的購物心理。

泡水車竟成搶手貨

1987 年，臺北地區受「琳恩」颱風外圍環流的影響，下了暴雨，基隆河河水暴漲，洪水越過堤防，使汐止、南港一帶積水竟達一層樓高，幾個小時後，水勢才退。

幾家汽車公司的新車也慘遭泡水。銷售三陽汽車的南陽實業公司，曾致涵消費者文教基金會稱：他們有 17 部「泡水車」準備自用。不久，有兩位顧客竟買到「泡水車」。消息傳出，引起軒然大波，南陽公司也承

認人為疏忽。對於一向有良好信譽的南陽公司,「泡水車」事件使其信譽受損,影響了以後的銷路。

但是銷售國產車的裕隆公司有 300 輛新車遭水泡,經裕隆公司在這些泡水車上做記號以八五折賣出,反而成了搶手貨。

興風作浪的談判策略

談判,是一個系統工程,與許多學科密切關聯。就拿商業談判來說吧,不僅要了解市場行情,貨物等級質地,經濟核算,法律程序,而且要了解策略、戰術,以及心理活動等,才能戰勝對手使自己達到目的。因此,有人在談判中故意興風作浪,讓對方措手不及,使談判獲得成功。

在談判的過程中,人們往往無法忍受突然的情緒爆發,因此這種戰術是非常有效的。在日常生活中,人們早已學會了忍耐,已把憤怒、恐懼、冷漠或者絕望等情緒深深地埋藏在心裡,因此當對方將這類情緒肆無忌憚地發洩出來時,人們便不知所措了。當人們自己的行為引起對方的情緒激動時,總是懷疑自己是不是做得太過分了,甚至害怕整個局勢會因此而失去控制。其實,在日常生活中,情感的流露必然會引起對方的共鳴;唯有懂得使用這種策略的談判者,才能隨時取得主動的地位。就另一方面而言,這種令人措手不及的手段,往往能夠考驗我們的決心,動搖我們的自信心或者強迫我們重估自己的目標或情勢。情緒具有各式各樣的作用:憤怒往往能使對方喪膽而讓步,流淚能夠換得對方的同情,恐懼將人們的心拴在一起,冷漠則表示出漠不關心的態度。情緒好比一個萬花筒,只要加入強烈的字詞,人們就被攪亂了頭腦,弄不清其中的真諦了。有些人利用了人們這種心理特徵,在談判桌上興風作

浪、故意站立而起,破口大罵、口吐狂言,讓對手感到震驚,從而改變了初衷。

對於這樣在談判中興風作浪、把水攪渾的人,最好的辦法是保持一副冷靜的頭腦,讓對方「表演」完,從中探出他的目的,然後固守城池,重申一遍原來的意見,使對方覺得你對此不以為然,視而不見,置若罔聞。倘若被他搞得心慌意亂,繼而與之爭高低,他的戰術就得逞了。

亂中取勝的「攪和晤談」

生活中有渾水摸魚之說,把水攪渾後,魚兒的視力受到影響,分不清哪是危險、哪是安全的所在,因此常被人逮住。商場談判中,有人盡量提出一大堆煩人的問題,使原來簡單的事變得越來越複雜,如果事先沒有做好充分的心理準備,極易落入陷阱,被人摸走大魚。

亂中取勝,有人以此為策略,故意把事情攪和在一起。這種攪和可能會形成僵局,促使對方更辛苦地工作,然後迫使對方屈服或者藉此機會反悔已經答應的讓步。有時候,甚至可以趁機試探對方在壓力下保持機智的能力。雖然談判通常應該以一定的秩序和方式進行,但是懂得亂中取勝戰術的人都知道沒有秩序的狀況反而對自己有利。攪和可能發生在談判初期或末期。我認識一個人,他喜歡很快就把事情攪和在一起。會談開始了,沒多久,他避開原談判內容,就要討論新的送貨日期、服務、品質標準、數量、價格、包裝等要點的改變,將事情弄得非常複雜。他之所以如此做乃是為了要看對方是否已準備充分,是否願意重新了解不熟悉的問題。有的談判者特別喜歡在深夜時把事情攪和得複雜,因為這時每個人都已精神不支,寧可同意任何看來還合理的事情,而不願意在早上兩點鐘的時候去傷這樣的腦筋。攪和的人常常利用人們困惑

時所犯下的錯誤使他突然間對事情無法加以比較，甚至連成本也無法作比較了。當事情被搞得亂糟糟的時候，大多數的人就想撒手不管，他就剩機撈油水。

怎樣對付那些專門從事亂中取勝的商人呢？最好的辦法是冷靜，冷靜的態度、清醒的頭腦才能透過現象看本質。先讓水澄清下來，沉默一段時間，然後可以主動地提出重新研究，亦可拒絕談論新的內容，重新把原來的內容提出來，掌握住會談方向，對於新增加的條款可以使之緩一緩、今後再談。任憑他們怎麼亂都不予理會，只要我方不亂、對方就無機可乘。

獨具慧眼，亂中識商機

抗日戰爭期間，香港滙豐銀行原先發行的、在香港市面上流通的紙幣是所謂「老票」。日軍占領期間，強迫發行了所謂「新票」，藉此套購、搜刮在港物資。隨著日本敗局已定，港幣新票行情一再下跌，最後竟跌至票面價值的20%。「老票」、「新票」之間差價越來越大，誰都想把新票早日脫手，免得成為一文不值的廢紙。一名企業家卻與眾不同，獨具慧眼，另有一番見解。他深思熟慮再三，權衡香港的特殊地位，看準了英政府為了香港的前途對新票不會撒手不管。主意已定，便傾其所有，並多方集資，暗中陸續大量收購新票。不久滙豐銀行果然為維持信用起見，依法受理港幣新票，並與港幣老票票面價值等量齊觀，十足競換，該企業家由此使資產增值約五倍左右，從此奠定了他日後成為香港大企業家的實力。

處理人際糾紛的良方

在商場中生存、發展、壯大，除了機遇、智慧和努力外，還要學會預防、抵禦來自各個方面的進攻。對於他人的進攻，有人採取以攻代守，有人則採取以守為攻的策略，同樣可以見效。

有位怒氣沖沖的顧客到一家乳品公司告狀，說奶粉內有活蒼蠅。但是奶粉經過嚴格的衛生處理，為了防止氧化將罐內空氣抽空，再裝氮密封，蒼蠅百分之百不能生存，這無疑是顧客的過失。按一般的情形老闆一定強調這個道理。但是十分出乎意料，顧客猛烈地批評公司的不是，老闆靜靜地聽完後，開口道：「是嗎？那還了得！如果是我們的失誤，此問題太嚴重了。工廠機械全面停工，我要對生產過程總檢查。」老闆面帶愁容地說：「我公司的奶粉，是將罐內空氣抽出，再裝氮密封起來，活蒼蠅決不能存在。我深具信心要仔細調查，請你告訴我開罐情況及保管情況。」被老闆逼問後的顧客，自知保管有錯誤，臉上露出驚訝的表情說：「希望今後我不要發生此事！」當別人攻擊自己時，自己有正當理由反擊對方之口實，但此法易使對方激怒，態度更強硬。若順勢誇大，主動稱事態嚴重，對方無力攻擊，此時再展開說服，論證自己正確之處，對方便不攻自破。

在無端受到攻擊的時候，首先應當想到的是如何進行防守，以保護自己，這是正確的思考方式。倘若採取以攻對攻，勢必擴大矛盾、惹火燒身。人無完人，金無足赤，再完美的企業也可找出一大堆的問題來。以守為攻，一則削弱了對方的攻勢，二則可以進行充分的自衛，使對方平息怒氣，自討沒趣。

第六章　本領精練，時局掌控以智慧闖天下

從長計議，深謀遠慮

有家新的酒廠，向玻璃廠訂購包裝瓶，瓶子要求高，開價卻很低，且無商量餘地。玻璃廠當時日子很不好過，碰上上門主顧，自是非常珍惜然而經財務分析，對方開價實在難以承受。但精明的廠長經過仔細分析，發現接上這家關係，不會永遠吃虧，就斷然接受條件，與酒廠簽訂了一年的合約。

一年期限將滿，酒廠等著玻璃廠來續簽合約。但左等右等，玻璃廠沒來。酒廠只好主動上門，玻璃廠自是熱情接待。但是婉轉提出，由於原材料漲價等因素，如不能提高瓶價，那就很不好辦了。

酒廠的代表起初很不高興，沒有答應對方的條件，但沒過幾天，酒廠代表又來了，全盤接受了玻璃廠提出的方案。

這是怎麼回事呢？原來，兩家企業剛開始連繫時，玻璃廠的廠長就預料到，將來酒廠要用自己的瓶型申請註冊，他們生產的高檔酒，一定要用彩色包裝盒，那麼紙盒上不光有瓶形，連顏色也有了。而酒廠指定採用的彩色玻璃的配方、工藝、技術，唯有自己的企業能掌握，一年以後一定可以彌補過來。

事情果然如他分析的一樣。酒廠在玻璃廠提出提價要求後，起初也想轉到別處，但一連繫，別的玻璃廠都不做了。這時如果改變瓶型當然可以，但有幾點難處：一是瓶型已註冊，二是倉庫裡還有幾十萬彩色包裝盒，三是經過一年的銷售，已初步給市場留下印象，如這時改變包裝模樣，損失將不可猜想。至此，酒廠只好向玻璃廠妥協。

玻璃廠在不違背職業道德的前提下，深謀遠慮，巧施「以守為攻」之計，終於使自己企業的正當利益得到維護。

先退一步取得證據的討債高招

華人有許多美德，諸如講親情不講金錢等等。因此當朋友或親戚開口借錢時，許多人往往毫不猶豫掏出錢來，卻礙於親情而不留任何憑據，結果為日後要錢帶來無盡的煩惱。不過真遇上這種情況，也不是沒有補救的辦法，你可以透過函件來獲取憑據。

做個人服裝生意的老趙怎麼也沒想到，他當時出於一片同情心，借給表弟 60,000 元做買賣，因是親戚，也沒讓表弟立什麼字據，時至今日已整整 4 年了，雖然經多次上門討要，可表弟總是說沒錢，最後竟賴起帳來。

老趙走投走路，最後請律師幫忙。律師聽後說：

「法律重證據，沒有證據官司怎會打贏？你要想打贏這場官司，只有取得有力證據。目前你可以給表弟寫信去說。」表弟沒回信，老趙只好又去找趙律師。

律師想了一會兒，說：

「欲速則不達，你也許是太性急了些。我看，不如再故意給他一些讓步，告訴他，60,000 塊錢只要他先還 30,000 元看看他會有什麼動靜。」

老趙又照律師說的去做了，果然在他寄出的第二封信不久，那位表弟就給他回了信，答應一有錢就還他。

老趙把這封信交給了律師，事情的結果非常簡單，律師以此為證據，幫助老趙討回了全部債款。此類很有現實意義的討債謀略，企業經營者應該拿來學以致用。

第六章　本領精練，時局掌控以智慧闖天下

縱使有理也不爭辯

在商場上，常看到顧客與店員爭辯，人們不管他們在吵什麼，為什麼吵，都是千篇一律地站在顧客一邊。原因很簡單，他們也是消費者，總有一次也會遇上類似情況的。商人、業務員應該清醒地意識到這一點，遇到顧客有意見時，不論誰是誰非，都不得與之爭辯，儘管你有千萬條道理，也不得開口說一句話，一旦說了爭辯的話，生意做不成是小事，影響名聲，那問題就大了。

舊金山一家鞋店的老闆應付顧客的手段相當高明。可是他給人的印象並不屬於那種伶牙利齒型。顧客對他抱怨說：「鞋跟太高了！」「式樣不好看！」「我右腳稍大，找不到適合的鞋子！」老闆只是點頭不語，等顧客說後，他才說：「請你稍等。」隨即拿出一雙鞋：「此鞋一定適合你，請試穿。」顧客半信半疑地邊穿鞋邊高興地說：「好像是給我訂做的。」於是很高興地把鞋買走了。在業務員須知中，有一條規則是：別和顧客爭辯！因顧客說的話有其拒絕的理由，難以說服。總之，利用顧客的心理，使他沒有繼續反駁的餘地，就可圓滿地達到自己的目的。對方說：「這個不好……」，「那樣不對……」一類的話，不要一一反駁，最重要的是讓對方盡量把話說完，再抓住時機反駁。對方說他喜歡什麼，等於是推出王牌，可以進一步掌握有利勢頭。

自己掌握的情報不要讓對方知道，否則就把自己的優勢讓給了對方。說服勁敵時，不要著急，根據對方的反應，慢慢抓住有利的線索。西方有句諺語說：將所有的資訊公開，等於給敵人送鹽巴。

作為一位商人，就是透過商品銷售獲得利潤。作為一位業務員，就是迎合顧客心理，熱情接待顧客，讓他高高興興地從商店裡買走商品。顧客可以千錯萬錯，而業務員不得有半點失誤，當忍則忍，切勿爭辯。

匪夷所思的「原價銷售法」

不賺錢的生意沒有人願意做。然而，就有個別人專做賠本的買賣，以此來感動賣主和買主，取得他們的同情和支持，最後才實現自己的願望——賺了大錢。

日本東京島村產業公司及丸芳物產公司董事長島村芳雄不但創造了著名的「原價銷售法」，還利用這種方法由一個一貧如洗的店員變成一位產業大亨。

島村芳雄初到東京的時候，在一家包裝材料廠當店員，薪水只有18萬日元，時常囊空如洗。下班後，在無錢可花的情況下，他唯一樂趣就是在街上走走，欣賞人家的服裝和所提的東西。有一天，他在街上漫無目的地散步時，他注意到許多行人都提著一個紙袋，這紙袋是買東西時給顧客裝東西的。島村芳雄認為將來紙袋會風行一時，做紙袋生意一定錯不了。

島村深知，他的條件比別人差，只有用自己所創的「原價銷售法」才能在競爭激烈的商戰中立足。

島村的原價銷售法很簡單，首先他往麻產地岡山的麻繩商場，以5塊錢的價格大量買進45公分規格的麻繩，然後按原價賣給東京一帶的紙袋工廠。完全無利潤的生意做了一年後，「島村的繩索確實便宜」的名聲遠播，訂貨單從各地象雪片似的源源而來。

此時，島村開始按部就班地採取他的行動。他拿購貨收據前去訂貨客戶處訴說：「到現在為止，我是一毛錢也沒有賺你們的。但是，如果讓我繼續為你們服務的話，我便只有破產的一條路可走了。」這樣與客戶交涉的結果，使客戶為他的誠實所感，心甘情願地把交貨價格提高為5.5塊錢。

同時，他又找岡山麻繩廠商洽談：「您賣給我一條5塊錢，我是一直按原價賣給別人，因此我才得到現在這麼多的訂貨。如果這種賠本生意讓我繼續做下去的話，我只有關門倒閉了。」岡山的廠商一看他開給客

戶的收據存根，大吃一驚。這樣甘願不賺錢做生意的人他生平第一次遇到，於是就不加考慮地一口答應他一條算 4.5 塊錢。

如此一來，以當時他一天 1,000 萬條的交貨量來計算，他一天的利潤就是 100 萬日元。創業兩年後，他就成為名滿天下的人。

島村「以守為攻」的經營手法說明了兩點，一是先賠後賺也能賺大錢，二是好人有好報，即使在商戰中也是如此。

「轉身就走」逼迫對手讓步

美國有一家航空公司，想在紐約建立一座巨大的航空站，需要大量用電，他們要求愛迪生電力公司按優惠價格供電。然而電力公司認為航空公司有求於我，自己占有主動地位，便故意託辭不予合作，想藉此機會抬高供電價格。

在這種情況下，航空公司主動中止談判，並故意向外放消息，說自己要建立發電廠，這樣比依靠電力公司供電合算。

得到這一消息，電力公司信以為真，擔心失去賺大錢的機會，立刻改變了以往的態度，並託人到航空公司去說情，表示願意以優惠價格給航空公司供電。

在這筆交易中，處於不利地位的航空公司巧施計謀，欲擒故縱，從而使電力公司由主動轉為被動，只好降低條件，以優惠價格給航空公司供電。航空公司不費吹灰之力，便獲得了很大的利益。

在企業之間貿易談判中，時常要用到「以守為攻」之計。比如在討價還價時，當對方不同意你希望成交的價格，你就可以掌握時機，正確地發揮談不成「轉身就走」的優勢，使對方不得不接受你的還價。接下來的談判，對你就會更有利了。

「轉身就走」逼迫對手讓步

老狐狸的職場智慧，在複雜局勢中掌控話語權：

打造核心影響力，在職場上步步為營，贏得長遠利益

作　　　者：	李元秀	
發 行 人：	黃振庭	
出 版 者：	財經錢線文化事業有限公司	
發 行 者：	崧燁文化事業有限公司	
E - m a i l：	sonbookservice@gmail.com	
粉 絲 頁：	https://www.facebook.com/sonbookss/	
網　　　址：	https://sonbook.net/	
地　　　址：	台北市中正區重慶南路一段61號8樓	

8F., No.61, Sec. 1, Chongqing S. Rd., Zhongzheng Dist., Taipei City 100, Taiwan

電　　　話：	(02)2370-3310	
傳　　　真：	(02)2388-1990	
印　　　刷：	京峯數位服務有限公司	
律師顧問：	廣華律師事務所 張珮琦律師	

-版權聲明————

本作品中文繁體字版由五月星光傳媒文化有限公司授權財經錢線文化事業有限公司出版發行。

未經書面許可，不得複製、發行。

定　　　價： 499 元

發行日期： 2024 年 12 月第一版

◎本書以 POD 印製

Design Assets from Freepik.com

國家圖書館出版品預行編目資料

老狐狸的職場智慧，在複雜局勢中掌控話語權：打造核心影響力，在職場上步步為營，贏得長遠利益 / 李元秀 著 . -- 第一版 . -- 臺北市：財經錢線文化事業有限公司, 2024.12
面；　公分
POD 版
ISBN 978-626-408-114-6(平裝)
1.CST: 職場成功法 2.CST: 溝通技巧 3.CST: 人際關係
494.35　　　　　113018692

電子書購買

爽讀 APP　　臉書